淡定的女人

[美]戴尔·卡耐基⊙著

刘　祜⊙译

天津出版传媒集团

天津人民出版社

图书在版编目（CIP）数据

淡定的女人 /（美）卡耐基著；刘祐译. —天津：
天津人民出版社，2014.6
ISBN 978-7-201-08672-9

Ⅰ.①淡…　Ⅱ.①卡…②刘…　Ⅲ.①女性－修养－
通俗读物　Ⅳ.①B825-49

中国版本图书馆CIP数据核字（2014）第071910号

天津出版传媒集团

天津人民出版社出版、发行
出版人：黄沛
（天津市和平区西康路35号 邮政编码：300051）
邮购部电话：（022）23332469
网址：http://www.tjrmcbs.com
电子邮箱：tjrmcbs@126.com
永清县吉祥印刷有限公司印刷

2014年6月第1版　2014年6月第1次印刷
787×1092毫米　16开本　16印张
字数：250千字
定价：29.80元

前 言
淡定的女人

　　社会的节奏越来越快，作为女人，经常会为生活焦虑，为工作奔波，为家庭操心，这让女人感到非常苦恼和烦闷，开始无休止地抱怨自己的命运多么不幸，为什么自己现在拥有的比从前多，却找不到当初的快乐？

　　其实，答案就在你心里。并非你的命运不幸，只因为你为了生活而走得太急，还带着一脸的疲倦。生活并没有改变，改变的是你的心，是你面对生活的态度，是你的内心少了一份淡定。

　　淡定是什么？是一种平常心，是一种宠辱不惊。拥有淡定心态的女人，仁慈、淡泊、宽容而乐观，不会把精力投入到一些琐事中，能充分享受生活的乐趣；不虚荣、不虚伪、不虚假，能正视自己的缺点和不足，能肯定他人的优点和长处；她们胸襟宽、度量大，做人光明磊落，做事随意洒脱；面对得到淡淡一笑，面对失去也是淡淡一笑，真正做到不以物喜，不以己悲。

　　"淡定"二字看似简单，做起来却很难，它是一种境界，凡事能做到从容淡定，绝非易事，它需要你舍弃对金钱和权力的欲望，拥有对挫折和困难的坚持。就像泰戈尔说的："外在世界的运动无穷无尽，证明了其中没有我们可以达到的目标，目标只能在别处，即在精神的内在世界里。"

淡定，会让你像鱼在大海里一样，自由地欣赏世界的美妙；淡定，能让你得意时不张狂，失意的时候也不消沉；淡定，能让你从内心找回曾经简单的自我，让你保持一种平和的人生姿态，坦然面对这个变幻莫测的世界，尽人事，安天命，顺其自然的生活。

淡定的女人总是笑对人生。不论身在何处，不论年华几何，她们都会豁达对待，坦然接受。

淡定的女人，才是最美丽的女人，更是最幸福的女人。

目录 contents

第一篇　学会淡定
善待自己，才能拥有幸福的权利

第二篇　自强者自知
保持自我本色才是真从容

第三篇　人淡如菊
做一个包容智慧的女人

第四篇　爱如清酒

有一种幸福天长地久，让我们一起慢慢变老

第五篇　懂得爱才能赢得爱

爱人是能力，宽恕是智慧

第六篇　活在当下

昨天已逝，明天未到，怎忍辜负眼前好时光

第七篇　快乐的心能生出金子

职场女人的幸福心经

第八篇　幸福的坐标是自己

与其向外苦求，不如关照自己的内心

第一篇　学会淡定

善待自己，才能拥有幸福的权利

卡耐基淡定的智慧

如果我们想的都是快乐的东西，我们就会快乐；如果我们想的都是悲伤之事，我们就会悲伤；如果我们想的是恐怖的事情，我们就会恐惧；如果我们想的是不好的念头，我们恐怕就不得安宁了。

人们只要改变他们的想法，就能够消除忧虑、恐惧和各种疾病，就能改变他们的生活。

你是这个世界上的新东西，你应该为此而庆幸。你只能唱你自己的歌，只能画你自己的画；不论好坏，你都得创造一个你自己的小花园；不论好坏，你都得在生命的交响乐中演奏你自己的乐器。

发现最好的自己

让烦恼走开，做一个乐观的人

几年前，我在一个电台的广播节目中被主持人问道："你所学到的最重要的一课是什么？"

这个问题很简单：我所学到的最重要的一课，就是"思想的重要性"。因为我们的思想造就了我们，我们的命运也取决于我们的心理状态。爱默生曾说："一个人就是他成天所想象的那种样子。"

我现在可以肯定地说，你和我必须面对的最大问题就是如何选择正确的思想。如果我们能够做到这一点，就可以解决一切问题。曾经统治罗马帝国的伟大哲学家马可·奥勒留把这些总结成了一句话——决定你的命运的话："生活是由思想形成的。"

不错，如果我们想的都是快乐的东西，我们就会快乐；如果我们想的都是悲伤之事，我们就会悲伤；如果我们想的是恐怖的事情，我们就会恐惧；如果我们想的是不好的念头，我们恐怕就不得安宁了；如果我们想的是失败，我们就会失败；如果我们沉浸在自我哀怜之中，别人都会有意躲开我们。"你并不是，"诺曼·文森特·皮尔说，"你并不是你想象中的那种样子；但你心里想什么，就会成为什么人。"

我是不是要以一种习惯性的乐观态度去应对一切困难呢？当然不是。我希望大家采取积极的态度，而不是消极的态度。换一句话说，我们必须关注我们的问题，但是不能为此而忧虑。关注和忧虑之间区别何在？例如，每当我通过交通拥挤的纽约市街区时，我会对此很注意，可是并不会忧虑。关注指的是了解问题，然后镇定自若地采取办法解决它；而忧虑却是盲目无助地转圈子。

一个人可以关注自己的严重问题，但同时可以将花插在扣眼上昂首阔步。我就曾看过罗维尔·托马斯这样。

有一次，我协助罗维尔·托马斯主演一部著名电影，这是有关阿伦比和劳伦斯在第一次世界大战中出征的电影。他和几个助手在几个战争前线拍摄了战争的镜头，精彩地记录了劳伦斯和他统率的多姿多彩的阿拉伯军队，同时还记录了阿伦比征服圣地的经过。他那著名演讲《巴勒斯坦的阿伦比和阿拉伯的劳伦斯》轰动了整个伦敦和全世界，伦敦的歌剧节也因此向后推了6星期，以便让他在卡尔文花园皇家歌剧院继续讲述这些冒险故事，并放映他的电影。在伦敦获得巨大成功之后，他又成功地去了好几个国家。然后，他又花了两年的时间，准备拍一部关于在印度和阿富汗生活的纪录片。在一连串令人难以置信的打击之后，不可能的事情发生了：他发现自己已经破产了。当时我恰好和他在一起。我还记得我们不得不在廉价小饭店吃很便宜的东西。要不是一位苏格兰著名画家——詹姆斯·麦克贝借给我们钱的话，我们连饭都没的吃了。这正是这个故事的焦点：当罗维尔·托马斯面临庞大的债务，并极度失望的时候，他很关切此事，可是他并不忧虑。他知道，一旦他被霉运击垮，他就一钱不值了，包括他的债权人也会这么看。所以，他每天早上出门之前，都要买一朵鲜花插在扣眼上，然后昂首走上牛津街头。

罗维尔·托马斯想的是积极而勇敢的做事情，绝不让挫折击垮他。对他来说，挫折只不过是整个事情的一部分——是你要攀上高峰必须接受的有益锻炼。

改变思想就能改变你的生活

我们的精神状态对我们的身体会产生令人难以置信的影响。英国著名的精神学家哈德菲曾在《力量心理学》中解释了这种情况：

我请来3个人，以测试心理暗示对生理的影响。我们采用了握力计来测量。我要求他们在3种不同状态的情况下，竭尽全力抓紧握力计。在正常的清醒状态下，他们的平均握力是101磅。

第二次实验时，我将他们催眠，并告诉他们，说他们非常虚弱。结果，他们只能抓29磅——不到他们正常力量的1/3。（这3个人中有一个是拳击获奖者；当他在催眠状态下得知自己很虚弱时，他说他的手臂"就像婴儿的一样小。"）

然后，我再让这些人做第三次实验：在催眠之后，告诉他们，说他们非常强壮。结果他们的握力平均达到了142磅。当他们积极地认为自己很强壮时，他们的力量几乎增加了500%。这就是令人难以置信的心理状态。

为了说明心理思想的魔力，我要告诉你美国历史上一个最离奇的故事。故事的主人公是众所周知的基督教科学的创始人玛丽·贝克·艾迪。然而，她当初认为人生只有疾病、愁苦和不幸。

艾迪夫人的第一任丈夫婚后不久就死了，第二个丈夫又抛弃了她，和一个已婚女人私奔，后来死在一家贫民收容所。她只有一个儿子，却由于贫穷、疾病和嫉妒而不得不在他4岁那年把他送人。她不知道儿子在哪里，在以后的31年当中再也没有见到他。

因为她自己的身体不好，使她对所谓的"心理治疗法"产生了兴趣。可是她生命中最富戏剧性的转折点却发生在马萨诸塞的理安市。在一个寒冬的日子里，她一个人在城里走着，突然摔倒在结冰的路面上，昏死过去。她的脊椎受损，不停地抽搐，甚至连医生都认为她会死去。医生还说，即使她奇迹般地活了下来，也不可能再行走了。

玛丽·贝克·艾迪躺在一张似乎是送终的床上，打开了《圣经》，被神灵引到了圣马休说的一段话："有人抬着一个瘫痪的人来到耶稣跟前，耶稣就对瘫痪的人说：'孩子，放心吧，你的罪被宽赦了……起来吧，拿上你的东西回家去吧。'那人就站起来，回家去了。"

她说，正是耶稣这几句话使她产生了一种力量，一种信仰——医治创伤的力量，使她"立刻下床行走"。

"这种经验，"艾迪夫人说，"就像激发牛顿灵感的那个苹果一样，使我发现了自我治疗的方法，并且如何使别人做到这一点。我可以肯定，一切的根源都存在于思想中，这一切都是心理现象。"

就这样，玛丽开创了一种新宗教——基督教科学——唯一由女性创造的伟大信仰——现在已流行于全世界。

我不是基督教科学的信徒，但是我活得越长，就越相信思想的巨大力量。从事成人教育35年，我知道人们只要改变他们的想法，就能够消除忧虑、恐惧和各种疾病，就能改变他们的生活。这种不可思议的变化，我亲眼目睹过好几百次，因为我见到如此之多，以至于见怪不怪了。

下面是新布鲁恩斯威克神学院院长乔瑟夫·希祖博士写给我的一封信。他在信中说：

多年以前，我总是迷惘而惶惑，认为生活中似乎充满了许多我无法掌控的力量。一天早上，我很偶然地打开《新约》，眼光落在其中一句经文上："他派我来，并和我在一起——天父并没有忘记我。"

从那以后，我的生活就大不相同了。对我来说，所有的事物都和以前不同了。我想我现在几乎每天都在对自己重复这句经文。在这几年当中，许多人前来向我请教，我就送给他们这句经文。自从我第一次看到这句经文以后，我就把它奉为我的座右铭。我与它同行，并从它那里发现了平和与力量。对我来说，它是宗教的根本，它使我的生活变得更加有价值，它成了我生活中的金科玉律。

因此，你是否快乐，就看你对人生、对世界万物的看法，因为思想决定了你的生活。

☕ 天堂和地狱只有一念之差

我的一个学员、明尼苏达州圣保罗市西伊达荷街1469号的弗兰克·威利，曾经历了精神崩溃，原因是什么呢？是忧虑。他说：

"我对什么事情都忧虑。我之所以忧虑，是因为我太瘦了，我发现我正在掉头发，担心我永远都赚不到足够的钱娶老婆，担心我永远做不了一个好父亲，担心我会失去我想娶的那个女孩子，担心我现在的生活不够好，担心我给别人的印象不好。我还担心我得了胃溃疡，于是无法再工作，只好辞职。我内心越来越紧张，就像一个没有安全阀的锅炉，终于达到了令人难以忍受的地步，必须有一个退路——结果真的出事了。如果你经历过精神崩溃，祈祷上帝！永远也不要有这种体验吧！因为任何一种肉体上的痛苦都比不上这种精神上的极度痛苦。

"我精神崩溃到不能和我的家人沟通。我无法控制自己的思想，充满了恐惧。只要稍有一点点声响，我就会跳起来。我躲开每一个人，常常无缘无故地哭。

"每天都是一种煎熬。我觉得被所有的人抛弃了——甚至上帝也抛弃了我。我真想跳进河里，一死了之。

"但是我后来决定去佛罗里达旅行，希望换个环境对我有所帮助。我踏上火车之后，父亲交给我一封信，并告诉我到佛罗里达后再拆。我到佛罗里达的时候正值旅游旺季，因为在旅馆订不到房间，就租了一家汽车旅馆的房子住了下来。我想在迈阿密一艘不定期的货船上找一份差事，但没有找到，于是就在海滩上消磨时间。我在佛罗里达比在家更难受。这时，我拆开那封信，看看父亲写了些什么。他写道：'儿子，你现在离家1500里，但你并没有觉得有何不同，对不对？我知道你不会觉得有何不同，因为你还带着你所有麻烦的根源——也就是你自己。其实，你的身体和你的精神都没有问题。并不是你所遇到的环境给了你挫折，而是由你的各种想象造成的。一个人心里想什么，他就会成为什么样子。当你理解这点之后，儿子，回家吧，因为那时你就能恢复了。'

"父亲的信让我生气——我要的是同情，而不是训斥。我非常生气，当时就决定再也不回家。那天晚上，我正路过迈阿密一条小街，经过一个教堂，里面正在举行礼拜。因为没有什么地方好去的，我就晃进了教堂，听了一场布道，题目是'能征服精神的人，比攻城占地更强'。我坐在神殿里，听到了我父亲信中所说的同样的想法——这一切将我脑子里积聚的不快一扫而光。于是，我能清楚而理智地思考了，并发现自己确实是一个大傻瓜。看清楚了自己，这一点实在使我非常震惊，本来我还想改变这个世界以及全世界所有的人呢——但事实上唯一需要改变的，是我大脑中那架思想相机镜头的焦点。

"第二天一大早，我收拾好行李回了家。一个星期以后，我又回去工作了。4个月以后，我娶了我一直害怕失去的那个女孩子，现在我们有了一个快乐的家庭，还有5个子女。无论是在物质还是精神方面，上帝都对我很好。在我精神崩溃的时候，我只是一个小部门的晚班工头，下面有18个工人；现在我成了一家纸箱厂的厂长，管理着450名员工。和以前相比，生活更充实、更美好了。我认为我现在已经了解了生命的真正价值。每当消极思想进入我的大脑（就像每个人遇到的那样）的时候，我就会告诉自己，只要把相机的焦距调好，一切都好办了。

"坦诚地说，我很高兴我曾经历过那次精神崩溃，因为它使我发现思想对身心两方面所具有的控制力。现在我能使我的思想为我所用，而不会对我造成损伤。我现在才知道我父亲是对的——使我痛苦的不是外在因素，而是我对各种事情的看法。一旦了解这点之后，我完全好了——而且不再生病了。"

这就是弗兰克·威利的体验。

我深信，我们内心的平静和我们从生活中所得到的快乐，并不取决于我们在哪里或我们有什么，或我们是谁，而是取决于我们的心境。外在条件并没有多大的影响。

300年前，弥尔顿失明之后，也发现了同样的道理："思想的运用和思想的本身，既能把地狱变成天堂，也能把天堂变成地狱。"

拿破仑和海伦·凯勒就是弥尔顿这句话的最好例证。拿破仑拥有普通人梦寐以求的一切——荣耀、权力以及财富——可是他却在圣赫勒拿岛说："我这一辈子从来没有快乐过。"而海伦·凯勒——她既瞎又聋又哑——却宣称："我发现生活太美妙了。"

如果说半个世纪的生活教会了我什么，那就是"除了你自己，没有任何东西可以给你带来平静"。

我想再重复一次爱默生在他的散文《自信》中所写的那句结束语：

"不要认为一次政治上的获胜，收入的提高，病体的康复，或分别许久的好友归来，或其他纯粹外在的事物，能提高你的兴致，使你觉得前程美好。不要相信，事情绝不会如此简单。除了你自己，没有任何东西能给你带来平静。"

伟大的斯多葛派哲学家爱比克泰德曾警告说："我们应该竭力消除思想中的错误想法，这比割除'身体上的肿瘤和脓疮'更重要。"

伟大的法国哲学家蒙田就以下面的话作为他的座右铭："一个人因意外事故所受到的伤害不及他对事故所持的态度深刻。"而我们对事物的态度，完全取决于我们自己。

这是什么意思？我是不是应该大胆地告诉你，当你饱受各种烦恼困扰，精神紧张不安的时候，你完全可以凭借意志力来改变你的心境？不错，我正是这个意思。但还不是全部，我还要告诉你如何做到这一点。这可能要花一点精力，可是秘诀却非常简单。

实用心理学权威威廉·詹姆斯曾发表过这样的理论："行动似乎产生于感觉之后，可事实上行动和感觉是同时发生的。如果我们能够将由意志控制的行动规律化，那么我们也能够间接地使不由意志控制的感觉规律化。"

詹姆斯教授的意思也就是说，我们不能只凭"下定决心"就改变我们的情感——但我们可以改变我们的行为。当我们改变行为的时候，自然就会改变我们的感觉。例如，如果你不快乐，那么找到快乐的唯一的方法，就是振作起来，使你的行动和言词好像已经获得快乐一样。

这种简单的办法是不是有效呢？它就像整形手术一样有效！你不妨试一试：在你脸上露出开心的笑容，挺起胸膛，深呼吸，唱一首小曲；如果你不会唱，那就吹吹口哨；如果你不会吹口哨，那就哼一哼。很快你就会发现威廉·詹姆斯说的意思了——当你用行动显示出你的快乐时，根本就不会再忧虑和颓丧了。

这是大自然的基本真理之一，它能在我们生活中创造奇迹。我认识一个住在加利福尼亚州的女人——我不想提她的名字——如果她知道这条秘诀的话，能在一天之内抛弃所有的哀愁。

这个女人已经老了，又是一个寡妇——我承认这很不幸——可是她有没有试过变得快乐些呢？没有。如果你问她觉得怎样，她会说："哦，我还不错。"但她脸上的表情和哀诉的声音好像在说："哦，老天爷啊，要是你遇到我的烦恼，就能明白了。"似乎你很快乐地站在她面前都会使她讨厌。有很多女人比她的情况更糟。她丈夫给她留下了足以维生的保险金，她的子女也都已经成家，而且能够奉养她，但是我很少见她笑。她总是埋怨她的3个女婿对她不好——尽管她每次去他们家一住就是好几个月。她还抱怨她女儿从来不送她礼物——但她却不舍得掏出自己的钱，她说是"留着养老"。对她自己和她不幸的家人来说，她的确是个令人讨厌的家伙！

但事情必须这样吗？这才是令人遗憾之处——她本来可以使自己从一个忧愁、挑剔而且很不开心的老妇人，变成家里受人敬重和喜爱的成员——只要她愿意。如果她想实现这种转变，只需高高兴兴地活着，觉得她还有一点点爱可以给别人，而不是老谈自己的不快和不幸，一切都好办了。

所以，让我们记住威廉·詹姆斯的话："通常只要把内心感觉由恐惧变成奋斗，就可以把我们所谓的大部分邪恶转变成有益的东西。"

让我们为自己的快乐而奋斗吧！

保持本色，发现真正的自己

我有一封来自伊笛丝·阿雷德夫人的信，她住在北卡罗来纳州艾尔山。她在信中说：

"我从小就特别敏感而内向，我的身材一直很胖，而我的脸使我比实际看上去还胖得多。我母亲很古板，她认为穿漂亮衣服是愚蠢之举。她总是说：'宽衣舒服，窄衣易破。'她总是照这句话来帮我选衣服。我从来不参加舞会，甚至在学校也不和其他孩子一起做室外活动，甚至不愿上体育课。我非常害羞，觉得我和其他人都不一样，完全不得人喜欢。

"长大之后，我嫁给了一个比我大好几岁的男人。可是我并没有改变，我丈夫全家和睦而自信。他们是我应该成为却没有成为的那种人。我尽了最大的努力要成为他们那样的人，可是没有成功。他们为了使我开心而做的每一件事情，只会让我更加退缩。我变得紧张不安，不敢见所有朋友，情绪极坏，甚至怕听见门铃响。我知道我是一个失败者，但我又怕我丈夫发现这一点。所以每当我们出现在公共场合的时候，我都假装很开心，结果总是做得太过火。我也知道我做得太过火了，所以事后会为此而难过好几天。最后我觉得再活下去也没有什么意思了，开始想自杀。"

到底是什么改变了这个不开心的女人的生活呢？只是一句随口说出的话！

"随口说出的一句话，改变了我的整个生活。有一天，我婆婆正在谈她如何培养她的几个孩子，她说：'不论如何，我总是要求他们保持本色。'……'保持本色'。就是这句话！眨眼之间，我发现我之所以如此苦恼，正是因为我一直在试着让自己去适应一个并不适合我的模式。

"我一夜之间改变了。我开始保持本色，试着研究我自己的个性，试着发现我究竟是怎样的人。我研究我的优点，尽我所能去学习色彩和服饰的知识，尽量按照适合我的方式去穿着。我主动交朋友，参加了一个组织——它当初是一个很小的社团——他们让我参加活动，这让我吓坏了。可是我每发一次言，就增加了一些勇气。这件事花了我很长的时间，可是我今天所有的快乐都是我以前从未想到的。在教育我自己的孩子时，我也总是把我从痛苦的经历中所学到的教给他们：不论如何，总要保持自我本色。"

詹姆斯·高登·吉尔基博士说："不能保持本色，正是许多精神和心理疾病的潜在原因。再也没有人比那些想做其他人或除他自己以外任何其他东西的人更痛苦的。"

想做与自我不同的人的想法，盛行于好莱坞。山姆·伍德是好莱坞最著名的导演之一。他说，他和某些年轻演员打交道时，遇到的最棘手的问题正是这个；他要让他们保持本色。但他们都想做二流的拉娜，或者是三流的克拉克·盖博。他说："可这一套观众已经看够了，现在需要的是其他东西。经验告诉我，最保险的做法是尽快抛弃那些模仿他人的演员。"

有一位电车司机的女儿，几经努力才懂得这个道理。她想成为歌唱家，但她长得并不好看。她的嘴很大，牙齿暴凸。当她第一次在新泽西州的一家夜总会公开演唱的时候，她想把上嘴唇拉下来，好遮住她的暴牙。她想表演得"很美"。结果呢？她让自己丑态百出，没能逃脱失败的命运。

可是，这家夜总会有一个人听这女孩唱歌，认为她有天分。"我想告诉你，"他直率地说，"我一直在观看你的表演，我知道你想遮掩什么。你觉得你的牙齿难看。"这个女孩非常窘迫，但那人继续说："这有什么？难道长了暴牙就罪大恶极吗？不要去遮掩，张大你的嘴。当观众看到连你都不在乎时，他们就会喜欢你的。"他犀利地说，"你想遮起来的那些牙齿，说不定还会带给你好运呢。"

凯丝·达莉接受了他的忠告，忘了自己的牙齿。从那时候开始，她想到的只有她的观众。她张大了嘴巴，热情奔放地唱歌，成为电影界和广播界一流明星，其他喜剧演员现在还希望学她呢！

著名的威廉·詹姆斯曾分析过那些从未发现自我的人。他说："一般人只发挥了10%的潜能。跟我们应该做到的相比，我们只是半醒着。我们只使用了我们身心资源的很小部分。再广而言之，一个人只是活在有限的范围内。他具有各种潜能，却不知道如何利用。"

你和我也有这些潜能，所以我们不该浪费时间，去为我们不能成为别人而苦恼。你是这个世界上的新东西，以前从未有过，从开天辟地以来，从未有过完全跟你一样的人；而且将来直到永远，也不可能再出现一个和你完全一样的人。

我可以和你深入探讨保持本色这个问题，因为我对此感触尤深。我对我正在谈的问题很清楚，因为我为此付出了相当大的代价，有过痛苦的经历。

当我从密苏里州的乡下去纽约的时候，我进了美国戏剧艺术学院，希望成为一名演员。当时我有一个自以为非常聪明的想法——一条走向成功的捷径。这个想法如此简单，如此完美，所以我不懂为什么那么多野心勃勃的人居然没有发现这一点。这个想法是这样的：我要学当年那些著名的演员是如何表演的，我要模仿他们每个人的优点，使我自己成为一个集诸人优点于一身的著名演员。多么愚蠢！多么荒谬！我居然浪费那么多时间去模仿别人！最后我终于明白，我一定要保持本色，我不可能变成任何人。

那次痛苦的经历应该使我获得一些教训才对，但事实并非如此。我并没有接受教训；我太笨了，我得重新学习这个道理。几年之后，我开始写一本书，并希望它成为所有关于当众演讲的书中最好的一本。在写那本书的时候，我又产生了和以前学演戏时一样的愚蠢想法：想"借"来其他作者的观念，放在那本书里，使它无所不包。于是我买了十几本关于当众演讲的书，花了一年时间把它们的概念纳入我的书里，但最后我又一次发现我做了傻事：把别人的观点拼凑在一起写成的东西非常做作、枯燥，没有一个人愿意看。所以我把一年的心血都扔进了废纸篓里，又重新开始。

这次我对自己说："你一定要保持自己的本色，保留你的错误和局限。你不可能成为别人。"于是我不再试着成为其他人的综合体，而是捋起袖子，做了我当初本应该做的事：我以自己的观察和经历，写了一本关于当众演讲的教材，以一个演说家和演讲教师的身份来写。

成为你自己——就像阿尔文·伯林给已故的乔治·盖歇温的明智忠告那样去做。

当伯林和盖歇温初次见面的时候，伯林已经名声显赫，而盖歇温还是一个未成名的年轻作曲家，一个星期只赚35美元。伯林很欣赏盖歇温的才华，就让他当自己的秘书，薪水大概是他当时收入的3倍。"不要接受这份工作，"伯林忠告说，"如果你接受这份工作，你可能会成为一个二流的伯林；但如果你坚持保持自己的本色，总有一天你会成为一个一流的盖歇温。"

盖歇温接受了这个忠告，后来终于成为当时美国最重要的作曲家之一。

查理·卓别林、玛丽·玛格丽特·麦克布莱德以及其他成千上万的人都学过我在此想让各位明白的这一课，而且他们像我一样学得很辛苦。

卓别林最初拍电影的时候，电影导演坚持让他模仿当时德国一个非常有名的喜剧演员，但直到卓别林创造出自己的特色之后才开始成名。鲍伯·霍普也有同样的经历。多年来他一直在表演歌舞片，但毫无成就，直到他找到开自己玩笑、表现自我之后，才功成名就。威尔·罗吉斯在一个杂耍团表演抛绳技术，没有任何说话的机会。直到他发现自己有幽默天分，并开始在表演抛绳的时候搞笑时，这才成名。

玛丽·玛格丽特·麦克布莱德刚踏入广播界的时候，想做一名爱尔兰喜剧演员，但她失败了。后来她发挥了自我本色，扮演一个从密苏里州来的平凡农村女孩，结果成为纽约最受欢迎的广播明星。

你是这个世界上的新东西，你应该为此而庆幸，并尽力利用大自然赋予你的一切。归根结底，所有艺术都带着自传色彩：你只能唱你自己的歌，只能画你自己的画，只能做一个由你的经历、你的环境和你的家庭所造就的你；不论好坏，你都得创造一个你自己的小花园；不论好坏，你都得在生命的交响乐中演奏你自己的乐器。

魅力女人的幸福课

将所有关于明天的烦恼全部抛开，重新变回一个对生活充满信心的乐观者。

你是否快乐，就看你对人生、对世界万物的看法，因为思想决定了你的生活。

我们不该浪费时间，去为我们不能成为别人而苦恼。

笑对人生荣辱，看淡世间人情冷暖

☕ 改变人生的一句话

1871年春天，有一个年轻人看到一本书，读到了对他的前途产生莫大影响的21个单词。作为一名医科学生，他正担心怎样通过期末考试，将来怎么办，毕业以后去哪里，怎样才能开业，如何谋生。

这位年轻的医科学生在1871年看到的那21个单词，使他成为他那一代最为著名的医学家。他创建了世界著名的约翰·霍普金斯医学院，并且成为牛津大学医学院的钦定教授——这是大英帝国医学人员所获得的最高荣誉。他还被英国国王封为爵士。当他去世时，需要厚达1466页的两册书记述他的一生。

他的名字叫威廉·奥斯勒。下面就是他在1871年春天所看到的那21个单词。它们出自托马斯·卡莱尔，它们使他免除了忧虑的困扰："对我们来说最重要的不是去看远方模糊的事，而是做手边清楚的事。"

42年之后，在郁金香开满校园的一个温暖的春夜，威廉·奥斯勒爵士给耶鲁大学的学生作了一次演讲。他对学生们说，像他这样一位卓越的人士，似乎应该有一个"特殊的大脑"，但其实并不是这样，他的大脑"最普通不过"。

那么，他成功的秘诀又是什么呢？他认为这完全是因为他生活在一个"完全独立的今天"。这究竟是什么意思呢？就在他去耶鲁大学演讲的几个月之前，奥斯勒爵士搭乘一艘大型海轮横渡大西洋，有一次看见船长站在船舱室中，按下一个按钮，立即听到一阵机械运转的声音，轮船的各个部分立刻彼此隔绝开来，成了几个完全防水的隔离舱。

"你们每一个人，"奥斯勒博士对耶鲁的学生说，"身体组织都要比那艘大海轮精密得多，所要走的航程也更远。我要求的是，你们也必须学习控制一切，活在一个'完全独立的今天'，这才是在航程中确保安全的最好方法。到船舱室去，你将会发现那些大的隔离舱至少都可以使用。按下按钮，用铁门隔断过去——已经过去的昨天。再按下另一个按钮，用铁门隔断未来——尚未到来的明天。然后你就保险了——今天安全了！……切断过去，埋葬已逝的过去……切断那些会把傻瓜引到死亡之路的昨天……明天的重担加上昨天的重担，就会成为今天最大的障碍。要把未来像过去一样紧紧地关在门外……未来就在于今天……没有明天。人类得到救赎的日子就是现在。精力的浪费、精神的郁闷、神经的忧虑，都会紧紧跟随着一个担忧未来的人……那么，把船前船后的隔离舱都关掉吧，准备养成活在'完全独立的今天'的习惯。"

奥斯勒博士是不是说我们不必为明天做准备呢？不是，绝对不是。在那次演讲中，他继续说：

"为明天做准备的最好方法，就是集中你所有的智慧和热忱，把今天的工作做得尽善尽美，这就是你能应对未来的唯一可能的方法。"

一定要为明天着想——不错，一定要仔细考虑、计划和准备，但不要焦虑。

☕ 活在完全独立的今天

在第二次世界大战期间，军事领袖要为将来制定计划，可是他们绝不能有任何的焦虑。"把我们最好的装备供应给最优秀的人员，"美国海军上将阿尔耐斯特·金说，"再交给他们似乎是最聪明的任务。我所能做的就是这些。"

"如果一艘船沉了，"金说，"我不能把它打捞上来。要是船继续下沉，我也没有办法。与其花时间后悔昨天的失误，还不如去解决明天的问题。何况我若担心这些事情，我也不可能支持很久。"

不论是在战争时期还是在和平年代，好想法和坏想法之间的区别在于：好想法会考虑到原因和结果，从而产生合乎逻辑的、富有建设性的计划；而坏想法通常只会导致精神紧张和崩溃。

我曾荣幸地访问了亚瑟·苏兹伯格，他是世界上最著名的报纸之一《纽约时报》的发行人。他告诉我，当第二次世界大战的战火在欧洲燃起的时候，他非常吃惊，对未来充满了忧虑，几乎无法入睡。他会常常在半夜爬起床，拿着画布和颜料，对着镜子，想给自己画一张自画像。尽管对绘画一无所知，但他还是画着，以此来驱除忧虑。苏兹伯格先生告诉我，他最后是因为一首赞美诗里的一句话才消除了忧虑，得到了平安。这句话是"只要一步就好"。

引导我，仁慈的灯光……

请让你常在我脚旁，

我并不想看远方的风光；只要一步就好。

大概在这个时候，欧洲有个当兵的年轻人，也学到了同一课。他的名字叫泰德·班哲明诺，他住在马里兰州巴尔的摩市——他曾经忧虑得几乎完全丧失了斗志。

"1945年4月，"泰德·班哲明诺写道，"我忧虑得患上了一种医生称为'结肠痉挛'的病，这种病很痛苦。如果战争不在那时结束的话，我想我整个人都会垮掉。

"当时我筋疲力尽。我在第94步兵师担任士官，负责建立和保管在作战中死伤和失踪的士兵名录，还要帮助发掘那些在战争期间被打死而草草掩埋的敌我双方的士兵尸体。我必须收集那些人的私人物品，把这些东西准确地送回到重视这些私人物品的父母或近亲手中。我一直担心自己会造成一些让人难堪的或者严重的错误，还担心我是否撑得过去，担心自己还能不能活着回去搂抱我的独生子——我从来没有见过的儿子已经16个月了。我既担心又疲劳，整整瘦了34磅，而且几乎要发疯了。我眼看着自己的两只手瘦得只剩下皮包骨。一想到自己瘦弱不堪地回家，我就害怕。我崩溃了，像个孩子一样哭了，每当独自一人时我就眼泪汪汪。有一段时间，也就是在大反攻开始不久，我常常哭泣，几乎放弃了做一个正常人的希望。

"最后，我住进了部队医院。一位军医给了我一些忠告，彻底改变了我的生活。在给我做完一次全面检查之后，他告诉我说我的问题纯粹是精神上的。'泰德，'他说，'我希望你把自己的生活想象成一个沙漏。你知道，在沙漏的上半部分有成千上万粒的沙子，它们都缓慢而均匀地流过中间那条细缝。除非把沙漏弄坏，你和我都不能让两粒以上的沙子同时穿过那条窄缝。你和我以及每一个人，都像这个沙漏。每天早上，我们都有许许多多的工作要在这一天之内完成。但是如果我们不是每次只做一件，让它们缓慢而均匀地通过这一天，就像沙粒通过沙漏的窄缝一样，那么我们就会损害自己的身体或精神了。'

　　"从这个值得纪念的日子开始，这位军医告诉我这些之后，我就一直奉行这种哲学。'一次只流过一粒沙子……一次只做一件事。'这个忠告在战时挽救了我的身心；现在它对我在工艺印刷公司的公关广告部中的工作也极有帮助。我发现商场上有时也有和战场上一样的问题：一次要做好几件事情，但却没有时间。例如我们的材料不够用了，有新的表格等待处理，要安排新的资料，要变更地址，新开或关闭分公司，等等。我不再紧张不安，因为我记住了那个军医告诉我的：'一次只流过一粒沙子，一次只做一件事情。'我一再重复这两句话，工作比以前更有效率了，工作时再也不会有那种在战场上几乎使我崩溃的迷惑而混乱的感觉。"

　　现在，医院一半以上的床位都是给那些大脑神经或者精神上有问题的人留着的。在这些病人中，只要他们能奉行耶稣的"不要为明天忧虑"，或者信奉威廉·奥斯勒爵士的生活在一个"完全独立的今天"，他们大多数人就可以过上快乐幸福的生活。

☕ 每天都是一个新的人生

　　"不论任务有多重，每个人都能支持到夜晚的来临，"罗伯特·史蒂文森说，"不论工作有多么辛苦，每个人都能干好一天的工作。每个人都能很甜美、很耐心、很可爱而且很纯洁地活到太阳下山。这就是生命的真谛。"

　　不错，这也正是生命对我们所要求的。可是住在密歇根州沙支那城的谢尔德夫人，在懂得"只要生活到上床为止"这一道理之前，却深感颓丧，甚至想自杀。

　　"我丈夫在1937年死了，"谢尔德夫人把她的过去告诉我，"我非常颓丧，而且几乎身无分文。我给我以前的东家、堪萨斯市罗区－弗勒公司的老板利奥·罗区先生写信，回去干我以前的工作。我以前给学校推销《世界百科全书》为生。两年前我丈夫生病的时候，我卖掉了汽车；现在我又勉强凑足了钱，分期付款买了一辆旧车，重新开始出去卖书。

　　"我原想再回去工作或许可以帮助我摆脱颓丧；可是一个人驾车并一个人吃饭，让我几乎无法忍受。有些地方我干得很差，虽然分期付款买车的数额不大，却很难付清。

　　"1938年的春天，我在密苏里州维萨里市推销。那里的学校都很穷，公路也差，我一个人又孤独又沮丧，有一次甚至想自杀。我觉得成功很难，而活着又没有什么希望。每天早上，我都很怕起床面对生活。我什么都担心：付不起分期付款的车钱，付不出房租，没有足够的东西吃，担心我的健康恶化却没有钱看病。但是，我没有自杀，唯一的理由是我担心我姐姐会因此而难过，而且我又没有足够的钱支付我的丧葬费用。

"然后，有一天，我读到一篇文章，它使我从消沉中振作起来，使我有了继续活下去的勇气。我对那篇文章中一句令人振奋的话永远心存感激：'对一个聪明人来说，每天都是一个新的生命。'我用打字机打出这句话，贴在我汽车前面的挡风玻璃上，这样我开车的时候每分钟都能看得见。我发现，每次只活一天并不难。我学会了忘记过去，不再担心未来。每天早上我都会对自己说：'今天又是一个新的生命。'

"我成功地克服了孤寂的恐惧感。我现在过得很快乐，还算比较成功，而且对生命充满了热忱和爱。现在我知道，不论在生活上碰到什么事情，我都不会再害怕了；我也知道，我不必害怕未来；我还知道，每次只要活一天——而'对一个聪明人来说，每天都是一个新的人生'。"

下面几行诗你猜是谁写的：

这个人很快乐，也只有他才能快乐，

因为他把今天看成是自己的一天；

他在今天会感受到安全，他会这样说：

"不论明天如何，我已经过了今天。"

这几句话听起来很有现代色彩吧？可是却写在公元前30年，它的作者是古罗马诗人柯瑞斯。

人性之中最可悲的一件事，就是所有的人都拖延着不去生活，都梦想着在天边有一座奇妙的玫瑰园，而不能欣赏今天就盛开在我们窗外的玫瑰花。

☕ 珍惜今天，活在当下

"我们人生的短暂历程多么奇怪啊，"史蒂芬·利科克写道，"小孩子说：'等我成为大孩子的时候。'可是长大之后他又说：'等我长大成人之后。'等长大成人了，他又说：'等我结婚以后。'可是等他结了婚，又会怎么样呢？他的想法随后又变成了'等我退休之后'。然后，等退休之后，他再回顾过去时，似乎有一阵冷风吹过来——他错过了一切，而一切又一去不复返。我们总是无法及早明白：生命就在生活里，就在每一天每一刻。"

底特律已故的爱德华·伊文斯在学会"生命就在生活里，就在每一天每一刻"这个道理之前，几乎因为忧虑而自杀。

爱德华·伊文斯出生在一个贫苦的家庭，起先是卖报为生，然后在一家杂货店工作。后来，由于家里7口人要靠他吃饭，他找到了一个助理图书管理员的工作，虽然薪水很少，可是他却不敢辞职。直到8年之后，他才鼓足勇气，开始自己的事业。他用借来的55美元干出了一番自己的事业，一年赚进两万美元。随后，厄运降临了：他替一个朋友背书了一张大额支票，而那位朋友却破产了。在这次灾祸之后接着又来了另一次灾祸——他存进所有财产的那家银行垮了。他不但损失了所有的钱财，还负债16000美元。他精神上承受不住了。"我吃不下，睡不着，"他告诉我，"我得了奇怪的病。没有别的原因，只是因为忧虑。有一天，我正走在街上，突然昏倒在路边，以后就再也不能走路了。我躺在床上，全身都烂了。伤口逐渐往里面烂，连躺在床上都受不了。我日渐虚弱。最后医生告诉我，我只能活两个礼拜。我大吃一惊，写好遗嘱，就躺在床上等死。挣扎或忧虑都没有用了，我只好放弃，开始放松下来，闭目休息。连续好几个星期，我都睡不到两个小时；可是现在一切困难快要结束了，我反而睡得像个婴儿。那些令人疲倦的忧虑渐渐消失了，胃口变好了，体重也开始增加。

"几个星期之后，我就能拄着拐杖走路了。6个星期之后，我又能回去工作了。以前我一年曾赚过两万美元，可是现在我很高兴找到一周30美元的工作。我的工作是推销运送汽车的轮船上用在轮子后面的挡板。这时我已经学会不再忧虑，不再为过去发生的事情后悔，也不再害怕将来。我把所有的时间、精力和热忱都放在推销挡板上。"

爱德华·伊文斯进步非常快。没有几年，他就成了伊文斯工业公司的董事长。多年以来，这家公司一直是纽约股票交易所的一家公司。当他1945年去世时，已成为美国最进步的企业家。如果你乘飞机去格陵兰，很可能降落在伊文斯机场——这个机场是为了纪念他而命名的。

如果爱德华·伊文斯没有学会生活在"完全独立的今天"的话，绝不可能获得这样惊人的成就。古罗马人有一句话——其实是两句话。它们是"享受今天"或"抓住今天"。是的，抓住今天，充分过好今天。

印度知名戏剧家卡里达沙有一首诗，我把它作为本章的结尾：

向黎明敬礼

看着今天！

因为它就是生命，它是生命中的生命。

在它短暂的时间里，有你存在的所有变化与现实：

成长的福佑，行动的荣耀，还有成功的辉煌。

昨天不过是一场梦，明天只是一个幻影，

但生活在美好的今天，

却能使每一个昨天成为一个快乐的梦，

使每一个明天都充满希望的幻景。

所以，好好看着今天吧，

这就是对黎明的敬礼。

所以，如果你不希望忧虑干扰你的生活，就要学习威廉·奥斯勒爵士——"用铁门把过去和未来隔断，生活在完全独立的今天"。

魅力女人的幸福课

对我们来说最重要的不是去看远方模糊的事，而是做手边清楚的事。

为明天做准备的最好方法，就是把今天的工作做得尽善尽美。

对一个聪明人来说，每天都是一个新的人生。

人性之中最可悲的一件事，就是所有人都梦想着在天边有一座奇妙的玫瑰园，而不能欣赏今天就盛开在我们窗外的玫瑰花。

既要淡定，也要敢于随性

远离忧虑，释放你的情绪

许多年前的一个晚上，一个邻居来按我家的门铃，让我和我的家人去接种牛痘，以预防天花。很多人吓坏了，去排长队接种牛痘。几乎所有的医院、消防队、警察局和大的工厂里都设有接种站，2000多名医生和护士日夜不停地为人们种痘。为什么这么热闹呢？这是因为纽约市800万人中，有8个人得了天花，而且其中两个死了。

我在纽约市已经住了37年，可是并没有一个人来按我的门铃，警告我预防精神忧郁症——这种病在过去37年所造成的伤害，比天花至少要大1万倍。

从来没有人按门铃并警告我说，目前生活在美国的人，每10个人中就有一个会精神崩溃——这大部分都是因为忧虑和感情冲突所致。所以，我现在写这一章就等于给你按门铃，对你提出警告。

伟大的诺贝尔医学奖获得者亚历西斯·卡瑞尔医生说："不知道如何克服忧虑的商人都会短命而死。"其实，我们每一个人也是如此。

几年前，我在一次度假时曾和郭伯尔博士一同乘车经过得克萨斯和新墨西哥州。当我们谈到忧虑对人的影响时，他说："那些来看病的人中，70%的人只要能够消除他们的恐惧和忧虑，病就会治好。他们的病都是心理上的。他们的病就像你有一颗蛀牙一样，有时候甚至比这要严重上百倍。这种病就像神经性消化不良、某些胃溃疡、心脏病、失眠、头痛和某几种麻痹症等一样严重。这些病都是真的，我不是在胡说，因为我自己就得过12年胃溃疡。恐惧造成忧虑，忧虑使你紧张，并影响到你的胃部神经，使你胃里的胃液变得不正常，于是由此导致胃溃疡。"

约瑟夫·孟塔古博士也阐述过同样的道理。他说："胃溃疡不是因为食物所致，而是由正在吞噬你的忧虑所致。"

最近我和梅育诊所的哈罗德·海宾医生写过几次信。他曾在全美工业界医生协会年会上宣读过一篇论文，说他研究了176位平均年龄为44.3岁的企业负责人的情况。他报告说：大约有1/3以上的人由于生活过于紧张而导致下列3种病症之一——心脏病、消化系统溃疡和高血压。你想想！在企业领导人中，竟然有1/3以上的人患有这些病！而他们都还不到45岁！成功的代价多大啊！就此而言，他们甚至不是在争取成功！有哪个患胃溃疡和心脏病的人能够成为成功者呢？就算他能赢得整个世界，可是他失去了健康，对他个人又有什么好处？即使他拥有了全世界，可是他一个人每次也只能睡一张床，一天也只吃三餐。即使是一个新员工也可以做到这一点，甚至会比一个很有权力的负责人睡得更安稳，吃得更香。说实话，我情愿做一个在亚拉巴马州租田种地的农夫，弹着五弦琴，也不愿在45岁时为了一个铁路公司或一个烟草公司而毁了我的健康。

一位世界最知名的香烟制造商，最近想在加拿大森林里轻松一下，却因为心脏病发作死了。他拥有几百万的财产，却在61岁死了。他这是用好几年的生命去换取所谓"生意上的成功"。

但是依我看来，这位"香烟大王"的成功还不如我父亲的一半。我父亲是密苏里州的一个农夫，尽管他一文不名，却活到了89岁。

☕ 不要担心不可能发生的事情

我从小生活在密苏里州的一个农场。一天，我正帮母亲摘樱桃，突然哭了起来。母亲问："戴尔，你哭什么啊？"我哽咽道："我怕被活埋。"

那时我总是充满了忧虑：暴风雨来的时候，我担心被雷电击死；日子困难的时候，我担心东西不够吃；我还怕死了之后会下地狱；我怕一个名叫萨姆·怀特的大男孩会割下我的两只大耳朵——就像他威胁的那样。我还忧虑女孩子在我向她们脱帽鞠躬时取笑我；忧虑将来没女孩子愿意嫁给我；忧虑我们结婚之后我对我太太第一句话该说什么。我想象我们在一间乡下教堂结婚，然后坐一辆上面垂着流苏的马车回农庄……可是在回农庄的路上我该如何不停地跟她谈话呢？怎么办？怎么办？我在耕地时也会常常花几个小时想这些大问题。

一年年过去，我渐渐发现我担心的那些事99%从都不会发生。例如我刚才说过，我以前怕雷电。可是现在我知道，不论是哪一年，我被雷电击中的概率大概只有35万分之一。我害怕被活埋的忧虑更是荒谬。我没有想到，每1000万人只有一个人被活埋，可是我却因为害怕而哭过。

每8个人就有一个人死于癌症。如果我一定要发愁的话，我应该为癌症发愁——而不应该担心被雷电击死或被活埋。

事实上，我刚才说的都是我童年和少年时代的忧虑。可是许多成年人的忧虑也几乎同样荒谬。要是我们能根据平均概率来评估我们的忧虑，并真正做到长时间不再忧虑，你和我就可以去除90%的忧虑。

如果我们检查平均概率，就会因我们所发现的事实而惊讶。例如，如果我知道在5年之内我必须参加一次像葛底斯堡战役那样惨烈的战役，我一定会吓坏了。我一定会尽力购买所有的人寿保险，会写下遗嘱，把所有的财产安置好。我会说："我大概挺不过这场战争，所以我最好痛痛快快地度过余生。"但事实上，根据平均概率，和平时代50～55岁之间的人和葛底斯堡战役中战死的人比例相同。也就是说，在和平时代，50~55岁的人每1000个人的死亡人数，和葛底斯堡战役16.3万名士兵每1000人阵亡的人数相同。

当我回顾过去的几十年时，我发现我的大部分忧虑也来源于此。吉姆·格兰特告诉我，他的经历也是如此。

格兰特先生是纽约富兰克林大街格兰特批发公司的老板。他每次都要从佛罗里达州买10～15车的橘子等水果。他告诉我，他以前常常会因为某些想法而折磨自己：火车失事怎么办？水果滚得满地都是怎么办？如果车子正好经过一座桥时，桥突然垮了怎么办？当然，这些水果都是投了保险的，可他还是担心万一他没有按时把水果送到，就可能失去市场。他甚至担心自己忧虑过度而得了胃溃疡，因此去看医生。医生告诉他，他没有别的毛病，只是太紧张了。"这时我才明白，"他说，"我开始问自己一些问题。我对自己说：'注意，吉姆·格兰特，这么多年你买了多少车水果？'答案是：'大概2.5万车。'然后我问自己：'有多少出过车祸？'答案是：'大概有5次。'然后我对自己说：'一共2.5万次，只有5次出事，你知道这是什么意思？五千分之一。换句话说，根据平均概率，以经验为依据，出事的机会只有5000：1。有什么好担心的？'

"然后我对自己说：'嗯，说不定桥会塌下来。'然后我问自己：'过去究竟有多少车因为桥塌陷而损失了？'答案是：'一次也没有。'然后我对自己说：'那你为了一座根本没有塌过的桥，为了五千分之一的火车失事

而忧虑得胃溃疡，不是太傻了吗？'

"当我这样来看时，"吉姆·格兰特告诉我，"我觉得自己太傻了。于是我当时就做出决定，以后让平均概率来替我分忧——从那以后，我再也没有为胃溃疡烦恼过。"

因此，要在忧虑摧毁你之前先改掉忧虑的习惯，让我们看看纪录，根据平均概率问问自己，现在担心会发生的事情，发生的机会是多少？

☕ 处理好人生那百分之七十的烦恼

我们70%的烦恼都和金钱有关。盖洛普调查公司主席乔治·盖洛普说，根据他的研究显示，大部分人都认为，只要他们的收入增加10%，他们就不会再有经济困难。在很多情况下确实如此，但令人惊讶的是，更多的情况并不是这样。例如，我在写这本书时，曾向预算专家爱尔茜·史塔普里顿夫人请教。她曾担任纽约和金贝尔两地华纳梅克百货公司的财政顾问多年；她还以个人指导员身份，帮助过那些受金钱拖累的人。她帮助过不同收入的人，从每年赚不到1000美元的行李搬运工到年薪10万美元的公司经理。她说："对于大多数人而言，多挣些钱并不能解决他们的财务困难。事实上，我经常看到，在他们的收入增加之后，并没有什么大的作用，反而突然增加了开支——也增加了头痛之事。使大多数人烦恼的，并不是他们没有足够的钱，而是他们不知道如何支配已有的钱！"

许多读者可能会说："我希望你这家伙自己来试试：拿我的周薪支付我的账款，维持我应有的开支。只要你试一试，我敢保证你会知道我的困难，不再敢夸口。"不错，我也有我的财务困难：我曾在密苏里州的玉米田和粮仓做过每天10小时的苦力工作。我辛勤地工作，累得腰酸背痛。我当时所做的那些苦活累活，并不是每小时1美元报酬，也不是50美分，甚至不是10美分——而是每小时5美分，每天工作10小时。

我知道持续20年住在没有浴室和自来水的房子里是什么感受；我知道睡在零下15度的卧室中是什么感受；我也知道徒步好几里，以节省10美分，以及鞋底穿洞、袜子打补丁是什么感受；我还尝过在餐厅里只能要最便宜的菜，以及把裤子压在床垫下是什么滋味——因为我没钱把它们拿去洗熨。

然而，我在那段时间仍然勉强自己从收入中省下几个铜板，因为我若不那么做的话，心里就会不安。由于有了这段经历，我终于明白，如果你我希望避免负债，不受金钱的困扰，我们就必须和那些公司一样，拟定一个开支计划，然后根据计划花钱。可惜我们大多数人都不能这样做。

要知道，当某事情涉及你的金钱时，你就是在为自己经营事业。而你如何处理你的金钱，实际上也确实是你"自己"的事。

那么，我们管理金钱的原则是什么呢？我们应该如何进行预算和计划呢？以下有11条规则：

规则一：把事实记在纸上。

阿诺德·班尼特50年前在伦敦立志当一名小说家时，穷困潦倒，生活压力非常大，所以他把每一便士的用途都作了记录。他是想知道他的钱怎么花掉的吗？不。他想做到心里有数。他很欣赏这个方法，甚至当他成为世界著名作家、富翁，而且拥有一艘私人游艇之后，还保持着这个习惯。

约翰·洛克菲勒也保持了这种习惯。他每天晚上祷告之前，总会记下每一便士的用途，然后才上床睡觉。

你和我也一样，应该找一个本子来，开始记录。难道要记一辈子吗？当然没有必要。有关专家建议，我们最起码要记下第一个月的详细开支——如果可能的话，可以记3个月。这样做可以让我们保持精确的记录，知道那些钱是如何花掉的，然后我们可以根据它来做预算。

规则二：制定一项真正适合你的财务计划。

史塔普里顿夫人告诉我，假定有两家邻居，他们住同样的房子，同样的社区，甚至连家里的收入和人数也一样，但是他们的财务预算却有很大的差异。为什么会这样呢？因为人各不同。她指出，财务计划必须根据每个人的实际情况来制定。史塔普里顿夫人说："根据计划生活的人，一般都比较幸福。"

规则三：学习如何明智地花钱。

我指的是学习如何使你的金钱体现出最高价值。所有大公司都设有专门的采购员，他们不做别的事，只为公司买到最合适的物品。你作为你个人财产的主人，何不也这样做呢？

规则四：不要因你的收入而多添烦恼。

史塔普里顿夫人告诉我，她最怕的就是被年薪5000美元的家庭请去作财务预算。我问为什么，她说："因为年收入5000美元似乎是大多数美国家庭的目标。他们可能经过多年的奋斗才实现这一目标——当他们每年的收入达到5000美元后，他们认为自己已经成功了，开始大量花销：在郊区买房子，并说'和租房子花一样多的钱'；买新车，添新家具和新衣服——等他们发觉时，已经陷于赤字阶段了。实际上他们比以前更不快乐——因为他们增加的收入全花光了。"

这是很自然的事。我们都希望更好地享受生活，但从长远来看，强迫自己在预算之内生活，或是让催账单塞满你的信箱以及让债主猛敲你的大门，到底哪一种方式会带给我们更多的幸福呢？

规则五：如果你必须借贷，就设法建立个人信誉。

现在假设你没有保险可借，也没有任何有价债券，但是你有房有车或其他担保物，那么你可以到哪里借钱呢？要尽量去银行借。所有银行都严格规范，它们在社区也有信誉，利率也由法律严格固定，而且会和你公平交易。所以，如果你遇到困难，银行将会与你商讨对策，制定计划，帮你克服忧虑，摆脱财务困境。

规则六：购买疾病、火灾以及意外保险。

对于各种意外、不幸以及可预料的紧急事件，你可以购买小额保险。我并不是建议你对任何事件都投一份保险，但我郑重地建议你为自己投一些主要的意外险；否则出了事，不但花大笔的钱，也很令人烦恼。这些保险都很便宜。

举个例子吧，我认识一个妇女，去年在医院住了10天。等她出院之后，她收到的账单只有8美元。这是怎么回事呢？因为她有医疗保险。

规则七：不要让保险公司给你现金。

艾伯利夫人是纽约市人寿保险研究所妇女部主任。她曾在全国各地的妇女俱乐部演讲，呼吁不让寡妇领取大笔的人寿保险金，而改为领取终身收入。她说，有一位收到2万美元人寿保险金的寡妇，把钱借给儿子从事汽车零件销售，结果失败了，现在她穷困潦倒。她还提到另一位寡妇被一位狡猾的房地产经纪人欺骗，把她的大部分人寿保险金拿来购买"保证在一年之内增值一倍"的空地。当她在3年之后卖掉土地时，只拿回当初的1/10。她又说到另一位寡妇，她领取了1.5万美元的人寿保险金12个月以后，就不得不向儿童福利基金会申请补助抚养她的子女。这样的悲剧真是太多了。

多年以前，《星期六晚邮》在一篇社论中说："由于普通妇女没有受过商业训练，又没有银行人士替她们出主意，因此她们很可能在第一个狡猾的掮客向她们游说之后，就贸然地把她们丈夫的人寿保险金拿去购买股票。任何律师或银行家都可举出许多类似的例子：节俭的丈夫多年来省吃俭用存下来的钱，只因为他的遗孀或孤儿相信某位专骗女人的骗子，而转眼将其花光。"

何不向摩根学习呢？那就不要让银行给你现金。这样，你每个月都能得到生活补贴。

规则八：养成子女对金钱负责的态度。

我永远记得《你的生活》杂志中的一篇文章。它的作者史蒂拉讲述了她如何教育她的小女儿养成对金钱负责的态度：

史蒂拉从银行要了一本特殊支票簿，将它交给了9岁的女儿。每当女儿得到了每周的零花钱时，就将这些钱"存进"里面，母亲则成了"银行"。然后，在那个星期之中，每当她要用钱时，就从中"提取"，把余款记下来。小女孩不仅从中得到了乐趣，而且学会了如何处理金钱。

这是一项特殊方法，如果你有上学的孩子，并想让他学会如何处理金钱，我建议你可以考虑这种方法。

规则九：如果有必要，你可以在家中赚一点额外收入。

如果你制定好开支预算之后，发现仍然无法弥补开支，那么你可以做以下两种选择之一：你可以咒骂、发愁、担心、抱怨；或者你可以想办法赚一点额外的收入。

看看你四周，你也许会发现许多尚未达到饱和的行业。例如，如果你自己是一名优秀的厨师，你可以开一个烹饪培训班，就在你自己的厨房里教年轻女孩子，说不定上门的学生络绎不绝呢。

规则十：不要赌博——永远不要。

规则十一：如果我们不能改善自己的经济状况，不妨宽恕自己。

如果我们不能改善自己的经济状况，也许我们可改进我们的心态。记住，别人也有他们的财务烦恼。我们可能会因为经济条件不如别人而烦恼，但别人也可能因为比不上另一家而烦恼，而这另一家又因为比不上另一家而烦恼。

即使美国历史上最著名的人物也有他们的财务烦恼。例如，林肯和华盛顿都必须向人借钱，才能上路就任总统。

如果我们得不到我们想要的东西，最好不要让忧虑和悔恨来打搅我们的生活。我们要善待自己。古罗马最伟大的哲学家之一塞尼加说："如果你一直觉得不满足，那么即使你拥有整个世界，你也会伤心。"

记住，即使我们拥有整个世界，我们一天也只吃三餐，一次也只睡一张床。

让忧虑"到此为止"

你想不想知道如何在股票交易中赚钱？当然，有上百万以上的人都想知道。如果我知道这个问题的答案，那我这本书就要卖个高价了。不过，有一个很好的理念，很多成功炒股者都应用过它。下面这个故事是查尔斯·罗伯兹告诉我的，他是一个投资顾问。

"我刚从得克萨斯州来纽约的时候带了两万美元，是我朋友给我用来股票市场投资的。"查尔斯·罗伯兹告诉我，"我原以为，我对股票市场很在行，可是我赔得分文不剩。不错！我在某些交易上赚了几笔，可是最后全都赔光了。

"我并不在乎把自己的钱都赔光了。可我认为把我朋友的钱赔光了却不是件好事，虽然他们都很有钱。在我们的投资出现这种不幸结局之后，我很害怕再见到他们，但我没有想到的是，他们对这件事情不仅看得很开，而且还非常乐观。

"我知道我的交易是漫无目的的，大部分靠运气和别人的股评。就像菲利普说的，我是靠小道消息炒股。

"我开始仔细研究我的错误，决定在再度进入股票市场之前，一定要先弄明白股票市场到底是何物。于是，我找到一位最成功的预测专家波顿·卡斯特，和他交上了朋友。我相信我能从他那里学到很多东西，因为他多年来一直非常成功，我知道能做出这番事业的人，不可能全靠机遇和运气。

"他先问了我几个问题，并问我以前是如何操作的，然后又告诉我股票交易中最重要的一条原则。他说：'我在股票市场上购买的每一只股票，都设定了一条止损线。例如，我买了一只50美元的股票，我设定的止损线是45美元。'也就是说，万一这只股票跌价达到5美元时，就立刻卖出去，这样损失就可以限定在5美元。

"'如果你当初买得很聪明的话，'这位大师继续说，'你可能平均赚10~25美元，甚至50美元。因此，在把你的损失限定在5美元以后，即使你有一半以上的判断出现错误，还能赚很多钱。'

"我很快就采用了这个法则，从此一直使用它。这个办法替我的顾客和我挽回了许多钱。

"过了一段时间，我发现这一'到此为止'原则也可以用于股票之外的地方。我开始在每一种烦恼和不快的事情上都加上一个'到此为止'的限制，结果太妙了。"

啊！我真希望在很多年以前就学会将这种"到此为止"的原则用在我的每一个方面：缺乏耐心、脾气、自我适应的欲望、悔恨以及所有精神与情感的压力上。为什么我以前没有想到用它来克服我的忧虑呢？为什么我不会对自己说"这件事情不值得这么担心——不能再去多管"呢？为什么我没有呢？不过，我觉得自己至少在一件事上做得还不错。那是一次很严重的情况——是我生命中的一次危机。

当时，我几乎眼看着我的梦想、我未来的计划以及多年来的工作全都付诸东流。事情是这样的：我刚30岁的时候，我决定一辈子以写小说为职业，梦想做弗兰克·诺瑞斯或杰克·伦敦或托马斯·哈代第二。我充满了热情，在欧洲住了两年。第一次世界大战结束后的那段时期，用美元在欧洲生活还是很合算的。我在那儿待了两年，完成了我的杰作。我给它取名为《暴风雪》。这书名取得太好了，因为所有出版商对它的态度都像呼啸着刮过达科他平原的暴风雪一样冷酷。当我的经纪人告诉我说这部作品一文不值，我没有写小说的天才时，我的心跳几乎停止了。我茫然失措地离开了他的办公室。当时即使他用棒子敲打我的脑袋我也不会吃惊——我惊呆了。我发现自己正站在生命的十字路口，必须做一个非常重大的决定。我该怎么办？该往哪一个方向走？几个星期之后，我才从茫然中醒悟过来。当时，我从来没有听过"让你的忧虑'到此为止'"的说法。可是现在回想起来，我当时正好做了这件事。我把自己费尽心血写那本小说看作一次宝贵的教训，然后从那里出发。我重新回去从事成人教育，有时间则写一些传记和非小说类的书，例如你现在正看的这本书。

我是不是很高兴做了这样的决定呢？何止高兴！现在只要是想起它我就会得意地想在大街上跳舞。我可以很坦诚地说，从那以后我从来没有后悔没有成为托马斯·哈代第二。

在这方面，林肯总统也非常值得我们学习。南北战争期间，有一次林肯的几位朋友攻击他的一些敌人，林肯说："你们对私人恩怨的感受比我多，也许我这种感觉太少吧。可是我总觉得这样很不值。一个人没有必要把时间花在争吵上。要是那个人不再攻击我，我也不会再记恨他。"

我真希望我的姑妈伊迪丝也能有林肯的宽恕精神。

伊迪丝姑妈和弗兰克姑父住在一栋被抵押的农庄。那里的土质很坏，灌溉条件又差，收成也不好。他们的日子很艰难，每一个小钱都得省着用。可是伊迪丝姑妈却喜欢买一些窗帘和小饰物来装饰那个穷家，她曾向密苏里州马利维里的一家小杂货店赊过这些东西。弗兰克姑父很担心他们的债务，而且不愿意欠债，所以他私下里告诉杂货店老板，不让他太太赊账。当她听说之后，大发怒火——那时离现在差不多50年了，可是她还在大发脾气。我曾经不止一次听她说这件事情。我最后一次见到她时，她将近80岁了。我对她说："伊迪丝姑妈，弗兰克姑父这样羞辱你确实不对；可是你没有觉得，自从那件事发生之后，你差不多埋怨了半个世纪，是不是有点过分呢？"

伊迪丝姑妈对她这些不愉快的记忆所付出的代价实在太大了——她付出的是她自己内心的平静。

我相信"正确的价值观"是获得心理平静的最大秘诀。我也相信，只要我们定出一种个人的标准，并为忧虑划定"到此为止"的底线，我们的忧虑有一半可以立刻消除——就是和我们的生活相比，什么事情才值得。

魅力女人的幸福课

一个人就算能赢得整个世界，可是失去了健康，对他个人又有什么好处？即使他拥有了全世界，可是他每次也只能睡一张床，一天也只能吃三餐。

在忧虑之前，我们可以先看看纪录，根据平均概率问问自己，我们担心的事情是否会发生，也许绝大部分忧虑都可以消除。

只要我们为忧虑划定"到此为止"的底线，我们的忧虑有一半可以立刻消除。

用微笑的阳光应对每天的生活

多一些淡定，少一些抱怨

我和哈罗德·艾伯特认识已有好多年了，他以前是我的教务主任。一天，他在堪萨斯城碰到我，我问他是如何避免忧虑的，他给我讲了一个我永远都不会忘记的鼓舞人心的故事：

"以前我常为很多事情忧虑，可是，在1934年春的某一天，我正走在韦伯市的西道提街，看到了一个消除我所有忧虑的场面。这件事情前后只有十秒钟，但我在这十秒钟内学到的生活哲理，比我过去十年所学的还要多。

"我在韦伯市开过两年杂货店，我不仅赔光了所有的积蓄，而且债台高筑，花了7年才还清债务。我的杂货店刚在前一个星期六关门，当时我正准备去工矿银行借钱，以便去堪萨斯城找一份工作。我像个一败涂地的人那样走着，完全丧失了斗志和信心。突然，我对面来了一个失去双腿的残疾人，他坐在一个小木板平台上，下面装着从溜冰鞋上拆下来的滑轮。他两手各抓着一块木头，撑着地滑过街来。我看到他的时候，他刚好过了街，正想把自己抬高几英寸上到人行道来。就在他翘起那小木板车的时候，他看见了我。他对我咧嘴一笑说：'你早，先生！早上天气真好，是不是？'他开心地说。当我站在那里看着他的时候，我才发现自己多么富有：我有两条腿，我还能走路。我对我的自怜感到羞耻。我对自己说，如果他这个缺了双腿的人都能做到的事，我这个健全的人当然也能做到。我觉得自己的胸膛已经挺直了。本来我只打算向工矿银行借100美元的，但我现在有勇气借200了。我本来也只是试着去堪萨斯城找工作，但现在我能自信地说，我要去堪萨斯城找工作。结果，我借到了钱，也找到了工作。

"现在，我在自己浴室的镜子上贴了这几句话，这样我每天早上刮脸时都能够看到：

　　'别人骑马我骑驴，回头看那无腿汉，比上不足比下有余。'"

　　有一次，我问艾迪·雷根伯克，当他和他的同伴在救生筏上漂了21天之久，在太平洋毫无获救希望时，他学到的最重要一课是什么。"我从那次经历中学到的最重要一课，"他说，"就是如果你有足够的新鲜水喝，有足够的食物吃，就不该抱怨任何事情。"

　　《时代》杂志有一篇报道，讲一个士官在某地受了伤，喉部被碎弹片击中，一共输了7次血。他给医生写了一张纸条，问："我能活下去吗？"医生说："能。"他又写了一张纸条："我还能说话吗？"医生又回答可以。然后他又写了一张纸条："那我还担什么心？"

　　你为什么不也马上停下来问问自己："那我还担什么心？"你很可能发现自己担心的事情会变得微不足道了。

　　英国很多新教教堂中都刻有"思考，感恩"两个词，这两个词同样应该铭刻在我们心中：要想值得我们感恩的事，并为此而感谢上帝。

☕ 多想想已经得到的恩惠

　　每一天的每个小时，你和我都能得到"快乐医生"的免费服务，只要我们把精力集中在我们拥有的那么多令人难以置信的财富上——这些财富远远超过了阿里巴巴的珍宝。

　　你愿意以10亿美元出卖你的双眼吗？

　　你愿意把你的双腿卖多少钱？

　　还有你的双手、听觉、孩子、家庭？

　　把你所有的资产加在一起，你就会发现你绝不会卖掉现在拥有的一切，即使把洛克菲勒、福特和摩根拥有的黄金都加在一起也不卖。

　　可是，我们欣赏了这些吗？啊，很难做到。正如叔本华说的："我们很少想到我们所拥有的，而总是想到我们所没有的。"这正是世界上最大的悲剧，它所造成的痛苦可能比历史上所有的战争和疾病都要多。

　　正是这一点使约翰·帕尔玛"从一个正常人变成了一个怪老头"，几乎毁了他的家庭。我知道这件事，因为他告诉了我。他住在新泽西州帕特森市19大道30号。

"我从军队退伍之后不久，就开始做生意。我日夜不停地忙着，一切都干得很好。然后问题来了，我买不到零件和原料。我担心可能会被迫放弃生意，这种担心使我很快由一个正常人变成了一个脾气很坏的人。我变得非常尖酸刻薄——可我当时并不知道，现在才明白我几乎失去了我那个快乐的家。然后，有一天，一个在我这里工作的年轻伤兵对我说：'约翰，你应该感到惭愧。瞧你这副样子，好像全世界只有你一个人遇到了麻烦似的。就算你关门大吉，又会怎么样呢？等到一切恢复正常之后，你还可以东山再起。你有很多值得感激的事，可你却老是抱怨。天啊，我真希望我是你！你看我，我只有一条胳膊，半边脸都受了伤，可我并不抱怨。要是你再这样没完没了地埋怨，你不仅会失去你的生意，还会失去你的健康、家庭和朋友。'

"这些话使我猛然醒悟，使我发现我走上了歧路。我当时就决定必须改变，重新做我自己——而我也做到了。"

我的一位朋友露西莉·布莱克在学会自己知足，不为所缺而忧虑之前，差点儿崩溃了。下面是她告诉我的：

"我的生活一直很忙很乱：在亚利桑那大学学习风琴，又在城里办了一个语言学校，还在我所住的沙漠柳牧场教音乐欣赏课。我还参加各种宴会、舞会，或在星光下骑马。一天早上，我垮了，心脏病犯了。'你得躺在床上静养一年，'医生说。他居然没有鼓励我，让我相信我还能够恢复。

"在床上躺一年，成为一个废人——可能还会死。我吓坏了。为什么我会碰到这种倒霉的事情？我做了什么，会受到这种报应呢？我又哭又叫，满怀怨恨和反抗。不过我还是遵照医生的话躺在了床上。我的一个邻居鲁道夫先生，他是个艺术家，他对我说：'现在你觉得躺在床上一年是个悲剧，但事实上不会的。这样你就有时间思考，真正认识自我。在接下来的几个月，你在思想上的成长会比你前半辈子都要快得多。'我平静下来，开始思考如何培养新的价值观念。我看过许多富有启发的书。一天，我听到一个无线电广播的评论员说：'你只能谈你知道的事情。'这一类话我以前听过许多次，可现在它才真正深入我心，并扎下根来。我决定只想那些我可以赖以生活的快乐而健康的思想。每天早上一起床，我就强迫自己想一些应该感恩的事情：我没有什么伤心的事，有一个可爱的小女儿，眼睛能看见，耳朵能听见收音机里播放的优美音乐，还有时间看书，吃得也很好，有许多好朋友。对此我非常高兴。来医院看我的人太多了，以致医生不得不挂上一个牌子，规定每次只许一个客人探望我，而且只能在某几个特定时间里。

"从那时至今已经9年了，现在我过着丰富多彩的生活。我非常感激我能在床上度过那一年，那是我在亚利桑那州度过的最有价值、最开心的一年。我现在还保持当年养成的习惯，每天早上算算自己值得高兴的事。这是我最珍贵的财富之一。"

亲爱的露西莉·布莱克，也许你并不知道，你学到的这一课，正是塞缪尔·约翰逊博士在200多年前学到的。

约翰逊博士说："培养只看事物好的一面的习惯，比每年赚1000英镑更有意义。"

☕ 内心悲观才是最大的悲剧

罗根·皮尔萨尔·史密斯用几句话说出了一番大道理。他说："生活中应该有两个目标：首先，要得到你希望得到的；然后，享受它。只有最聪明的人才能做到第二步。"

你想不想知道如何将在厨房的水槽中洗碗变成一次宝贵的体验呢？如果想知道，可以去看波姬儿·戴尔的书，它主要谈论令人难以置信的勇气，很具有启发性。该书名叫《我希望能看见》。

这本书的作者是一位女性，她失明达50年之久。"我只有一只眼睛，"她写道，"而眼睛上还满是疤痕，只能透过眼睛左边的一个小洞来看外界。看书的时候必须将书移到离脸很近的地方，而且不得不把另一只眼睛往左边斜过去。"

可是她拒绝别人的怜悯，更不愿被认为"与众不同"。小时候，她想和其他小孩一起玩跳房子的游戏，可是她看不见画在地上的线，于是等其他孩子都回家以后，她趴在地上，把眼睛贴在地上察看。她把那块地方的每一处都牢记在心，不久就成为这个游戏的好手了。她在家中看书时，把印有大字的书紧贴眼睛，几乎连眼睫毛都碰到书页上。她获得了两个大学学位：明尼苏达州立大学学士学位和哥伦比亚大学硕士学位。

她开始是在明尼苏达州双谷镇一个小村子里教书，然后逐渐晋升为南达科他州奥格塔那学院的新闻学和文学教授。她在那里工作了13年，还在许多妇女俱乐部发表演说，在电台点评图书和作者。"在我的脑海深处，"她写道，"常常怀着一种担心完全失明的恐惧。为了克服这种恐惧，我对生活采取了一种快乐而几近戏谑的态度。"

然后，1943年，在她52岁的时候，奇迹发生了：她去著名的梅育医院做了一次手术，视力比以前提高了40倍。

一个全新的、令人兴奋而可爱的世界展现在她眼前。现在她发现，即使是在厨房的水槽里洗碟子，也会让她开心。"我开始玩洗碗槽中的肥皂泡，"她写道，"我把手伸进去，抓起一大把小小的肥皂泡，把它们迎着光举起来，看到了一道小小彩虹般的明亮色彩。"

从水槽上方厨房的窗口望出去，她看到了"振动黑色翅膀飞过厚厚积雪的麻雀"。能有幸看见肥皂泡和麻雀，因此书中以下面的话作为结尾："'亲爱的主，'我低语，'我的父啊，我感谢你，我感谢你。'"

想想，因为你能看见洗碗时泡沫中的彩虹和飞过雪地的麻雀，要感谢上帝吧！你和我都应该感到惭愧。这么多年来，我们每天都生活在一个美丽的童话王国里，可是我们却视而不见，不知珍惜享受。

魅力女人的幸福课

如果你有足够的新鲜水喝，有足够的食物吃，就不该抱怨任何事情。

我们很少想到我们所拥有的，而总是想到我们所没有的。这正是世界上最大的悲剧。

培养只看事物好的一面的习惯，比每年赚1000英镑更有意义。

第二篇　自强者自知

保持自我本色才是真从容

卡耐基淡定的智慧

一个成熟的人，根本不会想自己哪些方面不如别人，他总是能进行自我批评，也清楚地了解自己的弱点；无论是对自己还是对别人，他都有同样的宽容之心。

成功者和失败者的聪明才智，其实相差并不大。如果两者的实力相当的话，对工作富有热忱的人，一定比较容易成功。

若想得到别人的友谊，自己首先必须热爱生活，并愿意奉献自己。

获得友谊的全部秘诀，在于不要担心结果，不要在意别人是否会喜欢我们，而是要立即行动，努力去做所有能激发爱和友谊的事情。

01

做独一无二的你

学会自己爱自己

斯曼莱恩·布兰顿博士在《爱，或者寂灭》中写道："适度的自爱，是一个人健康的反映；适度的自重，对工作和成功都将大有裨益。"这话说得很对。"爱自己"是健康成熟地生活的一个重要标志，这不能理解成自以为是。

爱自己，就是要接受自己，要冷静、客观、怀着自尊心和人类的尊严感来接受自己。

一个成熟的人，根本不会有时间去想自己在哪些方面不如别人，例如他不会因为自己不具备比尔·史密斯的自信或缺乏吉米·琼斯的积极态度和进取精神而担忧；他总是能进行自我批评，也清楚地了解自己的弱点，但是他也知道自己具有基本的目标和动机，然后他会花精力去改进自己的弱点，而不是空自哀叹；无论是对自己还是对别人，他都有同样的宽容之心，因此他一个人独处时不会有什么苦恼。

那么，喜欢自己和喜欢别人是不是同样重要呢？心理学家们认为，如果我们不能喜欢自己，那么我们就不会喜欢别人。仇恨一切事物和别人、厌弃和虐待自己同胞的人，必然也会更强烈地表现出自我厌弃。

现在，医院一半以上的病房都被那些自我厌弃的人占据着，而成千上万遭遇感情和精神困扰的人则还在外面排队等候——这些人都是不能自处的人。

如果我们看过玫瑰花的话，总会觉得那些玫瑰花看上去好像都是一样的，对吧？可事实却不是这样！如果仔细分辨，你就会发现，虽然这些花在颜色和品种上都一样，但是它们之间仍然存在细微的差别，例如生长速度、花瓣的卷曲程度、颜色的鲜艳程度等等，几乎每一朵花都存在细微的不同。

自然界到处都充满了多样性，而人类自身更是千差万别。原英国科学促进协会主席、古人类学专家亚瑟·凯斯爵士曾说过："没有任何人曾经或即将与另一个人度过完全相同的人生旅程……每个人的人生经历都将是独一无二的。"

不错，每一个人的人生经历都是独一无二的，即使我们的本质都是由相同的材料组合而成。

要想获得成熟的智慧，就必须认识并理解这个事实，这是一座引导我们和我们的同胞之间进行沟通的桥梁。如果我们不能尊重对方是个"个体"，我们就无法与对方沟通，或与对方建立起任何有意义的联系。

这话听起来似乎很容易，但要真正做到却非常困难。虽然我们喜欢自认为是一个已经废除了阶级意识的国家，可实际上我们仍然受着阶级意识的支配。我们创造出来的一套特殊的用语，就反映出我们不喜欢把一个人当成个体来看待，而是愿意将他纳入我们认为他应该归属的阶层，例如在统计栏或调查问卷中，就有"普通人"、"中下阶层"、"普通消费者"、"低收入群体"、"白领阶层"、"蓝领阶层"、"咖啡座人士"等等，这一切"标签"无不显示出我们不愿或缺乏将他人看成是"个体"的倾向。

事实上，我们已经被分门别类，然后被归属于某一个群体当中。在现实生活中，我们的每个方面都在接受别人的调查。社会调查员对我们再熟悉不过：我们喝几杯咖啡、多少人拥有汽车以及什么牌子的汽车、听什么广播或看什么电视，甚至包括我们每年要过多少次性生活以及过得如何，等等。

然而，每个人在内心当中还是希望自己能够独一无二地生活的。分类的压力、认同的压力，这些并不能阻止人们在内心深处渴望与别人有所不同，一旦这种渴望通过外在表现挣脱出来时，我们也许就会被带进精神病医生办公室的长椅，或者被关进精神病院，或者沉迷于酒色和毒品之中。若是这样的话，我们就永远无法找回迷失的自我了。

☕ 做一个与众不同的人

那么，我们如何才能做一个与众不同的个体呢？我们如何才能得到一种相对成熟的自觉呢？在此，我们有三条建议。

建议一：在孤独和退隐中认识自己。

不同的人对"孤独"的含义有不同的理解。有一个朋友就说，如果他需要思考，就会到街上做长距离散步，让自己消失在人群中，"在这种情况下思考问题，我就可以避免分心了"。

当我住在纽约时，我经常去附近的一家教堂，因为那里非常安静，这样我就能获得内心的平静，使自己保持活力，让精神更加振奋。

我最难得的孤独时刻，便是沉浸于大自然的那一刻。我很少做长距离散步或进行户外活动，但是我经常在花园中散步，因为在那里我至少还能不时地抬头望一眼那棵大树或天空。对我来说，四季的更迭真是个永恒的奇迹；方寸大小的土地和广袤的田野也可以让我体验到欣赏自然的乐趣。此时，我会感到自己已经和大自然交融于一体了。

许多哲学家和思想家都强调过孤独的价值，耶稣、佛陀、施洗者约翰、笛卡尔、蒙田、班扬等人，也正是在孤独中获得了启示的。

建议二：摆脱习惯的枷锁。

有谁愿意被习惯和惰性的枷锁套住，而整天沉闷无望地苟且活命呢？但是我们已经被活活地埋在习惯和无聊的事物里面，只有通过异常的努力，才能把我们解救出来。

我有一个年轻的女学员，她对我讲了她和她丈夫破除习惯枷锁的故事：

"我丈夫和我都喜欢看电视，"她说，"我们每天下班后所做的第一件事情就是打开电视机，一边看电视节目一边吃晚饭，直到困得必须睡觉才罢休。为了不错过那些好节目，我们既不去看朋友，也不看书，当然也不一同出去享受美好的时光。当别人来拜访我们时，我们也巴不得他快点走，以便继续看被中断的电视节目。有一天，我和朋友们一起吃午饭，但是我发现我已经和她们无法交谈了，因为我根本插不上嘴。我哪儿都没去过，也没看过什么书，没做过什么事。我生命的黄金时期都被那间黑屋子里的电视机浪费了。

"回家后，我劝我丈夫说，既然有的人都能成功地戒掉毒瘾，我们也应该能从电视节目中解脱出来。他很赞同我的意见，于是我们开始努力去做其他的事情，以便转移我们的精力。我们报名参加了成人教育课程班，还经常去打保龄球，出门去拜访朋友；我们还从图书馆借来许多书，然后互相读给对方听。我很满意我们能戒除掉电视瘾，我们的工作和婚姻也因此得到了改善。我们感受到了生活中的许多乐趣，而且无论对自己还是对别人来说，我们的生活价值都提高了。"

这两个曾被习惯活埋的人，终于获得了解放，而他们却曾经被自己包裹得紧紧的。

建议三：发掘生活中最满意的东西。

心理学家威廉·詹姆斯在1878年写给妻子的信中，有一段最为精彩的描述："……我坚持认为，要正确评价一个人的人格，最好的时机就是观察当他处于最活跃、最满意时刻的精神或道德状态，因为这时他的内心所传达出来的声音是'这就是真正的我！'"

这句话简单地说，就是当人们处于兴奋状态时，"真我"自然就浮现出来，因为当一个人处于"最活跃、最满意"的状态时，也是他最兴奋的时刻；不论他是对哪种想法、对哪个人或对哪种情况的哪种形式的兴奋，都会使他摆脱无聊的事情、习惯和压力，从而形成对真我的刺激。

兴奋是使我们的工作走向成功的最基本要素，它还能激发我们的热情，使我们发挥最大的潜力。伟大的物理学家、诺贝尔奖获得者爱德华·维克多·艾波顿爵士曾说过一句话，这句话听起来颇令人吃惊："谈到科学成功的秘诀，我甚至要将'热情'放在专业技术之前。"

当然，爱德华爵士并不是说专业技术在科学研究中不重要，而是说"热情"——"兴奋"——会激励一个人更充分全面地掌握专业技术。

兴奋是人们不断刺激自己工作和活动的源泉。耶鲁大学教授威廉·里昂·费尔普斯有一本书《工作的兴奋》，这本书到处洋溢着他对工作的兴趣。

生活危机也能刺激一些人，使他们重新活跃起来。例如，规模较大的战争、洪水或地震等灾难降临时，会对人们产生强烈的刺激；而家庭危机等较小的危机往往能对那些和子女同住、看上去已经老朽的人产生一种力量，对他们发挥重要作用。

上面介绍了三种使我们和他人区别开来、培养自己独特个性的方法。心灵的成熟需要不断地自我发掘，这将是一个持续不断的过程。如果我们不能了解自己，也就无法了解别人。

"了解自己"，正是智慧的源头，这就像苏格拉底所说的，"你是这世界上独一无二的你"。

☕ 遇见未知的自己

哈佛大学心理学教授罗伯特·W.怀特在《进步的生活：性格自然成长的研究》一书中，曾这样写道：

　　"现在普遍流行的一种观念认为，任何人都应该调整好自己，使自己适应周围的环境。"怀特博士说："然而，这种观念却误导了人们，认为最理想的人都善于调整自己，以适应原来固定的生活模式、乏味的生活规则、苛刻的外界限制，或者是屈从于成就感的压力，尽一切可能去努力适应周围环境。事实上，这样做的结果只能使人迷失方向，失去成长和创造的可能性。简而言之，就是让人屈服于压力，丧失自身的创造力与发展的潜力。"

　　我非常赞同怀特博士所说的。很少有人具备卓越超群的勇气或清楚地知道自己能代表什么，我们的行为由社会和经济群体支配着，我们与我们的邻居有着相似的生活和思想，一旦我们任由自己的个性和周围的环境发生冲突，我们就会神经过敏，患得患失，迷茫失措，从而不再喜欢自己。

　　几年前，我们的一个女学员就曾因为这种冲突而感到困惑。她那当律师的丈夫是一位野心家，喜欢积极进取，做事尤其独断专行。他们的社交圈子也由那些和他类似的所谓名流人士所组成，他们喜欢以社会地位来衡量一个人的成就。这位夫人看上去很文静、很谦虚，但是她在这种圈子里只感到一种压抑和卑微，而周围那些人也不懂得欣赏她所具有的优良品质。这使她变得异常沮丧，失去了自信，因为她觉得自己总是达不到别人对她的要求。她也越来越不喜欢自己。

　　其实，这个女人大可不必这么苦恼。她不应该改变自己去适应环境，而是应该适应她自己，愉快地接受自己，而不要企图改变自己，并忘记这种压力。她还应该明白"天生我才必有用"的道理，知道每个人只能按自己的性格行事，而不是照搬别人的路子。

　　对于她来说，重塑自我的第一步，就是不要用别人的标准来衡量她自己，而是要建立起她自己的价值观，并把它应用到自己的生活中去；同时，她还要学会独处，少进行自我批评。

　　不喜欢自己的人，总喜欢挑剔自己身上的毛病。虽然适度的自我检讨可以促进人的健康，并且富有建设性，也是提高自我所必需的，但是绝不能让它成为一种强制性的观念，否则将会使我们陷入困境，妨碍我们积极行动。

　　一天晚上，我讲完课之后，班上一位女学员来找我，抱怨说她讲话总是没有预期的水平。

　　"一登上讲台，"她告诉我说，"我就感到特别心虚和别扭。别的同学看起来都是那么沉着自信，而我一想到自己的缺点就泄气，这就使我更说不出事先准备好的话来了。"

　　听完她的抱怨，我只用了一句很简单的话来回答她的问题："把你的缺点放在一边，导致你的演讲失败的不是它的缺点，而是因为它缺乏优点。"

不错，一篇演讲、一个人或一件艺术品的失败，往往并不是由缺点导致的。在莎士比亚的戏剧中，历史和地理方面的错误比比皆是；狄更斯小说中的某些段落也描写得过于煽情。然而，又有谁在意这些呢？这些伟大的作品仍然长盛不衰，并闪耀着光芒；它们的优点掩盖了缺点，使这些缺点可以被忽略。同样，我们结交朋友也是因为他们有某些优点，我们大可不必考虑他们有什么缺点。

要想获得进步、突出自我，就要集中精力发挥自己的优点，展现自己最优秀的一面，抛开自己的缺点。当然，我们一定要纠正自己的错误，并迅速忘掉它们。我们要做的就是彻底和过去决裂，重新开始。

在尝试喜欢自己的过程中，我们必须要培养出能容纳自己缺点的气度。当然，这并不意味着对自己降低标准，任由自己变得懒散或消极。我们都明白，没有人能永远做到最好，因此强行要求别人达到完美既不符合实际，苛求自己完美也就更是以自我为中心了。

几年前，我曾参加了一个组织，其中有一位绝对完美主义的女士，凡是由她经办的每一件事都必须尽善尽美，毫厘不差；可是在别人看来，她所做的工作却很少是成功的，例如，即使是一份简单的报告，她也要斟酌好几个小时才能交上去；发表演讲时，她会围绕演讲题目毫无休止地说下去，让听众觉得厌烦劳累；她家从来不欢迎那些不速之客；举办宴会时，她会事先安排好所有的细节。

尽管这位女士费尽了心思，达到了近乎机械式的完美，但是她却以付出欢乐、自然和温暖为代价，所以这样的完美并没有多少实际用处，反而让人觉得无聊之极。

要求自己不断追求完美，这其实是一种冷漠无情的自负。这种人不能忍受自己只是和别人一样好，他们要求自己一定要超越别人，一定要令人瞩目。他们不是把精力放在全力以赴地做好每一件事，而是一心只顾着如何超过别人，把自己置于完美的架子上。

完美主义者也是凡人，所以他也会像其他人一样遭遇失败，但是他无法容忍自己的失败，而是想极力超越失败，一旦不能如愿以偿时，结果就只有痛苦。因此，对待自己不要太苛刻，如果能偶尔停下来作一番自我解嘲的话，也许你将会更喜欢自己。

02

你的未来，由自己主宰

☕ 设定你的人生目标

《婚姻指南》的作者塞默和伊瑟克林指出，快乐的婚姻需要夫妻具有共同的梦想。至于梦想是什么并不重要——例如一幢新房子，一趟欧洲旅行，或是一个大家庭——共同拥有一个梦想才是最重要的。

"关键在于，"他们说，"对眼前的生活有所希望，然后尽其所能去实现它。快乐、情趣、参与感都会从构思、梦想和希望中获得，从共享胜利与失望、成功与失败中获得。"

堪萨斯州的威廉·葛理翰夫妇的成功便是基于他们有一个共同的梦想。在威基塔，威廉·葛理翰油料公司是一个逐渐受人重视的公司，负责人威廉·葛理翰便是它的主要功臣。在还不到50岁之前，他就已经从油料经营和投资中赚得了可观的利润。同时，葛理翰和他的夫人玛瑞丽也拥有许多令人羡慕的婚姻成果：6个健康的孩子，富有、漂亮的家居，成功的事业——这一切使他们对未来的岁月充满了希望。

我认识威廉·葛理翰已有多年，当我请教他成功的最大因素时，他回答说："是我们夫妻长期计划和协调工作。"

他们刚结婚没多久，玛瑞丽就知道了丈夫的梦想和计划，于是他们共同工作，开始做房地产生意，介绍房屋买卖，从中抽取佣金。除了成功的信念和埋头工作之外，他们没有其他后援。他们将办公室设在一幢办公大楼的废弃通道末端，玛瑞丽在这里负责联络，威廉便四处拉生意。

开始的时候，业务进展很慢，这对年轻的夫妇经常得精打细算，否则全家便要饿肚子。

当业务出现转机之后，他们便自己出钱买房子，再倒卖出去，从中赚上一笔。然后，他们就开始自己盖房子。这时，由于经营状况太好了，威廉觉得他应该加入一些新行业，以便获得更大的发展机会。

经过几次协商，他们夫妻俩觉得做石油生意最适合威廉。因为他渴望业务成长和更多的机会和挑战。于是"威廉·葛理翰石油公司"诞生了，这个公司一直是非常成功的实例。

目前，威廉正在制定新的计划。他和玛瑞丽正考虑在国外投资的可行性。只要他们有了决定，他们便会将它付诸实现。

当葛理翰夫妇为自己制定计划和选择目标时，总会考虑到威廉所受过的训练、倾向和性情。玛瑞丽说，一旦威廉实现了一个目标，一定会立刻再寻找另一个富有挑战性的难题，以免自己失去生活的乐趣。在这种共同面对挑战的过程中，他们建立了亲密的感情。

葛理翰夫妇的成功是两个人共同订下计划、实行计划、直达目标的极好证明。没有人能够不瞄准靶心便能打中的。即使我们会有一点偏失，但是这样至少比闭上眼睛盲目射击更接近靶心。

"混淆不清，"哥伦比亚大学已故著名教授狄恩·海伯特霍基斯说："正是忧虑的主要原因。"

混淆不清不只是忧虑的主要原因，它还是成功的最大绊脚石之一。因此，帮助丈夫出人头地的第一步，便是鼓励他找到生命的重心，制定下一个目标。

作为妻子，你首先应该明白，成功对你丈夫及你的意义是什么：它意味着财富？名望？安全感？权力？为大众服务？满意的工作？只有找出成功对你们的意义，才能决定你们共同生活的目标。

做妻子的应该清楚地了解丈夫的目标，如果你想要帮助他实现那些目标的话。不幸的是，有许多例子指出，当双方都有所准备打算着手实施时，却发现两人的方向相左。假如你丈夫已经明确了自己的志向，不要认为这就足够了。你也应该加入他的长期计划中去。

"相爱并不是双目对视——而应该是朝同一个方向投视。只有这样，爱才会延续下去。"这的确是对那些缺乏进取心的夫妇最好的忠告。

☕ 努力追求新的目标

尼克·亚历山大最渴望实现的目标是上大学。因为他从小在孤儿院长大——那是一种老式的孤儿院，孤儿们从早上5：00工作到日落，伙食既差，量又不够，尼克根本没有条件上大学。

尼克是一个聪明的孩子，因此他14岁就从中学毕业。为了生存他开始步入社会谋生。

他所能找到的工作，是在一家裁缝店里操作一架缝纫机。14年来，他一直在这家裁缝店工作。然而，尼克始终没有攒足上大学的钱。

虽然如此，尼克·亚历山大还是幸运地娶了一个女孩，她愿意帮助他实现上大学的梦想。但事情可并不如他们想象的那么容易。在他们结婚之后没多久，也就是1931年，裁缝店开始裁员，尼克丢掉了工作。于是，这对年轻的夫妇决定自己去闯天下。他们把存款聚集在一起，开了一家"亚历山大房地产公司"。尼克的太太特丽莎甚至把订婚戒指也卖掉了，以便增加他们那笔小小的资金。

在两年之内，他们的生意十分兴隆，于是特丽莎坚持让尼克去上大学。在他36岁的时候，尼克终于获得了学位——这是他在人生道路上所抵达的第一个里程碑。

尼克又回到了房地产事业——成为他夫人的生意合作伙伴。不久，他们又有了一个新目标——海边的一幢房子。终于，他们也实现了这个梦想。

他们就这样坐下来享受轻松了吗？呵，才不会呢。他们还有一个小女孩需要教育。如果他们能把他们商业大楼的分期付款缴清，并把大楼变成公寓出租，那么所得到的租金就能支付他们孩子上大学的费用了。因为他们一心一意要达到这个目标，后来他们也终于做到了。

亚历山大夫人告诉我，他们目前正在为他们的退休保险金努力。现在尼克单独主持事业，特丽莎则照顾他们的家。

亚历山大夫妇过着一种忙碌、幸福、成功的生活，因为他们前面总是有一个目标，使他们有一个努力的方向。他们已经发现了萧伯纳这句话的真理："我厌弃成功；成功就是在世上完成一个人所做的事，正如雄蜘蛛一旦授精完毕，立即被雌蜘蛛刺死一样。我喜欢不断地进步，目标永远在前面，而不是在后面。"

许多人一辈子迷迷糊糊，因为他们没有真正的目标，他们得过且过。而那些从人生中收获最多的人，都是警觉性高、积极等待机会，机会一到马上就能看出来并抓住它的人。他们都有一个明确的目标。

有一位太太说："我希望我丈夫永远不会感到自我满足而停滞下来。我们结婚5年了，每年都有一个目标——首先，是他的学位；接着是进修课程；然后是一年的自由投稿工作；现在是他自己的事业。他对自己充满了自信，我也相信他能成功。而一旦他告诉我他的钱够了，教育够了，经验够了，我就知道蜜月已经结束了。"

有一句古语说："不论你抓在手里的是什么，别忘了最终的结果，那你就不会失去什么了。"

当一个目标实现之后，马上定下另一个新目标，这才是成功的人生模式。人生的意义，就在于不断地追求新的目标。

☕ 保持心中的热忱

纽约中央铁路公司已故总裁佛里德利·威尔森有一次在广播采访中，被问到如何才能使事业成功，他回答说："我深刻地认为，一个人的经验越多，对事业就越认真，这是一般人容易忽略的成功秘诀。成功者和失败者的聪明才智，其实相差并不大。如果两者的实力相当的话，对工作富有热忱的人，一定比较容易成功。一个具有实力而富有热忱的人，和一个虽具有实力但不热忱的人相比，前者的成功也一定会胜过后者。"

一个热忱的人，不论是在挖土，或者经营大公司，都会认为自己的工作是一项神圣的天职，并对它怀着浓厚的兴趣。对自己的工作热忱的人，不论他所面临的工作有多么困难，或需要多大的训练，他始终会用不急不躁的态度去进行。只要抱着这种态度，任何人都一定会成功，也一定会实现目标。

爱默生说过："有史以来，没有任何一件伟大的事业不是因为热忱而成功的。"事实上，这并不是一段单纯而美丽的话语，而是迈向成功之路的指南针。

如果你读了这本书，只体会到对工作具有热忱是最重要的事，而没有其他收获的话，也没有关系。仅此一点，就足以引导你的生活获得成功了。

对工作热忱的人，具有无限的能量。耶鲁最著名而且最受欢迎的教授之一威廉·费尔波，在他那本富有启发性的《工作的兴奋》中这样写道：

"对我来说，教书凌驾于一切技术或职业之上。如果有热忱这回事，那么我认为这就是热忱了。我爱好教书，正如画家爱好绘画，歌手爱好唱歌，诗人爱好写诗一样。每天起床之前，我就兴奋地想着有关学生的事……人在一生中之所以能够成功，最重要的因素就是对自己每天的工作抱着热忱的态度。"

任何一个公司的老板，都知道雇用对工作充满热忱的员工的重要性，也知道这种人难以物色。亨利·福特说过："我喜欢具有热忱的人。他热忱，就会使顾客热忱起来，于是生意就做成了。"

"十分钱连锁商店"的创始人查尔斯·华尔沃兹也说过："只有对工作毫无热忱的人，才会到处碰壁。""美国钢铁大王"查尔斯·施瓦布则说："对任何事都热忱的人，做任何事情都会成功。"

即使是从事高度技术的专业工作，也需要这种热忱。爱德华·斯皮尔顿是一位伟大的物理学家，他曾协助发明了雷达和无线电报，并因此而获得了诺贝尔奖。《时代》杂志引用过他一句极具启发性的话："我认为，一个人想在科学研究上有所成就的话，热忱的态度远比专业知识重要。"

著名的人寿保险推销员弗兰克·贝特格的成功经历也证明了"热忱"的巨大作用。他那本《我如何在推销上获得成功》的书一经出版，就打破了以往任何一本有关如何推销的书籍的销售量。

这本书为什么这么畅销？因为它揭示了一个秘密：缺乏热忱——这正是许多人不能成功的巨大障碍。以下是贝特格在他的著作中所列出的一些经验之谈：

"当时是1907年，我刚转入职业棒球队不久，就遭到了有生以来最大的打击——因为我被开除了。我打球时没有劲，因此球队的经理有意要我走。他对我说：'你这样慢吞吞的，一点劲都没有，好像是在球场上混了20年。老实跟你说，弗兰克，离开这里之后，无论你到哪里做任何事，如果你不打起精神来的话，你将永远不会有出路。'

"本来我的月薪是175美元。被开除之后，我参加了亚特兰斯克球队，月薪减为25美元。薪水这么少，我对比赛当然更没有热忱了，但我决心努力试一试。

"大约10天之后，一位名叫丁尼·密亭的老队员把我介绍到新凡队去。在新凡队的第一天，我的人生有了一个重大的转变。

"因为在那个地方没有人知道我过去的情况，我开始下定决心，想把自已变成新英格兰最富有热忱的球员。为了实现这一目标，我当然必须采取行动才行。

　　"我每次上场时，就好像全身充满了电。我强有力地投出高速度的球，使接球的人双手都麻木了。记得有一次，我猛烈地冲入三垒，对方那位三垒手吓呆了，球被漏接，结果我破垒成功。当天气温高达华氏100度，我在球场冲来跑去，极有可能会中暑而倒下去。

　　"这种热忱所带来的结果，真令人吃惊，它产生了极大的积极作用：我心中所有的恐惧都消失了，而发挥出意想不到的技能；由于我的热忱，其他的队员也跟着热忱起来；我也没有中暑，我在比赛中和比赛后，感到从没有如此健康过。

　　"第二天早晨，当我读报的时候，兴奋得无法形容。报上说：'那位新加入的贝特格，无异于一个霹雳球。全队的人，都受到了他的影响，全都充满了活力。他那一队不但赢了，而且是本赛季最精彩的一场比赛。'

　　"由于我的热忱态度，我的月薪由25美元提高为185美元，多了7倍。

　　"在往后的两年时间里，我一直担任三垒手。薪水也加到了30倍之多。为什么呢？就是因为我有一股热忱，而没有别的原因。"

　　后来，贝特格的手臂受了伤，他不得不放弃打棒球。接着，他到菲特烈人寿保险公司当保险推销员，可是整整一年多他都没有什么成绩，因此他很苦闷。但他后来又变得热忱起来，就像当年在新凡棒球队打棒球那样。

　　目前，贝特格是人寿保险界的大红人。不但有人请他撰稿，还有人请他演讲介绍自己的经验。他说："我从事推销，已经有30年了。我见过许多人，由于他们对工作抱着热忱的态度，他们的收入也成倍数地增加了。我也见过另一些人，他们由于缺乏热忱而走投无路。我深信，唯有热忱的态度，才是成功推销的最重要因素。"

　　如果热忱对任何人都能产生这么惊人的效果，那么对你丈夫也应该会有同样的功效。从上面所提到的那些人看来，我们可以得出如下结论：

　　热忱的态度，是做任何事所必需的条件。请让你的丈夫深信这一点。任何人，只要他具备这个条件，都能够获得成功，他的事业也必将会飞黄腾达。

　　曾有人采访乐队指挥鲍勃·克劳斯贝的儿子，问他父亲和他的叔叔平·克劳斯贝每天的生活情形。他回答："他们永远都在愉快地工作。"

　　"那你长大之后希望怎样生活呢？"这个采访者又问他。

　　"也和他们一样愉快地工作。"年轻的克劳斯贝毫不迟疑地回答。

　　对工作具有热忱的人，都会愉快地工作着。这一点还能感染你周围的人。因此，如果你希望自己的丈夫出人头地，从今天开始，你就应该使他建立对工作认真的观念，认清热忱态度的重要性，再帮助他走向成功。

☕ 培养热情的方法

如何才能提高热情呢？请试试下面介绍的6种方法。我知道这6种方法很有效，因为我看过它们一次又一次地被应用而走向成功的结果。

1. 培养责任感

不知你还记得这个古老的故事吗？有人问两个在一起工作的人，他们正在做什么。其中一个回答："我正在砌砖块。"而另一个回答道："我正在建造一座大教堂。"

尽可能地了解一项工作或产品，可以增加你的信心和热心。著名记者塔贝尔曾说过，她有一次花了好几个星期，为一篇500多字的文章搜集资料——虽然她只用了这些资料的一部分。她解释说，那些没有使用的资料，将会增加她的实力。因为她知道的东西比写这篇文章所需要的更多，所以她能够写得更轻松、更有信心，也更具有权威性。

本杰明·富兰克林小时候就懂得培养工作责任感的重要性。那时，他在一家臭味冲天的肥皂工厂打杂。由于他竭尽所能地学会了整个制造程序，所以他对于自己为公司所做的微薄贡献，也相当的有成就感。

工厂训练推销员的时候，应该把产品的制造过程教给他们——虽然这些知识在推销的时候很少派上用场。但是，对自己的产品了解越多，就越使得推销员对顾客推销的时候能够更有权威和热心——由此也使产品有更好的销路。

我们对任何一件事知道得越多，就越会对它产生强烈的热心。所以，如果你的丈夫对他的工作不够热心，责任感不够强烈，你就要找出原因。很可能是因为他对自己的工作知道得不够多——或是不了解自己对整个程序所做的贡献。

2. 制定目标，耐心地完成

一个人如果立志要成功的话，必须具有执著的精神。他必须知道他正在为什么目标而工作，然后他才会像一只猎犬追逐野兔那样紧追不舍。一个知道自己目标的人，是不会因为挫折和失败而泄气的。

本杰明·富兰克林写道："每个人都应该确认他特殊的工作和职业，而且耐心地去做，如果他想要成功的话。"

英国诗人撒母耳·泰勒·柯尔雷基恐怕是最需要接受这个劝告的人了。他遗留给后代的诗，大部分都是没有完成的。他把自己的才华分散得太细而浪费掉了。他只是生活在一个不真实的梦幻世界里，因此在他死后，查理·兰姆写信给朋友时说："柯尔雷基死了，听说他留下了4万多篇有关形而上学和神学的论文——可是没有一篇是完成的！"

因此，你应该和你丈夫讨论他对于未来的目标，帮助他弄清楚他的目标和抱负；鼓励他尝试完成明确的目标，而不是去做那些模糊的、不可能成功的白日梦。

3. 每天都给自己加油打气

这个方法孩子气吗？也许。但许多相当成功的人士都发现这是一个建立热心的好方法。

新闻分析家卡腾堡说，他年轻时经验很少，曾在法国当过推销员，每天走访一户又一户的人家，每天出发以前他都要对自己说一番鼓励的话。

魔术大师荷华·塞斯顿也经常在他的化妆室里跳上跳下，一次又一次地大声喊道："我爱我的观众。"直到他的血液沸腾起来，然后他才走到舞台上，为观众们献上一次充满活力和愉快的表演。

我们大部分人都是半醒半睡地活着。为什么你不在每天早上让你丈夫对自己说："我爱我的工作，我将要把我的全部能力完全发挥出来。我很高兴这样活着——我今天将要百分之百地活着。"

4. 树立"为别人服务"的思想

一个以自己为中心的员工，工作时一只眼睛注视着时钟，另一只眼睛则注视着他的薪水。这样的人必定很厌烦、很懒散，而且注定不会成功。

为别人服务也会产生热忱——许多有能力的人选择低薪的社会服务和传教工作，而不去从事那些以自我为中心的职业，以赚取更多的钱，这就是例证。

打游击战术也许会获得成功，但最后都会失败的。最好是让大家都伸出援助的双手，而不是把他们的脚伸出来绊倒别人。

5. 结交热心的朋友

结交优秀的朋友会使人变得更加优秀，因为良好的品格会相互影响，并排除不良品格。你也许没有办法控制丈夫的工作环境，但是你可以尝试培养丈夫的朋友和活力，以刺激丈夫更富有创造力地思考和生活。

如果你希望丈夫散发出热情，就让他处于对生命充满活力而且清醒的朋友的影响之中。每一个团体都有这种人——要把寻找这种人当作你的职责，并且帮助你的丈夫和他们交往。然后你要密切注意这种接触，看看在他身上引起了多少火花，并激发出多少梦想。

6. 强迫自己热心地工作

这是我的主张吗？噢，不是的。威廉·詹姆斯教授在我还没有出生以前，就在哈佛大学教导这个哲理了。

"如果你想要获得一种情绪，"詹姆斯说，"你就假装已经有了这种情绪，并那样工作。而你假装已经有了这种情绪，就必定会使你真的拥有这种情绪。如果你想要快乐，就快乐地工作。如果你想要痛苦，就痛苦地工作。如果你想要热忱，就热忱地工作。"

弗兰克·贝特格也说，任何一个人都可以应用这个原则改变他的一生。显然，他是不会说错的——因为这是他自己的经验。

魅力女人的幸福课

> 快乐的婚姻需要夫妻具有共同的梦想。至于梦想是什么并不重要，共同拥有一个梦想才是最重要的。
>
> 对眼前的生活有所希望，然后尽其所能去实现它。快乐、情趣、参与感都会从构思、梦想和希望中获得，从共享胜利与失望、成功与失败中获得。
>
> 相爱并不是双目对视，而应该是朝同一个方向投视。只有这样，爱才会延续下去。

爱他，但别被他“套牢”

这样的女人最受欢迎

我在年轻时曾有一种愚蠢的心态，既渴望友情，可是却又只愿意和别人保持某种比较满意的关系。我这种心态正好和许多人一样：既想要别人对自己感兴趣，但是却不肯花精力让别人来接受自己。

在我的成人教育课程培训班上，我发现许多人都很自卑，他们总是这么想："我过于害羞胆小，不能吸引别人的注意"；"看来没有人愿意对我感兴趣"；"别人并不渴望认识我"……

别人凭什么要对你感兴趣呢？在这个世界上，也没有人有义务去必须喜欢别人。无论是做生意还是在社会交往中，假如我们不能拿出别人想要的东西，我们就没有任何理由让别人来主动讨好我们。

中国的思想家孔子曾经说过："不患人之不己知，患其不能也。"因此，要想赢得别人的友情，就必须甩掉包袱，不要担心别人是否会喜欢我们，而且要尽量发掘我们身上潜藏的基本素质，激发别人来赏识我们。

著名女歌唱家玛丽安·安德森曾对她生命早期的某个阶段做了感人的描述。在那段日子里，她因为深陷失败和颓丧的心境而难以自拔，她觉得自己将永远不能唱歌了。但是，经过一番祈祷和心灵的探索之后，她逐渐找回了继续奋斗的信心和勇气。

一天，她满心欢喜地对母亲说："我想要歌唱！我希望大家都能爱我！我渴望追求完美！"

母亲郑重地对她说："这是一个伟大的目标。但是，孩子，在这个世界上，即使是我们最完美的主，也没有赢得每一个人的爱。要知道，恩宠是永远位于伟大之前的。"

母亲的话深深地刻在了安德森的心中。她重新开始了歌唱事业，并为实现完美这一目标而奋斗不止。她并没有停留在空想阶段，她明白了"恩宠先于伟大"的道理。

《史诺普郡的少年人》一书的作者A. E. 霍斯曼，可以说是英国最伟大的知识分子之一。他是一位诗人、评论家、演讲家和教师，他对于自己敢蔑视教会教条和被他称为"宗教民俗"的东西而感到骄傲。

但是，当霍斯曼在牛津大学发表题为《诗名与诗性》的演讲时，他这样说道："我认为，人类最深刻、最真实的话，就是'吝惜生命的人，必将失去生命；而为我失去生命的人，则必将获得生命'。"

霍斯曼这篇演讲主要讲的是艺术和美学的关系。他提醒艺术家们，要致力于创作，而不要贪图创作可能带来的报偿。其实，他的这些话不仅对艺术创作来说是确切中肯的，而且对于获得事业的成功、对于获得友谊、对于所有人类的努力也都同样适用。

我们必须弄清楚"因"和"果"之间的关系：我们要想获得爱，首先必须付出爱；要想获得友谊，必须先待人友好；要想吸引别人，使别人对我们感兴趣，就必须先向对方表达我们的兴趣。

如果我们为了获得友谊和真情，已经采取了付出而不是接受的态度，那么我们接下来要做的就是把这种态度表现出来，使它获得实效。光凭心灵的纯真善良还远远不够，只有这样付诸实践，我们才能获得令自己满意的效果。

我们就以夫妻为例来说明这个问题。虽然夫妻双方的感情不必每天都用言语表达出来，但是，如果我们不用某种合适的方式来表达的话，这种感情就有可能因为缺乏滋养而渐趋枯萎。我们不就经常听到一些做妻子的说，她只希望自己的丈夫能偶尔夸奖一下她在某些小事上的贡献吗？

当然，还有许多形式可以帮助我们表达这种赢得朋友的态度，例如敏锐地获悉他人的需要，待人慷慨、热情机敏，等等，这些都是内在态度的外在表现。如果能做到这些，你也就能获得友谊。友谊确实是要经过赢取才能获得的。

爱是人类不断进步的基础。我们与别人的友谊如何，也是衡量我们的感情是否成熟的一个标准。我们必须明确别人的感受；我们还必须明白，当我们伤害他人的同时，我们自己也会受到伤害。这样，我们就能成为心理学中的"神人"，也即与他人的"同感"，这也是成熟的一个基本要素。友谊正是对"人类之爱"真实含义的领悟，是人与人之间感情的契合，它划清了文明和野蛮的界限。如果我们带着成熟与他人交往，就一定能获得这种友谊。

赢得友谊靠主动争取

5年前，我的一位朋友的丈夫去世了。从此，她开始了饱受寂寞之苦的日子。在她丈夫去世一个月之后的一天晚上，她来问我："我该怎么办呢？我应该住在哪里？我怎样才能重新得到快乐？"

我向她解释说，她的焦虑都来自她所遇到的灾难，她应该及时摆脱忧虑。我建议她，尽早走出忧愁的阴影，重新建立新的生活和新的快乐。

"不，"她回答说，"我不会再有快乐了。你看，我已经老了，子女们也都结了婚，我没有地方可去。"

这位可怜的母亲患上了可怕的自怜症，可是她对这种病症的治疗方法又了解不多。在这5年当中，我一直关注我这位朋友，结果很不乐观。

"要知道，"我有一次对她说，"你不能老是让别人来同情你、可怜你吧？你可以重新开始生活，结识新的朋友，培养新的爱好，来取代那些旧的。"

但她只是听着，并没有真的记在心里。她太自怜了。最后，她决定把自己的快乐寄托在子女身上。于是，她搬到女儿家住了。

然而，这实在是一个错误的决定，她们母女俩后来竟然反目成仇。她只好又搬到儿子家住，结果也是很不愉快地分手。

她的子女别无选择，只好让她搬到一层公寓中独自居住。但这解决不了根本问题。一天下午，她哭着告诉我，说她的家人抛弃了她。

她想让全世界的人都可怜她，她当然永远得不到快乐。她是个不可救药的自私女人，虽然她有61年的人生经历，但就感情而言，她还是个小孩子。

寂寞的人永远不明白，爱和友情是不会像包装精美的礼物那样被送到手上的，受欢迎和被接纳从来也不是那么能轻易到手的。人应该努力去赢得别人的喜欢，爱、友情和美好时光是不能通过谈判获得的。我们要面对这些现实！

配偶死了，但是法律并没有剥夺活人享受快乐的权利。不过他（或她）必须明白，快乐并不像救济金或施舍品那样，是他（或她）理所应得的。我们必须努力，让自己成为受人喜爱、受人欢迎的人。

下面这个真实的故事就讲了这样一位老妇人，她通过自己的努力，使自已成为一位受人欢迎和受人尊敬的人。

克劳伦斯夫人这是第一次出海旅行。她乘坐的客轮正在地中海航行，许多快乐的夫妇和未婚的情侣都在这艘轮船上度假。而60多岁的克劳伦斯夫人就穿梭在这些欢乐的游客之中，虽然她一个人独自出门，却满面春风，神情愉悦。

这次旅行，也是克劳伦斯夫人第一次在海上验证寻找快乐的诀窍。克劳伦斯夫人是一个寡妇，也曾像我前面讲过的那位朋友一样伤心难受，但有一天早上，她猛然醒悟过来，摆脱了悲伤，开始投入到新的生活。

这是克劳伦斯夫人经过一番深思熟虑之后做出的决定。克劳伦斯夫人的丈夫曾是她全部的爱和生命，但是他死了，留下她一个人在这世界上，她必须让这一切成为过去。

于是，她原来的绘画爱好重新进入了她的生活，成了她生活中最重要的活动。正是绘画陪伴她度过了那段悲伤的日子，还带给她最大的回报，那就是她自己独立的事业。

因为失去了丈夫这个伴侣和力量，克劳伦斯夫人在最初那段时间根本不愿意出门。她怕见任何人，而且觉得自己长相平凡，又囊中羞涩，所以在那段被怀疑和绝望包围的日子里，她问自己能做什么、怎么做才会被人们接受，并受人欢迎。

答案终于找到了！要想被别人接受，就必须乐于付出，而不是乞求别人的给予。

克劳伦斯夫人开始以微笑替代悲哀。她辛勤地作画，出门去看望朋友。当她做这些事情的时候，她会经常提醒自己，要露出欢乐的表情。因此，在和别人相处时，克劳伦斯夫人总是谈笑如常，又从不过多地停留。不久，朋友们开始争相邀请克劳伦斯夫人去参加各种晚宴，社区活动中心也邀请她办个人画展。

几个月后的一天，克劳伦斯夫人在傍晚登上了这艘开赴地中海的客轮。在客轮上，克劳伦斯夫人很快就成为最受欢迎的游客：她对任何人都是那么善良友好，同时又保持一种超然的态度，从不介入别人的私事，也绝不依附任何一个人。

第二天，客轮就要靠岸了。这天晚上，全体游客在克劳伦斯夫人的房间举行了一次最快乐的聚会，克劳伦斯夫人则谦逊地回报大家的邀请。

后来，克劳伦斯夫人又好几次出海旅行。每次旅行时，她都是这样做的，她也因此成为受人欢迎的人。

克劳伦斯夫人已经懂得，若想得到别人的友谊，自己首先必须热爱生活，并愿意奉献自己。因此，无论她到哪里，都能制造出和谐的氛围，受到人们的热情欢迎。

不要苛求结果

J. 艾伦·布恩是好莱坞著名喜剧片《狗明星"强心"》的主演。在观察那条名叫"强心"的明星狗表演的过程中，他学到了不少东西，又为此而特意写了一本书《给"强心"的信》，结果大为畅销。

根据布恩先生介绍，强心是一只很了不起的狗，它总是能非常愉快地执行他的各种命令，在电影中表演剧情所需的各种动作。更难得的是，强心这么做并不是为了得到什么报酬，而是出于爱及享受做好事情所带来的快乐。有好几次，强心纯粹为了自身的乐趣而表演。布恩认为，这也许正是强心能成为电影明星的原因。

布恩先生还谈到了他曾接触过的一个跳舞蹈的年轻女孩子。当她和他第一次试跳的时候，紧张得就像新娘子出嫁，生怕自己会失败！

于是布恩轻声地安慰她说："不要在意结果，你就只当纯粹是为了享受跳舞的乐趣，是为上帝而跳。"

结果，女孩的心态很快就发生了彻底的改变。

同样的道理，获得友谊的全部秘诀，也在于不要担心结果，不要在意别人是否会喜欢我们，而是要立即行动，努力去做所有能激发爱和友谊的事情。

在这方面，威廉·奥斯勒爵士的话很值得我们深思，他说："我们应该做的，不是观望那虚无缥缈的未来，而是要脚踏实地，做好眼前的每一件事情。"

作家荷马·克洛伊是我最要好的朋友之一，他的人缘非常好，凡是和他接触过的人——无论是清洁工还是百万富翁，无论是男人、女人还是小孩——当他们和他在一起待了15分钟之后，就一定能感受到他的温情，因为克洛伊能让他们迅速知道一件事，那就是他真的喜欢他们。

小孩子们都喜欢和克洛伊玩，朋友家的佣人也愿意极力施展厨艺，为他做各种好吃的饭菜。如果主人说"荷马·克洛伊要来！"没有人会感觉不愉快的。回到家里时，荷马·克洛伊也是深受夫人、女儿和孙子爱戴的对象。

尽管克洛伊如此深受欢迎，但是他的秘诀说出来却非常简单，那就是他真诚地爱别人。这个人是什么身份、做什么工作，他都觉得无关紧要；在他看来，只要他们属于人类这一点就足够了。

当克洛伊和一个陌生人相遇时，总是能立即和对方交上朋友。他靠的不是吹嘘标榜自己，而是询问那个人的一切，甚至是一些听起来很琐碎的问题。他并不是一个琐碎的人，但是他的确对每一个新结识的人都感兴趣，而且是真心想了解他们。

我就曾亲眼见过一些倔强而玩世不恭的人，他们在和克洛伊初次接触之后，就像花儿见到阳光一样立即盛开。这正如约瑟夫·格洛大使所说的："外交的秘诀可以概括为一句话：'我喜欢你。'"

荷马·克洛伊从来没有对交朋友的事情而烦恼过，他把每一个人都当作朋友，而且他并不在意别人是否喜欢他这样做，他只是集中心思去喜欢别人，而没有浪费精力去思考这样做将会产生什么结果。

通用制造公司前董事长哈瑞·布雷斯在大学期间，曾靠推销缝纫机为生，他总结说：

"要想在推销员这个岗位上取得成功，就不能刻意去想自己能推销出去多少产品，而是要集中精力，向客户介绍自己能为他提供什么样的服务。如果一个人将精力用在为他人更好地服务上，就会拥有难以抗拒的力量。想想看，你怎么会拒绝一个想要帮助你解决问题的人呢？

"我对那些推销员说，如果他们一天到晚心中想的都是'我今天要尽力多帮助一些人'，而不是'我今天要尽力多推销出去一些产品'，那么他们将会发现，要接近客户并不是什么难事，然后他们的推销成绩也会好得出奇。能够帮助同胞获得快乐、轻松生活的推销员，才是最棒的推销员。"

打高尔夫球时，教练会叮嘱我们眼睛不能离开球；向成年人传授说话技巧时，我们也会告诫学生，要将心思集中在他想要表达的信息上。紧张、害怕都是因为担心结果而导致的，所以当然也是不可取的。

我相信，由于担心自己是否受人喜欢、是否受人赞美而导致不能发挥正常水平，这种经历可能每个人都曾遇到过。但是，要想赢得友谊，就像其他任何一种成功一样，也必须付出全部努力，而不能只靠被动的等待和接受。它必须靠我们主动去赢得，而不是被动地吸引。赢得朋友的能力和善于交际应酬的能力并没有什么关系，它更多的是一种心态，是一种面对生活和别人时的态度，还是一种想要付出的欲望。

第三篇　人淡如菊

做一个包容智慧的女人

卡耐基淡定的智慧

促使别人做任何事的唯一方法，就是满足他们的需求。

赞赏的语言，恰恰是生活中的晨曲，将会永远铭记在人们的心灵深处。

如果成功有什么秘诀的话，那就是站在对方的立场看问题，如同从你自己的立场看问题一样。

能够设身处地为别人着想、洞察别人心理的人，永远不必担心自己的前途。

01

给对方一份包容，给自己十分从容

☕ 满足别人的强烈需求

在这个世界上，只有一个方法能够让任何人去做任何事。你是否静下心来想过这一点呢？是的，只有一个方法，请记住，除此之外没有别的方法。

能够促使别人做任何事的唯一方法，就是满足他们的需求。

那么，你需要什么呢？弗洛伊德说："你我所做的任何事情都起源于两种动机：性冲动以及成为伟人的欲望。"美国大哲学家杜威博士则说：人类天性中最深层的冲动就是"显要感"。记住，是"显要感"。这是非常重要的。你将在这本书中看到许多有关的内容。

你所需要的是什么呢？并不多。但不可否认，有少数东西的确是你所需要并且迫切渴望的。大多数人想要的东西包括：

1. 健康与生命的保障。　　2. 食物。

3. 睡眠。　　4. 金钱及金钱所能买到的东西。

5. 长寿。　　6. 性欲的满足。

7. 子女的幸福。　　8. 显要感。

除去一点之外，几乎所有这些需要都能满足。还有一项需要如同食物或睡眠一样重要却很难满足，那就是弗洛伊德所说的"成为伟人的欲望"，也就是杜威所说的"显要感"。

假如我们的祖先对于这种显要感并没有强烈欲求的话，那么人类文明也就无法产生。而没有文明，我们和动物就没什么区别。

正是这种追求显要感的强烈欲望，推动着一位没有受过什么教育的、极其贫困的杂货店伙计去研究一本法律书，这本书是他在一只堆满了杂物的大木桶底下找出来，并花了50美分买下的。也许你已经听说过这位杂货店的伙计，他的名字叫林肯。

正是这种追求显要感的强烈欲望，激励着狄更斯完成了不朽的作品。这种欲望还促使洛克菲勒创造了他一辈子都花不完的财富。也正是这种欲望促使城里那些大富豪们建造起一栋栋大别墅，这些别墅远远超过了其实际需要。

如果你将自己如何获得显要感的方式告诉我，我就能说出你是怎样的人。凭这一点就可以确定你的性格，因为这是你生活中最重要的事情。例如，"石油大王"洛克菲勒在中国北京出资建协和医院，为千百万他从来都没有见过，而且今后也永远不会见到的贫民治病，以此获得显要感。相反，狄林格则通过当强盗抢劫银行和杀人来获得显要感。当联邦调查局的人追捕他的时候，他闯进明尼苏达州一个农民的家中，说："我是狄林格！"他竟然以自己是头号公敌而感到荣耀。他说："我不会伤害你，但我是狄林格！"

是的，狄林格与洛克菲勒之间最重要的差别，就在于他们获得显要感的手段不同。

有时候，人们还会通过装病来博得同情和注意力，以此获得显要感。例如麦金利总统夫人，她曾强迫她丈夫——美国总统——将手中重要的国家事务放下，斜倚在她的床边抱着她，抚慰她进入梦乡，而且每次长达几小时，以此来获得显要感。她在治疗牙齿的时候，坚持让丈夫陪着她，以此来满足她希望得到关注的强烈欲望。有一次，由于总统和国务卿约翰·海有要事相商而不得不让她一个人待在牙医那里，于是她大发脾气。

作家玛丽·莱恩哈特也曾告诉过我，为了获得显要感，一位聪明活泼的少妇突然装起病来。"总有一天，"莱恩哈特夫人说，"这个人将不得不面对这一现实，那就是她将逐渐衰老。她的未来将是一片寂寞，她已经没什么希望了。

"整整10年，她一直躺在床上，由她那年迈的母亲在楼梯上艰难地爬上爬下，端茶倒水地服侍她。终于有一天，这位老迈的母亲因劳累过度而离开了人世。这个装病的女人伤心了几个星期之后，不得不爬起来，穿上衣服，重新开始生活。"

有些专家认为人的确会精神失常，这是因为他们需要在癫狂的梦境中获得在残酷的现实世界所得不到的显要感。在美国，精神病患者多于其他一切患者的总和。

这些人为什么会精神失常呢？我向一家精神病院的一位著名的主任医生请教了这一问题。他坦率地对我说，他也不知道人为什么会变疯，根本就没有人知道确切原因。不过他又说，许多患上精神病的人，能够在癫狂中找到真实世界中难以获得的显要感。他向我讲了这样一个故事：

"现在，我有一位病人，她的婚姻是个悲剧。她渴求爱情和性欲的满足，而且希望有个孩子及社会声誉，但是她所有的希望都被现实生活打破了——她的丈夫不爱她，甚至拒绝和她一同吃饭，并强迫她在楼上的房间服侍他吃饭。她没有孩子，没有社会地位。于是，她疯了。在她的幻想中，她已经和丈夫离婚，并且恢复了婚前的姓名。她现在相信自己已经嫁给了一位英国贵族，并坚持让别人称她为史密斯夫人。

"至于孩子，她现在幻想着每个晚上都会生下一个新的婴儿。当我每次去看她的时候，她都会说：'医生，我昨天晚上生了个孩子。'"

残酷的现实曾经摧毁了她的梦幻之舟，但在想象的阳光灿烂的美丽海岛边，她的梦幻之舟再度扬帆，驶进快乐的港湾。

这是悲剧吗？唉，我可不知道。不过这位医生对我说："即使我能伸手治好她的精神症，我也不愿那样做。她现在这样生活更加快乐。"

试想一下，如果有人如此渴求显要感，甚至真的变成了疯子，那么我们在他还没有变疯之前就给予真诚的赞许，将会创造出什么奇迹呢？

佛罗伦兹·齐科菲——这位最负盛名的歌舞剧团老板，在百老汇可谓风光无限，他因为能让一个美国女子在一夜之间扬名四海而享有盛誉。他经常能把人们不愿多看一眼的平凡女子，魔幻般地变成舞台上富有魅力的名角。他深知赞赏和自信的价值，他总是会用那种热切的殷勤和体贴的关怀来使那些女子相信自己的美丽。他很现实，为那些歌女增加薪金，从每星期30美元增加到175美元；他还很懂感情，在福立士歌舞剧开始上演的晚上，向剧中明星们发电报祝贺，并将美丽迷人的玫瑰花赠送给每一位表演的歌舞女郎。

记得我有一次迷上了流行的节食风潮，竟六天六夜没有吃一点儿东西。不过这并没有什么难的。尤其是在第六天结束时，我反而不觉得比第二天更饥饿难耐。但我知道，而且你也知道，如果有人强迫他们的家人或雇员6天不许吃东西，那么这就是在犯罪；然而我们经常6天、6星期，或60年都不给人以真诚的赞美，而这种赞美却和食物一样重要。

当年阿尔弗雷德（他那个时代最伟大的演员）在《维也纳团聚》一剧中担任主角时曾说："我最迫切需要的东西，就是我的自尊。"

我们供养我们的孩子、朋友和雇员，但我们对他们自尊心的关注却少得可怜；我们为他们提供烤牛排、土豆，以增加他们的体力，但我们却不知道给他们以赞赏的语言，而这恰恰是生活中的晨曲，将会永远铭记在他们的心灵深处。

在日常生活中，我们最容易忽略的美德之一就是赞美。有时候，孩子从学校带回好成绩，我们忘了赞扬他们；当孩子第一次烤好一块蛋糕或做好一个鸟笼时，我们也忘了鼓励他们。父母的关注和赞扬是最令孩子高兴的。

下一次，当你在餐厅见到盘中漂亮的装饰时，不妨告诉厨师他们做得多好。当疲惫的售货员耐心地给你取货物时，也别忘了称赞。

在你每天的生活之旅中，要努力留下赞美的温馨。你将惊讶地发现，这一点小火花会点燃友谊的火焰，当你下次再访时就会看见其痕迹。

爱默生说："凡是我所遇见的人，都在某方面比我强。在这方面，我应该向他学习。"

爱默生都尚且如此，那么对你我来说不更应该这样去做吗？我们先别忙着表述自己的功绩和自己的需要。让我们先看看别人的优点，然后抛弃恭维，给人以真挚诚恳的赞美吧。"诚于嘉许，宽于称道"，那么人们将视你的每一句话为珍宝，终身不忘——即使你自己早已经忘到九霄云外了，但别人仍然会铭记在心。

☕ 不要指责别人

1931年5月7日，在纽约市发生了一场有史以来最让人震惊的剿匪事件。经过好几个星期的侦察，"双枪手"科洛雷——一个烟酒不沾的凶手——陷入了重围，被包围在西尾街他情人的公寓中。

150名警察和侦探包围了他在顶楼的藏身之处。他们在屋顶上打了个洞，试图使用催泪瓦斯将这位"杀害警察的人"熏出来。然后他们在四周的建筑物上架起了机关枪，在一个多小时里，在纽约这个环境最优美的住宅小区中，手枪和机关枪声持续不断。科洛雷躲在一张堆满了杂物的椅子后面，不断地向警察开火。一万多名惊恐万状的老百姓目击了这场枪战。在纽约的人行道上还从来没有出现过这种情况。

在科洛雷被抓到的时候，警察总监马洛尼说：这位暴徒是纽约有史以来最危险的罪犯之一。"他杀人，"总监说，"连眼睛都不眨一下。"

但是"双枪手"科洛雷又是如何看待自己的呢？这一点我们已经知道了，因为在警察朝他的公寓开火的时候，他写了一封公开信。在写这封信时，鲜血从他的伤口涌了出来，染红了信纸。他在信中说："在我的衣服之下是一颗疲惫的心，但这颗心是仁慈的——它不会伤害任何人。"

此前不久，科洛雷在长岛的一条乡村公路上和他的女友调情。突然有一个警察朝他的汽车走过来说："让我看看你的驾照。"

科洛雷二话不说就拔出了手枪，向那位警察连开几枪。当警察倒地之后，科洛雷跳出汽车，抓起警察的枪，又朝着俯卧的尸体连开数枪。这就是那位声称"在我的衣服之下是一颗疲惫的心，但这颗心是仁慈的——它不会伤害任何人"的凶手。

科洛雷被判坐电椅处死。当他被押到星星监狱死刑室时，他是否说过"这就是因为杀人而得到的下场"呢？没有，他说的是："这就是我为了保卫自己而得到的结果。"

可见，"双枪手"科洛雷并没有觉得自己有任何不对的地方。

这是犯罪分子一种不寻常的态度吗？如果你是这样想的，请听这段话：

"我将我一生中最美好的时光，都奉献给了为别人提供轻松的娱乐，帮助他们得到快乐上。而我所得到的只是耻辱，一种被捕者的生活。"

这就是阿尔·卡普的自白。是的，他是美国最臭名昭著的公敌——一位横行于芝加哥的最凶狠的匪徒。他从不责怪自己。他真的自以为是一个对公众有益的大好人——一个不被人们感激，反而被人误会的大好人。

苏尔兹，纽约最臭名昭著的罪犯之一，当他在纽瓦克被匪徒枪击倒地之前，也是这样的。在和新闻记者的一次谈话中，他声称自己是一个对大众有恩的人。而且他对此深信不疑。

就此问题，我曾和星星监狱的监狱长刘易斯进行过几次有趣的通信。他说："在星星监狱，几乎没有哪个罪犯会认为自己是坏人。他们和你我一样，同样是人。因此他们会为自己辩护和解释。他们会告诉你为什么他们必须撬开保险箱，为什么会扣动扳机。而且他们大多数人都有意识地以一种错误的逻辑来为自己的反社会行为作辩护，都坚称自己不应该被关入监狱。"

如果阿尔·卡普、"双枪手"科洛雷、苏尔兹以及监狱中的那些亡命之徒，他们都毫不自责，那么我们所接触的人又如何呢？

华纳梅克百货公司的创始人约翰·华纳梅克曾经承认："我在30年前就已经明白，批评别人是愚蠢的。我并不埋怨上帝对智慧的分配不均，因为要克服自己的缺陷都已经非常困难了。"

华纳梅克早就领悟到了这一点，但是我自己在这个古老的世界中探索了30多年，才有所醒悟：一个人不论做错了什么事，100次中有99次不会自责。

世界著名心理学家史京纳用实验证明，一只动物如果在学习方面表现良好就可以得到奖励，要比学习不好就受到斥责的动物学得更快，而且能够记住所学的东西。进一步研究还显示，人类有同样的情况。我们采取批评的方法并不能使别人产生永久性的改变，相反只会引起嫉恨。

另一位伟大的心理学家席勒也说道："我们总是渴望赞扬，同样我们也害怕指责。"

批评毫无益处，你会发现这种例子在历史上多得是。例如在西奥多·罗斯福和威廉·霍华德·塔夫脱总统之间就有一场著名的争论——这场争论分裂了共和党，使威尔逊入主白宫，并在第一次世界大战中写下了辉煌的一页。让我们来简单地回顾这一情况：

1908年，当西奥多·罗斯福总统走出白宫的时候，他让塔夫脱当了总统，自己则去非洲猎狮。当他回来的时候，暴跳如雷。他批评塔夫脱总统过于保守，试图使自己第三次当选总统，就组建了一个公糜党。但是这几乎毁了共和党。在这次选举中，塔夫脱和共和党只得到两个州的选票——佛蒙特州和犹他州。这是共和党的空前惨败。

西奥多·罗斯福责怪塔夫脱，但是塔夫脱对自己是否责怪呢？当然没有，而是眼中饱含着泪水为自己辩解道："我不知道我怎样做才能够和以前有所不同。"

这件事得怪谁呢？是罗斯福，还是塔夫脱？老实说我也不知道，而且我也不用去管它。现在我要指出来的是，西奥多·罗斯福所有的批评都不能让塔夫脱承认自己错了。这只能让塔夫脱竭力为自己辩护，而且眼中饱含着泪水说："我不知道我怎样做才能够和以前有所不同。"

或者再拿"茶壶盖油田"舞弊案来说吧。大家还记得这个案子吗？舆论为此批评了许多年，整个国家都为之震惊。在这代人的记忆中，在美国政坛上还没有出现过这类丑闻。这桩赤裸裸的丑闻是这样的：

沃伦·甘梅利尔·哈定总统的内政部长弗尔负责主管政府在阿尔克山丘和茶壶盖地区油田的出租——这块油田是保留给海军将来使用的。弗尔部长是不是进行了公开招标呢？没有。他干脆把这份优厚的合同交给了他的朋友杜亨尼。而杜亨尼干了些什么呢？他给了弗尔部长10万美元的"贷款"。然后，弗尔部长又令美国海军进入该区，以高压手段把那些竞争者赶走，免得他们位于周围的油井吸干阿尔克山丘的原油。这些竞争者被强行赶走了，他们只好走上法庭，揭发茶壶盖油田舞弊案。结果这件事的影响非常恶劣，几乎毁了哈定总统的政府，使整个国家极其反感，共和党也几乎垮台，弗尔部长则锒铛入狱。

弗尔部长遭到了公众的谴责，以前很少有公众人物遭到这样的谴责。他反悔了吗？没有！许多年以后，胡佛总统在一次公开演讲中暗示哈定总统之死是由于精神刺激和忧虑，因为一个朋友出卖了他。弗尔的夫人听到后，从椅子上跳了起来，她大叫大嚷，攥紧了拳头尖叫道："什么？哈定是被弗尔出卖的吗？不，我的丈夫从来没有辜负过任何人。即使这整座房间都堆满了黄金，都不会让我的丈夫干任何蠢事。他才是被人出卖而被钉上十字架的。"

你看，这就是人类的天性！做错了事的人只知道责怪别人，绝不会责怪自己。我们都是这样。因此，当你和我以后想要批评别人的时候，请记住阿尔·卡普、"双枪手"科洛雷和弗尔。要知道，批评就好比家养的鸽子，它们总是要飞回家的。我们还应该清楚，我们所要纠正和指责的人总是会为他们作自我辩护，并反过来指责我们；或者他们会像温和的塔夫脱总统那样，会说："我不知道我该怎样做才能和以前有所不同。"

☕ 维护别人的荣誉

出人头地的"显要感"这种欲望是人与其他动物之间的一种主要差别。林肯曾在一封信的开头说："每个人都喜欢别人的恭维。"威廉·詹姆斯也说："在人类天性中，最深层的本性就是渴望得到重视。"一定要注意，他并没有说"愿望"、"欲望"或"希望"，而是说"渴望"得到重视。

这是一种令人痛苦而且迫切需要解决的人类的饥饿，只有极少数能满足这种人类内心饥饿的人才能把握别人，"甚至在他去世的时候，连殡仪馆的人也会为之叹息"。

1865年4月15日早晨，林肯奄奄一息地躺在福特戏院对面一家简陋公寓的卧室中，他在戏院遭到了布思的枪袭。就在林肯即将咽气时，陆军部长史丹顿说："这里躺着的，是人类有史以来最完美的元首。"

林肯为人处世的成功秘诀是什么呢？我曾花了10年时间研究林肯的一生，并用了整整3年时间撰写和修改了一本名叫《林肯传》的书。我相信我已尽了一切可能，对林肯的性格及家庭生活作了详细透彻的研究。而对于林肯的为人处世之道，我更是作了特殊研究。他是否喜欢动不动就批评别人？啊，确实是这样。

林肯年轻的时候住在印第安纳的鸽溪谷时，他不仅喜欢指责别人，还写信作诗来挖苦别人，把这些信扔在一定会被人发现的路上。其中有一封信竟致使对方终生都痛恨他。

即使林肯在伊里诺伊州的斯普林菲尔德镇当上律师之后，他还在报纸上发表文章，公开攻击他的对手。不过这也给他带来了不少麻烦。

1842年秋天，林肯在《斯普林菲尔德日报》发表了一封匿名信，讥讽一位自高自大的政客詹姆斯·谢尔兹。所有读过它的人都捧腹大笑。谢尔兹是个敏感而自负的人，恼怒万分。他一查出是谁写的这封信之后，就立即跳上马去找林肯，提出要和他决斗。林肯不想打架，便反对决斗，但为了保全面子，只好接受决斗的要求。对手让他随便选择武器。由于林肯双臂较长，他就选择了骑兵用的长剑，并向西点军校一位毕业生学剑术。决斗那天，他和谢尔兹在密西西比河的一个沙滩上对峙，准备决战至死。但就在决斗即将开始的最后一分钟，他们的同伴阻止了这场决斗。

这是林肯人生当中最难堪的一件事。这给他在为人处世方面上了宝贵的一课。从此以后，他再也没有写过任何侮辱他人的信，也不再讥笑别人了。从那时起，他不再因为任何事而批评别人。

在美国内战期间，林肯屡屡委派新的将领统帅波多马克的军队作战，麦克里兰、波普、伯恩塞德、胡克、米德——全都相继惨败。这使得林肯在房间里绝望地来回走动。全国有一半的人都在痛骂这些不中用的将军，但林肯却始终一声不吭，不作任何表态。他最喜欢引用的一句格言是"不议论别人，别人才不会议论你"。

当林肯夫人和其他人都在非议南方佬时，林肯说道："不要批评他们。如果我们处在与他们相同的情况下，也会跟他们一样的。"

1863年7月初，葛底斯堡战役打响。7月4日晚，南方的李将军开始向南撤退。当时乌云笼罩，大雨倾盆而下。当李将军率领败军之师退到波多马克时，一条大河拦住了去路，难以通行；而在他身后则是乘胜追击的北方联军。李将军已经被围困了，无路可逃。林肯看到这正是天赐良机——可以俘获李将军的军队并立即结束战争。于是他满怀希望地命令米德将军，不必召开军事会议，而是立即进攻李将军。林肯用电报下命令，又派出特使，要求立即行动。

而米德将军又是怎么做的呢？他所做的与林肯命令的恰恰相反。他违背了林肯的命令，召开了一次军事会议。他一再拖延，犹豫不决。他还打电话以各种借口来解释。他甚至一口回绝了进攻李将军。最后，河水退却，李将军和他的军队从波多马克逃走了。

林肯异常恼怒。"这是什么意思？"林肯朝他的儿子罗伯特大声叫嚷。

"天啊！这是什么意思？敌军已落入我们掌心，只需一伸手，他们就会完蛋了！但我不论说什么做什么，却不能让军队前进一步。在这种形势下，几乎任何一位将军都能击败李将军。如果我在那里，我自己就可以消灭他！"

在痛苦失望之余，林肯坐下来给米德将军写了一封信。要记住，林肯这时已经非常克制自己的脾气了。因此，林肯这封写于1863年的信算是最严厉的斥责了。

"我亲爱的将军：

我想你肯定体会不到李将军的逃脱所带来的严重不幸。本来他已经处于我们的绝对掌控之中，如果抓住了他，再加上最近我们在其他方面的胜利，战争就可以结束了。可是现在，战争恐怕会无限期拖延。假如你不能在上周一成功地击败李将军，你又怎么能在渡河之后进攻他？因为那时你手中的兵力可能不到现在的2/3。期盼你会成功是不明智的，我已不再期盼你会做得更好。你已经失去了大好时机，我深感痛惜。"

你猜猜米德读了这封信后会是什么反应？

结果米德一直没有看到这封信，因为林肯并没有将它寄出去。林肯遇刺身亡后，人们从他的文件中找到了这封信。

我猜想——这仅仅是猜想——林肯在写完这封信后，向窗外远望，自言自语道："等等。也许我不该这么着急。我坐在这宁静的白宫中，命令米德进攻是件很容易的事；但我当时如果到了葛底斯堡，如果我也和米德上周一样见过遍地鲜血，如果我的耳边也听到了伤亡士兵的哀号和呻吟，也许我就不会急着进攻了。如果我的性格和米德一样柔弱，我的做法可能会与他相同。无论如何，现在生米已经煮成熟饭了。如果我寄出这封信，固然可以发泄我的不快，但米德不会为自己辩护吗？他甚至会反过来斥责我。这将会产生厌恶心理，损害他的军队统帅的威信，甚至会使他干脆辞职不干了。"

于是，就像我上面所说的，林肯将信放在一边，因为他已从痛苦的经验中体会到：尖刻的批评和斥责是无济于事的。

☕ 鼓励比批评更容易被人接受

与人相处时，一定要记住：与我们交往的不是理性的生物，而是充满了感情的，带有偏见、傲慢和虚荣的人。

刻薄的批评曾使得英国大文学家、敏感的托马斯·哈代永远放弃了小说创作；批评还促使英国诗人托马斯·卡德登自杀。

本杰明·富兰克林青年时期并不是很聪明伶俐，但后来却变得非常精明能干，结果被委任为美国驻法大使。他成功的秘诀是什么？"我不愿意说任何人的坏话，"他说，"……只说我所认识的每个人的一切优点。"

任何傻子都会批评、指责和抱怨——而且大多数傻子也正是这样做的。

要了解和宽容别人，就要有良好的品德和自我克制。"伟人之所以伟大，"卡莱尔说，"就是通过对待卑微者的方式来体现的。"

鲍伯·胡佛是一位著名的试飞员，常常在各种航空展览中做飞行表演。有一天，他在圣地亚哥航空展中表演完飞行后，朝洛杉矶家中飞回。正如《飞行作业》杂志所描述的那样，当飞机飞到300英尺的高度时，两具引擎突然熄火了。幸亏胡佛的技术娴熟，他驾驶飞机着了陆，虽然飞机严重毁坏，所幸无人受伤。

胡佛在飞机迫降之后所做的第一件事，就是检查飞机的燃料。结果正如他预料的那样，他所驾驶的这架第二次世界大战时期的螺旋桨飞机里面装的竟然是喷气机燃油，而不是汽油。

胡佛回机场后，要求见为他的飞机做保养的机械师。这个年轻人还在为他所犯的错误而难过不已呢。当胡佛向他走去的时候，他泪流满面。他使一架昂贵的飞机受到了损坏，还差点要了3个人的性命。

你可以想象胡佛的愤怒，并猜想这位荣誉心极强、做事认真的飞行员一定会痛斥机械师的粗心大意。然而，胡佛并没有责骂他，甚至连一句批评的话都没有说。相反，他伸出双手，抱住这位机械师的肩膀，说道："为了表明我相信你不会再犯错误，我要你明天再给我的F-51飞机做保养。"

因此，我们不要去责怪别人，而要试着去了解他们，弄明白他们为什么会那么做。这会比批评更有益，而且还能产生同情、容忍以及仁慈。"了解了一切，就会宽恕一切！"

查尔斯·施瓦布是美国少数年收入超过100万美元的商人（当时没有个人所得税，一个人一周挣50美元就被认为很富有）。1921年，他被卡内基提拔为新成立的联合钢铁公司首任总经理，那时他38岁。（后来他离开联合钢铁公司，接管当时陷入困境的贝氏拉罕钢铁公司，重新将它经营成美国最盈利的公司之一。）

安德鲁·卡内基为什么付给施瓦布100万美元的年薪，也就是一天3000多美元的薪水呢？是因为施瓦布是个天才吗？不。是因为他所掌握的钢铁制造知识比别人更多吗？那绝对是瞎说。施瓦布自己就曾告诉过我，许多在他手下做事的人比他在这方面知道得更多。

施瓦布说，他之所以能获得这么高的薪水，主要是他为人处世的本领。我问他是如何与人相处的，他亲口说出了自己的秘诀——应该将这些话镌刻在传之久远的铜牌上，悬挂在全国的每个家庭、学校、商店以及办公室中——这些话每个儿童都应该背下来，而不是浪费他们的时间去背诵拉丁动词的变形或巴西每年的降雨量——如果我们真的能够按照这些话去做的话，你我的生活必然会大不相同。

施瓦布说："我认为鼓动、激发职工热情的能力，才是我所拥有的最大资本。而充分发挥一个人才能的方法，正是欣赏和鼓励。

"上司的批评最容易扼杀一个人的雄心壮志。我从来都不批评任何人。我认为应给人以工作方面的激励。所以我更加乐于称赞，而不喜欢挑剔。如果说我有什么偏好的话，那就是我'诚于嘉许，宽于称道'。

"我这一辈子交际很广，见过世界各地的许多著名人物，我发现所有的人，无论他如何伟大，地位如何高，当他在得到赞许的情况下工作时，总是会比在被批评时工作更出色，成就也更大。"

其实，他所说的也正是安德鲁·卡内基成功的一个重要原因。卡内基不仅仅是私下里，而且还在许多公开场合称赞他的雇员。甚至在他的墓碑上还不忘称赞他的雇员。他给自己写了一句这样的碑文："长眠于此处的，是一个知道如何与比自己更聪明的人相处的人。"

真诚的欣赏也是洛克菲勒与人打交道的成功秘诀之一。例如，当一位名叫爱德华·贝弗德的合伙人在南美做砸了一大笔买卖，使公司损失上百万美元时，洛克菲勒本来可以批评的，但他知道贝弗德的确尽了最大的努力——更不用说这件事已经发生了。因此洛克菲勒将这件事情朝好的一面来看。他祝贺贝弗德挽回了60%的投资。"这已经很不错了，"他说，"我们不可能每件事情都不出错。"

因此，从现在开始，请记住待人处世的这项法则：鼓励比批评更容易被别人接受。

02

优雅是女人最美丽的外衣

☕ 一切从友善开始

一句古老的格言说："一滴蜂蜜比一加仑胆汁能捕到更多的苍蝇。"对人也是这样。如果你要让别人同意你的观点，首先要让他相信你是他真正的朋友。这就像一滴蜂蜜，用一滴蜂蜜赢得了他的心，那么，你就能使他走在理智的大道上。

假如你生气时，对人家发一顿火，你固然会觉得舒服了，但对方又会怎样呢？他也能分享到你的痛快吗？你那充满火药味的声调、仇视的态度，能使他赞同你吗？

"如果你握紧两个拳头来找我，"伍德罗·威尔逊总统说，"我敢保证我的拳头会握得比你的更紧。但如果你到我这儿来说：'让我们坐下来一起商量，看看为什么我们意见不同，问题出在哪里。'那么不久我们就会发现，我们的分歧其实并不大，我们的看法大同小异。因此，只要我们有耐心相互沟通，我们就能相互理解。"

最欣赏威尔逊这些至理名言的，要数小约翰·洛克菲勒。

1915年，洛克菲勒还是科罗拉多州最受轻视的人。美国工业史上流血最多的罢工潮在科罗拉多州持续了动荡不安的两年。愤怒而粗野的矿工要求科罗拉多煤铁公司增加薪水，而这家公司正归洛克菲勒所有。当时，房产被毁坏，军队也被调动出来，发生了多起流血事件。罢工者遭到枪杀，许多尸体遍体枪伤。

在那样一种充满仇恨的情况下，洛克菲勒却要赢得罢工者的赞同，而且他做到了。他又是怎样做的呢？大致的情形是这样的：他先是花了数星期和工人交涉，然后又对工人代表发表演说。这篇演说可算得上一篇杰作，它产生了惊人的效果：不仅平息了要把洛克菲勒吞下去的仇恨，而且使他赢得了许多崇拜者。他用极其友善的态度来阐明事实，使罢工者回去工作，不再提增加工资，而这曾是他们强烈要求的。

这是那篇著名演讲的开始部分，且看它所流露出来的友善精神。要知道，洛克菲勒这次演讲的对象几天前还打算将他吊死在酸苹果树上。然而他却再仁慈、再友善不过了，好像是在对一群传道医生演讲。他的演讲因为这些言辞而散发出光芒：我很高兴在这儿，参观你们的家，看望你们的妻子儿女，我们是以朋友而不是陌生人的身份在此相聚，我们共同的利益正因为你们的好意而使我有幸在此。

"这是我一生中值得纪念的日子，"洛克菲勒说，"这是我第一次这样幸运地会见这家伟大公司的劳工代表、职员及监督们。说心里话，我很荣幸能到这里来，而且在我有生之年绝不会忘了这次聚会。如果这次聚会在两个星期前举行，我对你们中大多数人来说一定是一个陌生人，而且我也只认识少数人。上星期我有机会访问南矿区所有的住户，除去外出的代表，我差不多和所有代表谈过话；我见过你们的家庭，看望过你们的妻子儿女。我们在这里见面，不再是陌生人，而是朋友。也正是在这种互相友善的氛围中，我很荣幸有这种机会，和你们讨论我们共同的利益。

"这是由公司职员及工人代表参加的集会。我之所以能来这里，全都是因为你们的厚爱。我既不是公司职员，也不是工人代表，但我仍然觉得与你们关系亲密，因为从某方面说，我代表了股东及董事双方。"

这不是一个化敌为友的最佳技巧的例子吗？

如果一个人因为与你不和，并对你怀有恶感而对你心怀不满，那么你用任何办法都不能使他赞同你。责骂的父母、强硬的上司及丈夫以及唠叨不休的妻子们应该明白：人们不愿改变他们的想法，不能勉强或迫使他们与你我意见一致。但如果我们温柔友善——非常温柔，非常友善——就能引导他们和我们走向一致。

例如，当怀特汽车公司的2500名工人为增加工资而组织工会罢工的时候，公司经理罗伯特·布兰克没有生气和责罚、恫吓。相反，他还称赞罢工者。他在《克里夫兰报》上登广告，颂扬他们"放下工具的和平方式"。当他看见罢工纠察队的人闲得无聊时，他还给他们买了棒球棍及手套，请他们在空地上打棒球。为了讨好那些喜欢打地球的人，他甚至为他们租了一间地球室。

布兰克的友善态度产生了良好的效果，唤起了罢工者的友善。于是罢工者借来扫帚、铁铲、垃圾车，开始清扫工厂。想想看！当罢工者要求涨工资并组织起来时，竟然打扫工厂。在美国罢工史上，这种事情从未出现过。那次罢工事件在一星期之内达成和解——没有任何怀恨或厌恶情绪地结束了。

丹尼尔·韦伯斯特相貌出众，谈吐如耶和华，是一位能言善辩而且非常有成就的辩护律师。他善于用友善温和的词句在法庭上表达他那强有力的观点，例如"这一点应该请陪审团考虑"，"这也许值得想一想"，"这几件事实，我相信你们是不会忽略的"，或"由于你们对人性的了解，很容易看出这些事实的重要"。没有威逼，也没有高压的手段，他从不将自己的意见强加于人。韦伯斯特用的是轻声细语和安详友善的方式，而这正是他闻名遐迩的原因。

你或许永远不必去调解罢工，或对陪审团发言，但是你或许会希望房东减少你的房租。友善的方法能帮助你吗？我们来看下面的例子。

一位工程师施特劳伯希望减少房租，而他知道他的房东脾气不好。"我写了封信给他，"施特劳伯在我班上的一次演讲中说，"通知他在租期将满时，我就会搬出我的公寓。事实上我并不想搬走。如果能减少房租，我还会住下去。但这似乎希望不大。别的房客也试过——都失败了。每个人都告诉我，这个房东是极难对付的。但我对自己说：'我正在研究如何与人相处，所以我要对他试一试——看有没有用。'

"他接到我的信以后，就同他的秘书一起来找我。我在门前友好地欢迎他，充满了善意与热心。我没有一开口就说房租多么高。我只是说我如何喜欢他的公寓。请相信，我真是'诚于嘉许，宽于称道'。我称赞他管理有方，并告诉他我很乐意再住上一年，可是我支付不起房租。

"很明显，他从来没有从一个房客那儿得到这种欢迎和赞扬。他简直不知如何是好了。

"然后他开始向我大倒苦水，并抱怨那些房客。曾有一位房客给他写过14封信，有的话简直是侮辱。还有一位房客威胁说，如果房东不能让上面一层楼的人睡觉时停止打鼾，他就取消租约。他说：'有你这样满意的一位房客，多么令人愉快。'接着，我没有请求，他就自动减少了一部分租金。但我想再多减些，于是我提出了我所能负担的数目，他二话没说就答应了。

"离开的时候，他转身问我：'你有什么装饰需要我做的吗？'

"如果我用别的房客曾用过的方法来降低房租，我肯定会遇到和他们同样的困难。正是这种友善、同情、欣赏的方法使我赢得了一切。"

多年以前，当我还是个孩子，光着脚穿过密苏里西北部的树林，去一个乡村学校读书时，曾读过一则关于太阳与风的寓言。它们在争论谁更强有力，风说："我可以证明我更加强大。你看见那边那个穿大衣的老人吗？我敢打赌，我能比你更快地使他脱去大衣。"

于是太阳躲到云后，风开始刮起来，几乎变成一场飓风，但它吹得越厉害，老人越是将大衣裹得紧紧的。

最后，风放弃了，平静下来。然后太阳从云后钻出来，对老人和善地"微笑"。不久，老人开始擦前额的汗水，脱下了他的大衣。太阳告诉风说："温柔、友善永远比愤怒、暴力更强大。"

伊索是希腊克诺索斯王宫的一名奴隶，在公元前600年他就说过许多不朽的寓言，其中有关人性的真理现在仍适用于我们，正如它在26个世纪以前适用于雅典一样。太阳能比风更快地使你脱下大衣；友谊和赞赏远比任何强权暴力更容易改变人的心意。

请记住林肯说的："一滴蜂蜜比一加仑胆汁能捕到更多的苍蝇。"

☕ 学会让别人多说"是"

与人交谈时，不要一开始就讨论你们有分歧的事。刚开始应先强调——并且不断地强调——你们都同意的事。继而强调——如果可能的话——你们双方都在追求同一目标，你们之间的唯一差别只是在方法上，而不是在目标上。

应该让对方在刚开始的时候就说"是，是"。如果有可能，应该使他避免说"不"。

善于讲话的人，常常一开始就会获得"是"的反应，从而将听者的心理导向肯定的方向。这就好比打弹子球：向前方击球之后，要使其转向就得费些力气；要使其反向弹回就需要更大的力气了。

这是一种很简单的道理，但是却很容易被人忽略！一般来说，人们一开始即采取反对态度，这样似乎能得到一种自重感。

如果一开始就使一名学生或顾客、孩子、丈夫或妻子说"不"，那恐怕要有神仙般的智慧和耐心，才能使那种绝对否定变为肯定。

正是用这种"是，是"的方法，使得纽约格林威治储蓄所的一位出纳员詹姆斯·艾伯森挽回了一位差点儿流失的顾客。

"这个人进来要开一个账户，"艾伯森先生说，"我让他填写一些常规表格，其中有些问题他愿意回答，但有些问题他却根本不想回答。

"在我开始学习人际关系之前，我会告诉这位顾客说，如果他不向银行提供这些材料，我们就拒绝为他开户。我对我以前这样做感到很惭愧。自然，那样的最后通牒使我觉得很痛快。我显示了这里究竟是谁说话算数，银行的规章制度不能违反。但那样的态度显然让那些来我们银行的人得不到一种受欢迎和重视的感觉。

"那天早晨，我决定采用待人处世的常识。我决定不谈银行的规矩，而谈顾客的需要。最重要的是，我决意使他从一开始就说'是，是'。所以我同意了他的做法。我告诉他，他拒绝填写的那些材料并不是绝对必要的。

"'然而，'我说，'假如你把钱存在银行，而你不幸去世了，你不希望银行将钱转移给你依照法律有权继承的直系亲属吗？'

"'不，当然希望。'他回答说。

"'难道你不认为，'我继续说，'将你的直系亲属的名字告诉我们，使我们在你万一去世的时候准确无误地实现你的愿望，不是一个很好的办法吗？'

"他又说：'是的。'

"当他明白我们需要这些材料不是为了我们，而是为了他的时候，他的态度软化下来，改变了。在离开银行以前，这位年轻人不仅将关于他自己的全部材料告诉了我，并且根据我的建议，还开了一个信托账户，指定他的母亲为受益人，而且十分高兴地回答了关于他母亲的各种问题。

"我发现一旦让他开始就说'是，是'时，他便忘了我们之间的争执，并且愿意做我所建议的事。"

约瑟夫·爱立森是西屋电气公司的销售代表，他讲了这个故事：

"在我负责的区域中有一个人，我们公司极想将商品推销给他。我的前任曾拜访过他10年，但没有卖出任何东西。当我接管这片区域以后，我继续拜访了3年，也没得到一份订单。最后，在13年的拜访和交易会谈之后，我们卖了几台发动机给他。如果这些发动机不出毛病，我相信一定可以再得到几百台的订货单。而这正是我期望的。

　　"正常吗？我知道这些发动机不会有问题。所以，当我在3个星期后去拜访时，我很高兴。

　　"但那位总工程师令我吃惊地说：'爱立森，我不能向你订购剩余的发动机了。'

　　"'为什么？'我惊讶地问，'为什么？'

　　"'因为你的发动机太热了，我的手都不能放在上面。'

　　"我知道争论是没有用的，那种方法我已经试过很久了。所以我想到了获得'是，是'的反应。

　　"'噢，现在，史密斯先生，'我说，'我完全同意你的看法。如果那些发动机工作起来太热了，你就不应再买。你当然不会购买超过全国电气制造协会标准热度的发动机，是不是？'

　　"他同意这一点。我已经得到了我的第一个'是'。

　　"'电气制造协会的规定要求，正确设计的发动机可以比室内温度高华氏72度。对不对？'

　　"'是，'他同意说，'的确是那样。但你的发动机热多了。'

　　"我没有同他争论。我只问：'厂房有多热？'

　　"'啊，'他说，'大约华氏75度。'

　　"'好，'我回答说，'如果厂房是75度，你再加上72度，总计华氏147度。如果你将手放在华氏147度的热水塞门下面，是不是烫手？'

　　"他还得说'是'。

　　"'那么，'我建议说，'别把手放在发动机上面，是不是更好呢？'

　　"'对，我想你是对的。'他承认说。接着我们又谈了片刻。然后他叫来他的秘书，给下一个月订了差不多价值35000美元的货物。

　　"我费了多年的工夫，丢了许多生意，损失了数不清的钱，最后才明白争论是没有用的。只有从别人的立场来分析问题，使他说'是，是'，才会有更多的收益，才会更有乐趣。"

　　爱迪·史诺是我们在加州奥克兰克的课程负责人。他讲了他是如何成为一家商店的忠诚顾客的，因为店主让他说"是，是"。

　　爱迪对弓箭狩猎很感兴趣，花了不少钱在当地一个弓箭商店购置器材和装备。有一次他弟弟来看他，他想去商店为弟弟租一套弓箭。店伙计说他们不租借，于是爱迪给另一家商店打电话租用弓箭。他描述了经过：

　　"一位温和的男士接的电话。他对我租借弓箭的回答与其他商店完全不同。他表示非常遗憾，因为他们已经不提供这种服务了。然后他问我以前是否租过，我说：'是的，几年前租过。'他提醒我，当时租金应该是25~30美元。我又说：'是的。'他又问我是不是喜欢节约的人，我当然说'是的'。他继续解释他们有一种弓（包括所有小装备）只售34.95美元。我只需比租金多付4.95美元就可以买到一整套。他解释这就是他们不再租借的缘故，并问我这是不是很合理。我的肯定回答使我买了一套。当我买下那套弓箭时，又买了其他东西，并成为一位常客。"

"雅典的牛虻"苏格拉底，是世界上最伟大的哲学家。他所做的事情在历史上只有几个人能够做到：他彻底改变了人类思想的进程；而现在，在他死去24个世纪后，他仍被尊为世界上最有才智的劝说者。

他的方法是什么？他是否告诉别人他们是错误的？啊，他才不会那样做呢。他的整套方法现在被称为"苏格拉底方法"，以得到"是，是"的反应为基础。他问的问题都是反对者必然会同意的。他持续不断地得到一个又一个同意，直到得到许多"是"。他持续不断地发问，最后反对者不知不觉地发现自己得出的结论竟是他们在几分钟前坚决反对的。

如果我们下次想告诉某人是错误的时候，不要忘了苏格拉底，问一个温和的问题——一个能得到"是，是"的回答的问题。

☕ 从别人的角度想问题

每年夏天，我都要去缅因州钓鱼。我自己很喜欢吃草莓和奶油，但是我发现鱼儿却喜欢吃小虫子。所以我钓鱼时，不会想我所喜欢吃的东西，而是琢磨这些鱼儿喜欢吃什么。我不会在鱼钩上挂上草莓和奶油，而是穿上一条蚯蚓或一只蚱蜢，垂到鱼儿面前，说："你想吃这个吗？"

当你"钓"人时，为什么不试试同样的道理呢？

第一次世界大战期间，英国首相劳埃德·乔治就采用了这种方式。有人问他，当其他在战争年代成为领袖的人，例如威尔逊、奥兰多及克里孟梭都被世人遗忘时，为什么他还能够大权在握。他回答说，如果他执权有术，那可能是因为他很早就明白了一个道理：要想钓到鱼，鱼饵必须适合鱼的口味！

为什么我们总是对自己的需要大加谈论呢？这可是孩子似的荒谬做法。当然，你关心的是自己的需要，而且对自己的需要永远都会感兴趣。但别人却不这样。别人都像你一样，只会对自己的需要感兴趣。

所以，世界上能够影响他人的唯一方法，就是谈论他们的需要，并告诉他们如何去获得它。

当你明天打算让某个人去做什么事的时候，一定要记住这一点。例如，当你不希望你的孩子吸烟时，那么不要训斥他，也不要对他讲你想什么。你只需让他知道，吸烟会使他不能加入篮球队，或不能赢得百米赛跑。

不论你是对待孩子还是小牛或黑猩猩，这条原则都必须牢记。

例如，有一天爱默生和他的儿子想将一头小牛赶进牛棚，但他们犯了一个常识性的错误，他们只想达到自己的目的：爱默生在后面推小牛，他儿子则在前面拉小牛。但正如他们自己一样，这头小牛也只想它自己所要的，所以它蹬紧四腿，顽固地不肯离开原来的地方。一位爱尔兰女仆看到了这个僵持的场面。尽管她不会写什么东西，但她至少比爱默生更了解马和牛的性格。她知道小牛想要什么，于是她把拇指伸进小牛的口中，一边让小牛吮吸她的手指，一边将它轻轻地引进牛棚。

奥弗斯特里特在《影响人类的行为》中说："行动源于我们的基本欲望……无论是在商业、家庭、学校中，还是在政治中，对那些想劝导别人的人来说，我所能给的最好的建议，就是首先要激发别人的需求。如果能做到这点，就可以如鱼得水；否则办不成任何事情。"

有一段时间，我每个季度都要租纽约某大饭店的大舞厅用20个晚上，举行一系列演讲。

在某一季开始的时候，我忽然接到饭店的通知，必须支付几乎比以前高3倍的租金。我得知这个消息时，入场券已经印发，而且通告已经公布了。

我当然不愿意支付这增加的部分租金，但是和饭店谈我的想法又有何用呢？他们只关心他们所需要的。于是，几天之后我找到了饭店经理。

"我接到你的信时有点吃惊，"我说，"但我一点都不怪你。如果换成是我，恐怕也会写一封相似的信。你身为饭店经理，有责任为饭店创造利润。如果你不那样做，你就要被辞掉，并且应当被辞掉。现在，且让我们拿一张纸来，将你坚持增加租金而给你带来的利弊——列出来。"

说完，我拿出一张信纸，在中间画好一条竖线，一栏的上端写明"利"，另一栏则写上"弊"。

在"利"的一栏我写上"舞厅空出来"几个字,然后接着说:"你可以随便出租舞厅开舞会和聚会。收益会相当可观,因为这类活动比租给演讲所得的租金要多得多。如果我在这一季度占用你的舞厅20个晚上,你一定会失去这笔利润。

"现在,让我们来看看'弊'。首先,将舞厅租给我并不能增加你的收入,相反你还会减少收入。事实上,你将一点收入都没有,因为我付不起你所要求的租金。我只能到别处举行演讲。

"对你还有另一个不利。这些演讲会吸引那些受过高等教育的人士来你的饭店,这对你可是一种极好的广告,难道不是吗?事实上,你就是花上5000美元在报纸上做广告,也不能使来你饭店的人数和来听我演讲的人那样多。而这对于一家饭店来说是很有价值的,对不对?"

我一边讲,一边将这两种不利写在相应的栏目中,然后将那张纸递给经理,说:"我希望你好好考虑一下,然后将最后的决定告诉我。"

第二天,我收到一封信,通知我租金只加一半,而不是当初的3倍。

请注意,我对于我的愿望没有谈一个字,就达到了减少租金的目的。因为我一直在讲对方所需要的东西,以及他怎样才能得到它。

假设我像普通人那样,直接闯进他的办公室说:"你这是什么意思?明明知道入场券已经印好,而且通知已经公告,却要增加我的租金3倍?3倍!太可笑了!太荒谬了!我可不会付给你!"

然后情况会怎样呢?那一定会引发激烈的争论,甚至是白热化的争吵——而你知道会造成什么后果。即使我能让他相信他是错的,他的自尊也不会让他屈服和退让。

关于为人处世,这里有一句至理名言。"如果成功有什么秘诀的话,""汽车大王"亨利·福特说,"那就是站在对方的立场看问题,如同从你自己的立场看问题一样。"

这话真是棒极了!但是,许多干了一辈子推销的人,却从不知道应该从顾客的角度来看问题。例如,我曾长期住在纽约中心的林丘住宅小区。有一天我正急匆匆地赶去车站,碰巧遇到了一位房地产经纪人,他在那一带推销房地产已有许多年。由于他对林丘很熟悉,所以我急忙问他我的水泥房是用钢筋造的,还是用空心砖造的。他说他不知道,并告诉我一大堆我早已知道的东西。他说我可以打电话给林丘公司协会询问我房子的事。次日一早,我就收到了他的信。他是不是给了我需要的东西呢?他只需花60秒钟打一个电话就可以得到这些信息的，可是他并没有那样做。他再次告诉我自己打电话去咨询，然后请我让他来为我办理保险业务。

他并不是真的想帮助我，他只对帮助自己感兴趣。

世界上到处都是充满贪求和欲望的人，所以那少数不存私心帮助别人的人，能够大有收获。他几乎遇不到竞争。欧文·扬这位著名律师及伟大商业领袖曾说："能够设身处地为别人着想、洞察别人心理的人，永远不必担心自己的前途。"

如果你从本书中学到了一件事——"永远从别人的立场去思考，并从他们的角度来看问题"——如果你从本书学到了这一点，那么你这一生就会有一个新的里程碑。

魅力女人的幸福课

一滴蜂蜜比一加仑胆汁能捕到更多的苍蝇。

温柔、友善永远比愤怒、暴力更强大。友谊和赞赏远比任何强权暴力更容易改变人的心意。

能够设身处地为别人着想、洞察别人心理的人，永远不必担心自己的前途。

03

跳好人生的 "交际舞"

做个善交际的贤内助

肯塔基州的海因斯夫妇在14年前结婚的时候，据海因斯夫人说，她因为胆怯而受到了许多限制。她是这样说的："我很害怕和陌生人接触，我很害怕站在人群中，参加公开的宴会。我害羞到了不可救药的地步。"

年轻的海因斯先生是个很有前途的律师，他在当地的政治圈中十分活跃。他需要和人们见面，参加各种会议、集会，以及社交活动和娱乐节目。然而，雪莉·海因斯——他的新娘——却很害怕面对这些场面。她该怎么做才能克服这种害怕、羞怯心理，并符合她丈夫地位的需要呢？

雪莉·海因斯决定克服自己的困难——可是她该怎么做呢？她并不知道。直到有一天，她从某份杂志上看到了这些话——"人类只对他们自己最感兴趣。所以，你在谈话中可以把注意力集中在别人身上。让他谈他自己，谈他的困扰和他的成功。把你的注意力集中在他身上，你就会忘记自己的存在。"

这些话改变了雪莉·海因斯的整个看法，她决定试试这一忠告，而这个方法也真的见效了。

"渐渐地，"她说，"我因为对别人产生兴趣而不再害怕了。我发现他们也都有自己的困扰和烦恼。当我更加了解他们之后，我就开始喜欢上他们了。现在，我很希望认识新的朋友，我和他们会相处得很愉快。我喜欢在自己家里玩，也很喜欢和我的丈夫去别的地方，他现在已经是州议会参议员了。

"最重要的是，我很高兴并没有因为自己不能担负起在社交场合中的责任而使他无法成功。"

每一位妻子都有责任训练自己，以适合丈夫事业上对她的社交能力的需要。无论丈夫的职业是什么，妻子如果有能力和旁人友好相处，并且对社交有足够的适应力，她就可以大大增加丈夫成功的机会。

如果你天生就有这种能力，那实在是太好了。如果你没有，就必须学会这些能力，就像海因斯太太那样。

美国某州的州长，曾在私下里告诉我，他成功的最大原因，是他娶了一位机智而有教养的、迷人的妻子。他说自己出生在"远在天边的海外"，是在一个大城市贫困的移民区长大的。

"如果我娶了一个邻居的女孩子，"他说，"我将会怀疑自己是不是有机会出人头地。我的妻子，感谢上帝，她有着我所缺乏的每一件东西。她有教养、有地位。不论我的工作是需要我们周旋在皇亲贵族之间，还是要去受到不平等待遇的人群中，她都可以应付任何一种情况。"

你不能因为你丈夫现在做的只是比较低级的工作，就以为不必帮他什么大忙了。未来能够在商业界、工业界成名的领导人物，目前也许都是毫无名气、没人知道的年轻人。没有人一开始就是站在最高峰的。你现在是否已经准备好为你丈夫在10年、20年或是30年后建立一个好名声？到那时候，他可能已经是个领导人物了。

马上就开始吧，如果你觉得羞怯，像雪莉·海因斯那样去做，准备消除这些羞怯吧。如果你有点笨拙，或是不够机灵，你就应该学会喜欢、尊敬和欣赏别人。如果你觉得自己的教育不够，那就更不应该躲在那句老掉牙的借口"我从没有机会上大学"后面。你可以去夜校学习。如果你付不起学费，就赶紧跑到最近的一家公众图书馆去借书来看。

"跟上丈夫事业中随时前进的步伐，是婚姻幸福的真正关键。"艾立克·琼斯顿夫人写道，她是美国电影协会会长的夫人。

琼斯顿夫人劝告那些想要赶上丈夫事业的太太们，要积极参加社交活动，以扩大自己的交友范围，而不要把交往的范围局限在一个小圈子里。

"也许你会认为，"琼斯顿夫人写道，"你的丈夫并不需要你随时赶上他前进的事业步伐。刚开始的时候，艾立克也没有这种事业。我们刚订婚的时候，他正挨家挨户地推销真空吸尘器。那时我们两个人谁也不知道艾立克将会闯出一条什么路子来。但我所知道的是，无论如何他将会成功。"

没有人知道未来会是什么样子，但是聪明的人会做好准备，等待机会的来临。学习如何结交朋友并如何与朋友和睦相处，是在你的丈夫得到重要职位以前事先做好准备的基本方法。如果他自己在待人接物方面有些笨手笨脚，那么你可以帮助他弥补粗心导致的过错；如果他在自己的朋友圈中已经相当机警圆滑了，有时也仍然需要你的帮助，以免他让人觉得太荒谬可笑。

不论你丈夫的社会地位和职业如何，你的努力永远会帮助他。

做一个魅力十足的亲善大使

当我为这本书搜集资料的时候，曾和美国一家最大公司的人事主管有过一次愉快的会谈。他告诉我，他有时候会因为太专注于自己的工作而忘记注意别人的感觉。

"但是我的妻子，她永远不会因为自己太忙而忘了对我好。"他很骄傲地告诉我。"就在前几天，我气冲冲地跑到洗衣店里向老板吼叫，我希望我的衣服按我的要求去洗，而不准有丝毫偏差。他皱着眉看了我一会儿，然后才答道：'如果是你的太太来，我总会觉得好过一点。'

"每个人都更喜欢我太太，她既有爱心，又很和善。她真的很关心别人，并且不会让他们感到厌烦。

"当我们走过邻居开的店铺时，我的妻子就用邻居的母语希腊语和他打招呼。在街尾的另一个拐角，她则会用意大利语向那个卖水果的男人打招呼。他们根本都不理我，他们为什么要理我呢？因为不怕麻烦地学会了他们的话并愿意和他们打招呼的，是我太太，而不是我。这就是她得到愉快的有效方法。当然，她也获得成果了。"

我不认识这位太太，但是我真想认识她——难道你不想认识她吗？

表现友善与和气的女人，是男人的无价资产。工作繁忙的男人，常常因为太专注于工作，而没有办法和别人建立增进感情的、温暖的人际关系。如果他有一个好妻子，无论她走到哪里都能够制造出一种温暖人心的气氛，那么他将是多么的幸运啊！像这样的女人，在她丈夫事业向前迈进的时候，永远也不会被甩在丈夫后面的。她是她丈夫选派到世界各地去的"亲善大使"。

有许多简单的方法，可以使一个亲切而友善的女人为她丈夫建立良好的社会基础。就像大部分的技术活那样，这个技术也需要经常练习。

汉斯·V.卡夫柏夫人，她丈夫是"美国新闻广播人协会"的会长，她在帮助丈夫方面真是绝顶聪明。她说她已经被称为"打岔专家"了，因为她有一种第六感，知道应该何时打岔，以及如何打岔。

当我访问她的时候，她告诉我，如果晚宴上的话题说错了方向，她就会抓住一个适当的时机说："汉斯，为什么你不谈谈有关某某将军的事情呢？"这使得每个人都有时间冷静下来，转移不太愉快的话题。

卡夫柏夫人还知道，如何使她广受欢迎的丈夫不至于过度劳累。每次她先生演讲结束之后，许多人都想和他握手，并且和他站在那儿谈上半天。这对他的健康很不利。卡夫柏夫人会在适当的时机引开他们，比如告诉他说他们的车子正在外面等着，或他们已经赶不上下一个约会了。

有一次，在市政厅演讲完后，卡夫柏先生被听众的许多问题包围了，卡夫柏夫人知道如果演讲不马上结束的话，她的丈夫将会累惨的。于是她站起来说："对不起，我有个问题。"然后她接着说，"卡夫柏太太想要知道，卡夫柏先生什么时候可以回家吃中饭。"听众们都一致附和她——于是卡夫柏先生这才能回家吃中饭。

还有另外一个重要的方法，可以帮助妻子造就出一个成功的丈夫——或者造就出一个她希望将来会成功的丈夫。但是，首先需要双方有足够的爱心、足够的敏感和适合的时机。如果这件事做得不够巧妙，就可能会带来相反的后果——这就是妻子要防止丈夫对于成功产生自满心态。

我们已经提过许多建立男人进取心的方法，但是每一个女人也都知道，有时候男人也需要受点打击，才能克制他的冲动，而不至于变成一个昏头昏脑的自大狂。能够成功地做到这一点的女人，是永远值得感激的——事实上也的确如此。狄斯累利曾说他的太太是他最严厉的批评者，而且他也因此而赞美她。因为她使得自己的丈夫能够永远脚踏实地地写作。

另一位当代的成功人士也告诉我，他太太会在适当的时候对他进行温和的批评，这对他的成功可以说有着最重大的贡献。他的名字是里曼·比彻·斯陀。他是一名作家、大学讲师、责任编辑。他的祖母荷里特·比彻·斯陀写过著名小说《汤姆叔叔的小屋》，又名《黑奴吁天录》。

"当我刚开始到大学教课的时候，"斯陀先生说道，"非常幸运的是，我的学生都很喜欢我。当他们在课后围在我的身旁，说我是如何如何好的时候，我真有点飘飘然了。那时我对于自己的工作真的是醉得难以形容。我几乎不能再等一分钟，急着要回家去告诉希尔达——我的太太，说她嫁给了一个多么伟大的天才。

"以前，每当我想尝试别的行业，或者想接下一个新工作的时候，希尔达总会帮助我建立自信心，所以当她对我这些得意的情况反应不够热烈的时候，我非常奇怪。'你做得这样好，我真为你感到高兴，里曼，'她这么说。'但你千万不可被谄媚冲昏了头脑。除非你以后仍然努力，用心保持你的水准，否则这些称赞过你的人，必将会遗弃你而离开你。'

　　"我还记得，有一次在某大厦的奠基典礼上，我在一大群人面前演讲。我觉得我在这个场合已经完全把自己表现出来了。我觉得自己是从威廉·杰林斯·布里昂以来最伟大的演说家，于是我乐飘飘地回家中。

　　"我把我心中的得意说给了希尔达听，并且把演讲的高潮再次给她表演了一次——后来我又一直把得意的细节重复说了好几次。然后，我坐下来，等待希尔达的赞美。

　　"她对我微笑着说道：'真是太棒了，亲爱的。但是那些出资盖这座大厦的人又会怎样呢？我觉得他们似乎是更值得赞美的人——你的演讲只不过是在对他们表示敬意而已。'

　　"她说的太对了。我的骄傲心态立刻像肥皂泡那样破裂了。我发觉我差一点就变成了一个自私自利、自大自负的小丑了。这真要感谢我太太的爱心和敏感。我开始了解我自己以及我微薄的能力了。"

　　海因斯夫人、琼斯顿夫人、卡夫柏夫人，还有斯陀夫人——这些女人都知道如何和她们的丈夫一起生活，并且替她们的丈夫增光。

　　她们的做法是尽自己的能力，到处为丈夫赢得友谊，在任何一种社交场合都能从容应对，而且使自己的丈夫脚踏实地，不会凭空自满，有了这样的太太，做丈夫的不成功也难。

☕ 不要做令人讨厌的人

　　有的人总喜欢故意侮辱他人，这种故意愚弄别人的行为让人觉得讨厌无聊，可是你会发现，许多人每天都在这样做。在社交中，最大的威胁往往来自这类无聊乏味的人。可悲的是，对于这种人我们目前除了逃避之外，还没有找到有效的途径使其绝迹，在法律上也找不出条款来制裁这些无聊乏味的人。尽管我们能有效地隔绝口蹄疫，却无法隔绝这种"无聊乏味"的病，或者控制它蔓延。我们可以从广告中了解治疗脚癣、口臭、便秘、喉痒、头痛、鸡眼和脱发等各种疾病的药物，可是却没有人能为我们治疗让我们感到讨厌无聊的疾病。

　　如果对于这种疾病来说，预防是最好的治疗的话，就让我们先来了解一下这些严重的"无聊乏味症"有哪些症状。如果你的行为和这些症状中的任何一种相吻合的话，你就能明白为什么柯雷尔太太上次举行宴会时不邀请你了。

1. 不停地谈论孩子或其他自己感兴趣的话题

"孩子们都好吧？"这句简单的礼节性问候语就足以引出无聊乏味的人滔滔不绝的话题，可是他说的全都是废话。然而，谁又让你打开了这个水龙头呢？这时，你只能身不由己地坐下来，任由那滔滔口水将你淹没在其中，例如：

"啊，乔尼吗？你知道，他是我家最小的。不知为什么，他最近就是不吃麦片，昨天他还把整整一大碗麦片扣在了头上。你觉得好笑？我打电话问我们的儿科医生。'医生，'我说，'我试过了各种办法，但他还是把麦片吐出来，或倒在地上，有时还弄得自己全身都是。'

"他问我是否试过将麦片和香蕉混在一起喂他吃。但是，庄尼他从来就不喜欢吃香蕉的。他会俏皮地把香蕉称做'兰妮'。'我不要兰妮！'他说，然后一边挥动小胖手一边打哈欠。

"当然，他比我们家附近的孩子都早熟，他们没有一个能像他那样富于表达，这是多令人惊奇呀！你瞧，前天他还把桌布扯了下来，还瞪着又黑又亮的大眼睛说：'庄尼把桌上的东西都弄掉到地上了。'他爸爸和我简直都笑死了。"

唉！遇到这种没完没了的唠叨，这时你可能会厌烦死了，而不是像她那样笑死吧？

2. 没有主题，不着边际

马克·吐温曾写过一篇文章，嘲弄一个无聊乏味的人：

"我有没有对你说过我曾去西部看赫必族印第安人的事？我们是在休假时到那里去的，那是一个星期五的早晨——哦，不，是星期四——你记得，艾拉，我之所以决定星期四出发，是因为我必须在星期三去看牙医，是吧？我上面一排假牙有点松动，我想让他为我固定。天啊，那个牙医太啰唆了，他的话一说起来就没完没了。好在他的医术还不错，真的！我还向我的老板提到过他呢。我那个老板可真有趣。告诉你吧，他什么事都离不开我，总是神不守舍的。我那天对一位同事说：'如果我现在就辞职不干了，你想老板会怎样？'没想到她竟然说：'比尔，如果你走了，我马上回家把我妈妈找来！'真是太逗了！"

他就一直这样说下去，你永远也别想从他那里知道赫必族印第安人是什么样子——不过这样反倒好了，否则你还不知道要听到什么时候呢。

3. 木讷呆板，不善言谈

这类人虽然也让人觉得无聊乏味，但比唠唠叨叨的人要少让人心烦，这正是他唯一可取之处。

当你和他交谈时，你必须极力寻找话题，表示你对他非常感兴趣，以便让他开口说话，可是你会发现自己这一切都将徒劳无功，你的辛苦和努力只会换来他冷漠的面孔和偶尔一两声的"嗯"。即使是最幸运的——可惜我从来没遇到过这种幸运——你会赢得他一句"是吗？"作为对你的报偿。

他是个凡事无动于衷、彻彻底底的呆板木讷之人，要想从他那里得到哪怕是一点点聪慧或礼貌的回应，也比登天还难。他那张马铃薯一样的脸永远不会有任何表情，他就是威廉·史泰格笔下的卡通人物在生活中的翻版——如果我们还可以把他称为"活人"的话。

4. 对任何问题都喜欢争论

和这种类型的人交谈，无论什么话题都会遭到他的反驳和争论，结果让你措手不及。

这种人自以为懂得一切，所以他往往非常武断，不希望别人和他讨论，如果你的观点和他不同的话，他会不假思索地说你的观点是荒谬错误的。

例如，他会冲着你大声吼道："你疯了！我的朋友，难道你不知道这个事实已被证明了吗……"

如果赶上他比较温和时，他会说："不，很显然是你错了！我可以告诉你……"

这种人最令人讨厌之处在于，他作为结论的那些明显、武断而粗俗的话，都是你特别不喜欢听到的。

遇到这种人时，最好的办法就是同意他所说的一切观点。因为只要你稍做反驳的话，你就会陷入一场势不两立的论战。对于这种人来说，讨论或交换彼此之间的看法是根本不可能的，因为他只想以"摩西十诫"般的权威迫使你同意他的观点。

5. 永远意志消沉

这类人的行事原则只有一条，那就是世上众生都已深陷地狱，生命完全是多余的、失败的，整个人类是由傻子、骗子和懒鬼组成的，凶恶的命运之神已经盯上他们了。在他看来，甚至连气候也变得越来越糟。

你只要和这种人待在一起一刻钟，就会不知不觉地有一大堆的不幸要向他表达，因为你已经被他这种想法感染了。本来你的心情还很好的，可是和这种天生的意志消沉者交谈之后，却会被搞得颓废懊丧。

我认识的一个女人正是这种人的典型。我们每次相遇时，她总是没完没了地向我倾诉她最近的遭遇——当然，她所说的全是坏事。

"我去买窗帘，"她可怜巴巴地说，"可是我等了10多分钟，售货员这才过来应酬我。其实她们一点都不忙，她们觉得我没钱，所以不怕得罪我，所有的商店都一样。你看，我的生活简直糟透了！你再看看我的健康状况！医生说，他不相信我竟然还能活到现在。我的整个消化系统都不行了，一遇到这种天气，我全身就会疼痛得很。你可能会想，我的家人总该知道关心体贴我吧？但那只是我的奢望罢了！"

上面只是"无聊乏味症"患者的几种类型而已。类似这种人不胜枚举，例如感情丰富的女孩子、身体壮硕的大男人，都有可能是"无聊乏味症"患者，而人们对此也已习以为常。但是，最可恶的是，这些无聊乏味的人却毫无自知之明，他们不知道自己有多无聊。

幸运的是，如果我们能仔细观察，还是可以从某些迹象和征兆中得到暗示，分辨出哪些行为是让人觉得无聊乏味的。

1. 听者流露出凝固的微笑和灰暗的眼神

当我们谈论所谓的有关孩子的趣事时，如果听者的身体仿佛已经凝滞，微笑和眼神都变得呆板时，那么我们就应该立即停止，不要继续讲下去了。

2. 注意观察听者暗中看手表的动作

如果在交谈中听者不断地摇晃手表，然后把它贴近耳朵去听，很显然他已经开始在诅咒我们了。优秀的演说家对这种动作就非常敏感，这也是令人无聊乏味的人应该注意避免的。

3. 听者的眼光游移不定

如果遇到这种情况，就是对方在提醒我们，我们所说的话已经失去吸引力了。这时，我们应该立即住口，不要再折磨对方了。

无聊乏味的人，既不可能了解自己，也不会喜欢自己，当然也就更无法成为他自己。他不知道自己需要什么，因此也不知道别人在人际交往中需要什么。他的全部精力都放在那些无聊而且微不足道的生活琐事上，让这些琐事进驻内心，填补心灵的空虚。他根本不善于构筑自己的心智，他的言谈就像他的心智一样无聊乏味，他正是现代人迷失自我的悲剧性象征。

这个社会存在无聊乏味的人或许有一个好处，那就是他们也许正是我们所需要的、促进我们成熟的催化剂，因为他们可以成为我们的参照物，如果我们不努力的话，我们就有可能沦为和他们一样的人。

第四篇　爱如清酒

有一种幸福天长地久，让我们一起慢慢变老

卡耐基淡定的智慧

如果没有爱情，成功又有什么意思呢？缺乏爱情，财富和权势也就等于废物和灰烬。

一个女人把她全部的时间和精力奉献给了她的家庭和家人，她应该感到自豪。她所扮演的角色，比一个女演员在一次表演中所需要的技艺还要多。

男人选择女人的第一个要求，就是女人要有一个好性情。

一个女人如果懂得了如何博取丈夫的欢心，就永远不必担心在失去迷人的青春和娇好的身材之后，把握不住丈夫的心。

01

和你心爱的人一起慢慢变老

☕ 假如没有爱情，婚姻就是坟墓

许多女人碰到危机的时候，都能够应付自如，可是，她却不知道带给丈夫最渴望的爱情面包。假如丈夫失业了，患上结核病或是被关进监狱里，她都能够像岩石那么坚强，不断地帮助丈夫。但是，当生活正常平稳地进行的时候，她就忙得忘了告诉自己的丈夫，他在她的心目中是何等重要。

大部分的女人都相信，她们是应该被爱护、被人讲些甜言蜜语的。我经常见到一些妻子抱怨自己的丈夫忽略她们，不知道赞扬她们，其实，她们往往也吝于对丈夫表示关爱。她们时常挑剔和批评丈夫的错误，她们正是威廉·伯林吉尔博士所描述的那种女人："有些人太爱自己了，她们愿意分给别人的爱实在太少。"反过来说，最能够体贴地表示出爱心的女人，也能从她的丈夫那里得到最多的关注。

婚姻问题专家迪克斯说："妻子们总是抱怨说，她们的丈夫把自己的存在看成是理所当然，从来不赞美她们，或注意她们身上所穿的衣服，或是给她们任何明确的爱。但是，这些女人对待她们丈夫的态度也是同样冷淡。她们奇怪，为什么自己的丈夫会追求那些懂得称赞他们英俊、雄伟、健壮与奇妙的女人。爱情的饥渴并不是女人专有的一种疾病，男人也会患这种疾病的。"

曾经有人把夫妻间对爱情的冷淡叫做"精神食粮不足"。这是一个很恰当的比喻。因为男人不是只靠面包就能活下去的；有时候，他也需要一块爱的蛋糕——最好还在上面加一点糖霜。

当然，男人更应该让女人知道，她对他的幸福有多么重要。有一天，我在看一本杂志，看到一段采访艾迪·康德的文字：

"我从我妻子那里获益良多，"艾迪·康德说，"比从任何其他人那里得到的都要多。她是我儿时最好的伙伴，帮助我努力进取。我们结婚之后，她省下每一美元，拿去投资、再投资。她为我积累了一大笔财富。我们有5个可爱的孩子，她为我营造了一个温暖舒适的家。假如说我有所成就的话，全都归功于她。"

在好莱坞，婚姻就是一种冒险，即使伦敦的路易保险公司也不敢承保。华纳·巴斯特的婚姻是少数特别幸福的婚姻中的一个。

巴斯特夫人婚前的名字是威尼弗雷德·布莱逊，她放弃了如日中天的表演生涯，和巴斯特结了婚。但是，她的这种牺牲从未破坏他们的幸福。"她失去了在舞台上成功的机会，"华纳·巴斯特说，"但我已经尽了最大努力，使她知道我对她的赞美。如果一个女人要从她丈夫那里得到幸福，就一定要从他的赞美和热爱中去找。如果这种赞美和热爱发自内心，那么她就会得到爱与幸福。"

你就是"一家之主"

有一位杰出的社会学家告诉我，女人已经不再认为处理家务有什么重大的意义了。然而，世界上没有其他的工作会比创造和维持一个家庭，以及养育这个家庭的孩子们更加值得尊敬，对个人和社会更加重要，以及更有意义了。

一个女人把她全部的时间和精力奉献给了她的家庭和家人，她应该感到自豪。她所扮演的角色，比一个女演员在一次职业表演中所需要的各种技艺还要多。你有没有想过，一个家庭主妇需要表现多少专业技术？她必须是洗衣妇、厨师、裁缝、护士、保姆、打杂专家、兼任司机、书记员和记账员、购物专家、公共关系专家、女主人、人事主管、顾问、牢骚发泄对象、总经理和主管……

当然，只有这些还不够，她还必须保持自己的吸引力和魅力——如果她想要在丈夫的心目中保持闪烁光芒的话。

我从没有听说过哪一个老板自己打扫办公室、记账和亲自回信。但是家庭主妇却必须干这些，甚至还要更多。我真希望设立一种年度奖，颁给这一年最有效率的家庭主妇。依我看来，她比所有的电影明星、职业妇女以及最会打扮的女人都更有能力和才华。

作为家庭主妇的你，对你丈夫的成功有多少影响力呢？玛丽妮亚·范韩与佛狄南·伦得柏格博士——他们是《女人——被忽视的性别》这本书的著名作者——说："研究结果很明显地指出，由于妻子在家里做了大部分的工作，便不必再雇人了。因此，丈夫收入的有效运用价值，便增加了30%~60%。"

《生活杂志》在一期特刊中估计过，如果男人要请外人到家里来做一个家庭主妇的工作，他每年要花费大约1万美元。

许多最著名的男士，也都是因为妻子的帮助才获得成功的，这些妻子都认为做个好的家庭主妇是非常崇高和有意义的。艾森豪威尔总统的夫人就是一个例子。

玛蜜·多特·艾森豪威尔在《今日女性》杂志发表了一篇名为《如果我现在又当了新娘》的文章。在这篇文章里面，艾森豪威尔夫人说出了她最崇高的信念：

"生命带给女人的最伟大职业生涯，就是做个好妻子。洗小孩子的袜子和全家人的脏衣服，这是很厌烦的事。永远都做不完的琐事，有时候看起来像是一些毫不重要的、可有可无的小工作，尤其当你的丈夫带回来许多重要消息，并且问你'你今天做了什么事，亲爱的'的时候，而你所能说的只是'噢，我今天付了瓦斯费——'

"就在这些时刻，你一定很想到外面找个工作，融入人群中，同时赚些外快。但是如果你不向那个诱惑屈服，你的生命将可以获得更多的报偿。相反，如果你向这个诱惑屈服了，20年后，你将发觉你自己除了一个职业以外，什么东西也没有；或者你会发觉，你的家庭一直是被你和你的丈夫所遗弃的，而且你们不知道如何去珍惜它。

"如果我现在才结婚，我还是愿意像以前那样做个家庭主妇。我将会努力去做，善用我丈夫微薄的薪水来照料家务，多结交一些朋友，每天早上都看着他吃完热腾腾的早饭之后去上班，我要尽我最大的能力，帮助他实现他的理想。

"家庭主妇是我的工作和我的乐趣。想尽办法尽我的能力，使艾克的家永远保持平稳和安定，这是我感到最奇妙、最有价值、最繁忙而快乐的生活。"

作为家庭主妇，玛蜜·艾森豪威尔做得真是太出色了，因为她已经帮她的丈夫进入了这世界上最大的房子——美国总统的白宫。

营造温馨的家庭氛围

当你的丈夫忙碌了一天以后，回到家里看到的是怎样一种气氛呢？哪一种家庭才能使他在每个早晨提高工作兴趣、恢复精力去努力工作呢？这些问题的答案，和你丈夫事业的成功具有密切的关系。

为了使丈夫能够以最高的效率工作，你必须为他创造一个舒适的港湾。以下就是5项基本原则。

1. 轻松自在

一个男人不论多么喜爱他的工作，他的工作总会带给他某种程度的紧张。在他回家以后，如果能够消除这些紧张，他就能够为自己加油打气，在第二天开始新鲜而热忱的生活。

每个女人都想要做个出色的家庭主妇，但有时候男人在家里得不到休息和放松，就因为他的太太是个过于出色的家庭主妇：她的孩子不能把朋友带回家，因为他们可能会弄脏地板；她的丈夫不能在家里抽烟，这可能会使窗帘沾上烟味；如果她的丈夫看完一本书或报纸，必须准确地放回原处。在这种家庭，丈夫怎么能得到放松？

乔治·凯利所写的《克莱格的妻子》，在几年前获得了普立策奖。它之所以会普遍受到欢迎，就是因为许多女人都很像哈丽莱特·克莱格。哈丽莱特生活的主要重心，就是保持家里的绝对干净。她甚至连放错了坐垫也无法忍受。朋友们来访也不受欢迎，因为他们会把东西搞乱。而她认为她那在我们眼中很正常、不拘小节的丈夫是个破坏专家，因为他会扰乱了她所创造出来的完美。

当丈夫把星期天的报纸、烟头、眼镜盒和其他各种东西随便乱丢在客厅的时候，妻子不要破口大骂，而是应该记得，家才是他能够放松的唯一地方。

2. 舒适温馨

装饰和布置家庭通常是妻子的工作，你必须记住，舒适才是男人最大的需要。干净的桌椅、精致的织物、一堆一堆的小装饰品，在你眼里也许是迷人的，但这些东西只会让一个疲倦的男人讨厌，他需要一个地方搁脚，放烟灰缸、报纸和烟斗。

当我们布置家庭的时候，常常会忽略男人对于舒适的要求。如果你的丈夫对于你辛苦布置好的家庭似乎会带来破坏，这很可能是因为你布置的方式不适合他。他会把报纸满地乱丢吗？那可能是茶几太小，或上面放满了装饰品，他根本找不到地方放报纸。

他在家时，会烟灰"到处乱弹"而使你无法忍受吗？那你就要给他买个最大的烟灰缸，而且要多买几个。他常常把脚搁在你心爱的脚凳上吗？那就把这个脚凳拿到客厅去，另外替你丈夫买个坚固的塑胶脚垫。

让一个男人在家里感到舒适，是让他留在家里的最好方法。

3. 有序而清洁

大部分男人宁愿住在一间收拾整齐的帐篷里，也不愿住在一栋凌乱不堪的漂亮房子里。如果开饭很少准时、早餐的盘子到了吃晚饭的时间还放在水槽里不洗、浴室中堆满了废弃物、卧室不整理，这些现象只会使男人跑到棒球场、酒吧以及妓院去。对男人来说，除了自己的凌乱以外，似乎没有办法忍受任何人的不整洁。

任何一个有修养的丈夫，对于偶然发生的错失都是能够体谅的。他会在大扫除时愉快地吃剩菜，当我们碰到一些不寻常的问题必须应付的时候，他也会帮我们解决——但是一定要记住，这种事情不能经常发生。

4. 愉快安详的家庭气氛

家里的气氛，主要是女人的责任。你的丈夫在工作上的表现，将会受到你所创造的家庭环境的影响。

作为妻子，你不会希望丈夫完全被他的工作占据，或是身体和精神完全被工作控制。但是，你又希望他在工作上有最好的表现。如果你能创造一个快乐而安详的气氛，等着他回到家来，你就能够使他在这两方面都如愿以偿了。

保罗·波帕诺博士是洛杉矶家庭关系协会会长。他认为，家庭应该是男人的避难所，它应能使男人从业务的纠缠中得到安宁。

"在现代商业中，"他说，"并不像野餐那样轻松愉快。他必须整天和对手竞争，在各种情况下都是这样。当下班铃响的时候，他就会渴望安详、和谐、舒适、爱情……

"在公司，大家都只看到或是想办法找他错误的地方。只有在家里，有个天使看到他最美好的一面；这位天使不会把她自己的困扰加给他，也不会替他制造一些新的困扰。她恢复了他的能力，保护了他的精神，在情感上使他愉快，使他在第二天早晨充满了精力和热忱。

"在家里创造出那种气氛的妻子，"波帕诺博士说，"她能够在丈夫的生活中尽到妻子的责任，可以说是最了解自己职责的人了！"

5. 创造夫妻共同的家

让丈夫觉得在他家里像个国王，而不是在娇艳的女性王国里当个笨拙的破坏专家，这种努力对于妻子来说是很值得的。

当你的家庭需要一件新家具，或是重新装饰的时候，你应该征询他的意见，两个人共同决定，而不只是把付款单交给他而已。为了买你丈夫所想要的摇椅，你应该放弃你心爱的古典式沙发。也许你会埋怨，但是，你通常会发现，他对家的喜爱和你是同样深的，而且，如果他对于家里的事情拥有更多的决定权，家对他的意义将会更大。

男人对于家庭的关心，和你是同样的——他需要一种感觉，觉得家庭没有他就不完全。

我认识一个女孩子，她擅长花很少的钱来装饰屋子，所以她的房子充满精致、迷人、近于完美的味道。可是，这个女孩子却嫁给了一个高大的、浓眉粗发的、烟斗不离口的男人。她的丈夫在这个女性化的环境里，完全格格不入。他爱他的妻子，但是他在自己的家里觉得非常不自在，所以他只有和他的朋友去钓鱼，或到他可以表现自我的森林里去玩。妻子不停地抱怨丈夫，但是她仍然坚持把家布置得只适合她自己。

妻子不能陷进庞杂单调的家务中，忘了家庭的真正目的——为我们最爱的丈夫创造出一个温情的、安全而舒适的港湾。

我们只要记住上面这些基本规则，就可以使我们的丈夫变成快乐的人。

多感谢，多体贴

男人在结婚以后，带妻子到戏院看一场电影，或送给妻子一束紫罗兰，甚至只是每天早晨倒一次垃圾，他也很希望听到妻子的道谢。如果他所做的每件事情，妻子都视为理所当然而不表示感谢，丈夫很快就会停止取悦他的妻子了。

我们之中有些女人，并不知道丈夫每天为自己做了多少小服务，这是因为她们习惯于让丈夫为她们做这些事情。就连我的夫人也曾经认为我没帮过她什么忙，说我不会换小孩子的尿布，或是弄紧一个漏水的水龙头。然而，有一年夏天，我到欧洲去了，她才很惊讶地发现，我每天都为她做了许许多多的小事——而她却没有向我说过一声谢谢——现在她必须自己动手去做那些事了。

当丈夫想要换上拖鞋休息一会儿的时候，我们却穿上衣服想要出门，这是不行的。具有深挚爱心的妻子，应该先了解丈夫每天在外面工作后的需要，然后才盘算自己的需要。

现在，我的桌上就有一封信，是安格斯寄来的。安格斯先生在信中说："很可能因为我娶了这个女孩子，所以我才比大部分的男人更加幸福。我所能给她的最大赞赏，就是对她说，如果我还能够回到32年前，而且了解我现在了解的事情，我仍然愿意再和她结婚——只要她愿意再嫁给我！我所获得的任何成功，都归功于这位可爱的妻子。"

如果没有爱情，成功又有什么意思呢？缺乏爱情，财富和权势也就等于废物和灰烬。如果你的丈夫从你深挚的爱情里得到了幸福和安心，那么，他带给你更高的生活水准的机会也会大大地增加。

爱对方，并给他自由

"我一生会做出许多愚蠢的事，"狄斯累利说，"但我从来没有想过为爱情而结婚。"他确实没有为爱情而结婚。35岁以前，他一直过着单身汉的生活，然后才向一位有钱的寡妇求婚。这位寡妇竟比他大15岁，已经年过半百，而且满头白发。他娶她是出于爱情吗？才不是呢。她知道他并不爱她，而且也知道他是为了她的财产而娶她的。因此，她只有一个要求：她让他再等一年，以便她有机会研究他的人品。一年之后，她嫁给了他。

这故事听起来很俗气，特别商业化，是不是？但令人奇怪的是，在所有破碎而污浊的婚姻中，狄斯累利的婚姻却是最闪光的成功典范之一。

狄斯累利选择的这位有钱寡妇，既不年轻也不漂亮，更不聪明，甚至还差得很远。她的谈话常常错误百出，显示出她在文学和历史知识方面的贫乏。例如，她"从来都不知道历史上是先有希腊人，还是先有罗马人"。她对服饰的审美观也十分古怪，她对家庭装饰的偏好也很奇特。但是在处理婚姻生活中最重要的事情——如何对待男人方面，她却是一个天才，一个真正的天才。

她并不想在智慧方面和狄斯累利一较高低。当狄斯累利和那些机智的女公爵们周旋了一个下午，精疲力竭地回到家中以后，妻子玛丽·安妮说的那些家常话能让他放松。家变成了狄斯累利求得心神安宁的地方，而且他还可以沐浴在玛丽宠爱的温暖之中。他越来越喜欢这个家了。和年长的妻子在家中共同相处，成了狄斯累利一生中最快乐的时光。她是他的伴侣，是他的亲信，是他的顾问。每天晚上，他从众议院匆匆忙忙赶回家，把这一天的新闻告诉她。而且重要的是，不论他做什么事情，玛丽都相信他不会失败。

30年来，玛丽只为狄斯累利一个人而活着。甚至她所有的财产也只是因为让他生活得更加舒适而变得有价值。她得到的回报呢？她成了他的女神。在玛丽去世后，狄斯累利才受封为伯爵；而当狄斯累利是一介平民时，他就请求维多利亚女王晋封玛丽为贵族。于是，玛丽在1868年被封为贝肯菲尔德女子爵。

尽管玛丽在公共场合中显得既愚蠢又笨拙，但狄斯累利从来都不批评她。他从未说过一句责怪她的话，如果有人敢讥笑她，他会立即站出来，激烈而忠诚地为她辩护。玛丽并非十全十美，但是30年来她总是不知疲倦地谈论她的丈夫，赞美他，夸奖他。结果呢？"我们结婚30年，"狄斯累利说，"但是我从来都没有厌烦过她。"（有的人因为玛丽不懂历史，就认为她必定很愚笨。）

就狄斯累利个人而言，他经常说玛丽是他一生中最重要的人。结果呢？"我很感谢他的恩爱，"玛丽经常告诉她的朋友们，"我的生活成了永不谢幕的喜剧。"他们经常会开一个小玩笑。"你知道，"狄斯累利说，"不论如何，我只是为了你的金钱才和你结婚的。"玛丽则会笑着回敬道："确实不错。但如果你必须再从头开始的话，你就会因为爱情而和我结婚，是不是？"而狄斯累利也明确承认。不，玛丽并非十全十美。但狄斯累利非常聪明，让她保持了自我本色。

正如亨利·詹姆斯所说的："和别人相处所要学习的第一课，就是不要干涉别人寻找快乐的特殊方式，如果这些方式并没有对我们产生强烈妨碍的话。"

或者像里兰·弗斯特·伍德在他的著作《在家庭中共同成长》中所说的："若想婚姻成功，绝不只是找一个好配偶；你自己也要成为一个好配偶。"

02

能干却不失女性的魅力

☕ 要有一个好性情

家庭问题专家陶乐丝·迪克斯曾说过："男人选择女人的第一个要求，就是女人要有一个好性情。"任何女人如果想和男人愉快地相处的话，那么无论这个男人是她的丈夫、她的老板、水电工，还是她只有3个月的儿子，她都应该多注意自己的性情，而不必刻意注重自己的过失，因为男人们情愿在愉快的气氛中吃罐装的青豆，也不会乐意面对一个满脸愁容、唠叨不休的女人吃牛排。

一个单身汉曾经这样坦率地说，如果他有机会在一个快乐、温柔、性情温和的女人和一个愁苦、愚钝、性情暴躁的女人之间进行选择的话，他将会选择前者！

我曾雇用过一个速记打字的女职员，如果仅从职业技能来看，她不能算合格——她的拼写很差，打字的速度又慢，而且经常会出错误。但是她却能一直保住她的工作，甚至干到结婚和退休，这完全得益于她那快乐天使般的性情。

她不害怕别人的牢骚、抱怨和批评，就像是办公室里的阳光一样令人感到温暖。只要有她在，即使她不做任何事情，你也会觉得应该给她付薪水。我不知道她做饭的手艺是否比速记打字的能力强，但是我经常见到她和她丈夫在一起；而且每当他看着她时，脸上总是光彩四溢——显然，他并不在意她能不能做一手好饭菜。

做个好伴侣

美国高尔夫球公开赛冠军杰克·弗里克曾为纽约《世界电报》撰写文章，介绍了他如何克服不利局面、获得艾奥瓦州达文波特两个市立高尔夫球场特许经营权的经过：

当时，摆在杰克面前的是一项艰巨的任务，他既要保住特许经营权，又不能放松比赛训练。幸运的是，他娶了芝加哥的丽·伯恩斯泰做妻子，她给他带来了好运气。丽成了杰克的事业帮手，这使得他可以专心练习球技了。

后来，也就是1952年，杰克一家开始奔赴全国各地。丽·伯恩斯负责照顾13个月大的儿子克瑞罗，而杰克则参加巡回公开赛。杰克说："我从来都不让丽跟我进赛场。你们没有见过邮差带着妻子去送信的吧？"

这个妻子虽然没有积极参与杰克·弗里克挚爱的球赛事业，但是她总留在他附近，使他没有了后顾之忧。像丽·伯恩斯这样的女人，才是男人真正的好伴侣。

弗洛伦斯·梅纳德住在纽约州北部的一个小镇，她是一个普通的家庭主妇。在过去16年的婚姻生活中，她只会做一些家务，所以她总觉得自己的生活似乎缺少了什么东西。后来，她终于知道那是伴侣的亲情。然而，梅纳德夫妇的共同兴趣和爱好实在是太少了，梅纳德夫人开始采取行动，以改变这种状况。

"我丈夫的一项主要爱好就是职业曲棍球，"梅纳德夫人说，"所以，我首先要培养自己这方面的兴趣。当我对曲棍球的知识十分精通之后，我对这项运动也有了浓厚的兴趣。我和我丈夫怀着同样的热情去观看曲棍球比赛，还记下了电视转播曲棍球比赛的时间。从此，我不仅喜欢上了这项有趣的运动，而且还发现自己有事情可做了。我从中所得到的，不仅仅是陪丈夫欣赏这项运动的乐趣，而且还包括充实的生活——我再也不会一个人无聊地坐在家里无事可做了……除了曲棍球之外，我现在又找到了一些新的兴趣，我又可以和我丈夫一同分享更多的乐趣了。"

☕ 善于倾听

几乎所有男人都认为女人的话太多，他们这话的意思是指女人抢走了他们说话的机会。

许多女人错误地认为，听男人说话就是默不作声地坐在那里，耐心地听男人说个没完。其实，听男人说话也要表现出积极的态度，如果你是一个善于倾听的人，就会在适当的时刻加入到谈话当中去。

倾听别人谈话，首先要集中精力。眼神不能飘移不定，或神色紧张、坐立不安。如果你真的能集中思想，或许还能学到许多东西。

倾听别人谈话的时候，表情要尽量放松，而且要随着对方所讲的内容有所变化。一个面无表情的听众，是最让说话的人觉得扫兴的。对于舞台导演来说，最困难的工作就是训练演员如何表演好倾听其他演员说话的形象。如果你想成为一个令人满意的听众，就要努力训练自己吧。

成功的倾听还需要集中心思和积极配合。以前曾有人戏称，一个女孩子如果想赢得男人的欢心，只需要在他介绍自己某次成功的生意时，目光专注地看着他，并适时地插上一句"你真是太棒了！天啊，你简直是个天才！"之类的话就足够了。她表现得越笨拙，他就越喜欢她。不过，现在这种情况有了些许变化：许多女孩子也能在生活中取得成功，她们觉得很难完成从精明的女强人向愚蠢的小女孩角色的转变；而男人们也比以前精明多了，他们能分辨得出谁是真正懂得倾听的女孩，谁又是故意装傻、吹捧奉承他的女孩。因此请记住，当一个男人真正需要一个女孩听他说话，而你又想赢得这个男人的心，并希望影响他时，就不要再玩"假装倾听"那一套老把戏。

这时，最好的沟通办法就是不时地问他一个问题，以表明你正在听他说话，而且想知道一些更详细的情况；有时候，你还可以偶尔提出你的不同见解。如果你支持他的说法，并且在某方面颇有经验的话，就不妨在他停下来的间隙提出来，但是要注意一定要简洁，然后再将主导谈话的权利交给他。

像这样的倾听，就不是单调的独白，而是一种积极的双向沟通。女人一旦掌握了倾听的艺术，就会与男人相处得更加愉快，进而与其他人相处得更融洽。

能干但不失女性魅力

有一次上课时，一位女学员对我说，她因为太能干而失去了一个出色的男人。

这个女孩在公司担任主管，总是负责制定计划，发号施令，一切都是尽职尽责。但是在社交场合，她可没有这么一帆风顺。

"我经常是，"她说，"当我男朋友还没有打开雨伞时，我就叫好了出租车；我总是要比他早一步按下电梯按钮；共进晚餐时，我会推荐他点肝脏和熏肉，以预防他的高血压；他从没有机会帮我拉开椅子或为我脱下外套、替我穿上鞋子。因为我是如此能干，总是抢先做好了一切。我不只是能干——而是太能干了，所以我失去了他，这一切都是我造成的。"

现在出来工作的女孩子实在是太可怜了。她们为了嫁给一个自己喜欢的丈夫，除了要追求成功和独立之外，还要时时刻刻提醒自己做一个富有女人味的女孩。可是现在的男人已经被宠坏了，他们想娶的女人不仅要具备女性的魅力，还要有足够聪明的头脑去发现他——如果可能的话，最好还能帮助他增加家庭收入。

让你中意的男人看上你，并让他觉得你就是他理想中的女孩，这并没有什么困难的。你可以这么做：工作时充分展现你的才能，争取老板的赏识；下班之后，则要让那个与你约会的男人觉得你是女人，而不是一部高效运转的机器。

和前面提到的那个女孩一样，海伦也是从一个逃之夭夭的男士那里学到这一点的。

多年以前，海伦结识了一个年轻男子，他会经常陪伴她，至少有一段时间是这样的。那段日子，海伦对她所在地方的政治产生了浓厚的兴趣，经常在休息时间参与这项活动。在不用帮人竞选或去参加集会时，海伦和男友谈论的全是政治类的话题，例如某某法官说过什么话，或行政管理上存在什么问题，等等。

最后，男友忍无可忍，大声对海伦说："你原来是个女孩子，可是现在你却成了一份活的竞选宣传单。如果我需要政治或哲学方面说教的话，我会给国会议员写信的。而我现在需要的，是能够给我的夜晚增添愉快气氛的好女人。"

后来，男友终于离开了海伦，娶了一个美丽动人的金发女郎，她既能把家料理得有条不紊，还会做一个玲珑可爱的小女人。

☕ 做回你自己

最让男人感到滑稽可笑的，就是见到一个老女人穿着紧绷绷的少妇衣服，还戴着一头假发，蹬一双3英寸高的高跟鞋，戴着连傻子都骗不过的假乳在大街上横冲直撞了。在所有让人感到悲哀的事情中，拒绝接受成熟的女人可能是最可悲的。她会固执地认为，女人的魅力全在于年龄，只要肯努力，没有人会知道她已经过了39岁。如果看到这样的女人妖媚做作，用她那早已失去性感和魅力的身体向男人大献殷勤时，真会令人恶心。

除此之外，还有一些看起来文静典雅的女孩子会突发奇想地以为，通过超常规的怪诞举动可以显示自己不拘小节的魅力；其实恰好相反，男人可没有她想象的那么笨，他们清楚得很，知道如何去判断一个女孩子。

还有许多表面上很聪明的女人，她们也都不成熟地认为，女人可以通过打扮来"偶尔改变性格"，把男人弄得神魂颠倒。然而，本质才是最好的东西，既然上帝赐予我们现在的性格，又有什么不好的，为什么要掩饰呢？

我们要做的就是剥去伪装，让它重见天日。我们可以发挥自己的特性，克服自己不能吸引人的缺点，就可以达到最佳的自我状态。只要努力，任何人都可以做到这一点，无论男人还是女人。

☕ 乐于做女人

提出"两性之间的战争将一直存在"这个危言耸听的论点的人，一定是个争强好胜的人。我一直弄不明白，为什么男女之间的性别差异会成为他们彼此斗争的原因？在我看来，还有许多其他的事更值得去斗争呢。

无论如何，视所有男性为敌人的女人，一定是受到了自然和人类的欺骗和利用，因此她们很少有机会得到男人的青睐，对此她会说："反正我恨男人。"

想和男人建立和谐关系的女人，首先必须乐于接受当一个母亲的角色，承认母亲在人类社会担任的是一个特殊的角色，同时了解女性的基本作用。而那些拒绝接受母亲角色的女人，并不仅仅限于所谓的未出嫁的"老姑娘"，还包括一些已婚女性，她们总是抱怨"身为女人就低人一等"、"自然在创造男人和女人时实在太偏心"，等等，这正好为"两性战争"提供了证据。

一个人能否坦然接受自己的性别角色，和结不结婚并没有多大关系，它是态度端正、感情成熟的自然结果。如果不能接受这种基本思想，男人和女人在一起时就不会得到幸福，结果就可能出现男人和女人之间的战争了。

在我们理想的美好世界中，男人和女人将不会像天生就作对的敌人，而是携手并进、在友谊和爱情中共同工作、共同游乐、爱到永远的一对。

魅力女人的幸福课

男人们情愿在愉快的气氛中吃罐装的青豆，也不会乐意面对一个满脸愁容、唠叨不休的女人吃牛排。

女人一旦掌握了倾听的艺术，就会与男人相处得更加愉快，进而与其他人相处得更融洽。

要学会适应男人的心情，这是女人赢得男人青睐的最好办法。

03

用你的温柔体贴给他最坚定的支持

☕ 快快乐乐地搬家

一些男人经常抱怨说，由于他们的妻子不愿意离开熟悉的环境，便要把她们的丈夫束缚在一个固定的地方和工作中。佛恩·L·艾略特是费城大西洋精炼公司的总经理，他把这种妻子称做"爱哭的小孩"，并且认为她们是阻碍丈夫成功的一个大绊脚石。

另外一位总经理也告诉过我，他公司有一个很有前途的年轻职员，由于他妻子的原因，他只好伤心地放弃了一个他好不容易才争取到的晋升机会——他的妻子舍不得离开自己的父母亲、老朋友、教室和心爱的客厅。

当一个家庭刚开始在某个地方适应下来的时候，如果要他们再搬到一个陌生的环境去工作，确实需要很大的勇气。必须有很好的婚姻基础，才能适应这种变迁。例如在第二次世界大战期间，有许多在战争中结合的年轻夫妇，由于妻子没有办法适应从一个军营不停地迁移到另一个军营的劳累，而且她们也缺乏在动荡不安的环境和时代中建立家庭的能力，导致许多婚姻最后破裂。

但如果是一个适应能力很强的妻子，就应该能够轻易地克服这些障碍。弗吉尼亚州诺福克市的雷伦德·克西纳太太就是这样一个好妻子。在一篇文章里，克西纳太太写道：

"两年前，我的丈夫应征要到海军去服役。离开我们新布置好的家，带着我的小儿子跑遍全国各地，这个念头似乎对我来说实在是最糟的事了。未来的两年看起来像个又巨大、又浪费时间的空白。当我迁移到我们第一个驻地的时候，我相信我将会过得很伤心。

"但是现在，我们已搬了好几次家，我觉得过去的想法实在是太孩子气，太娇生惯养了。我丈夫马上就要退伍了，我们正计划永久定居下来——

我们都希望如此。虽然我对于未来的日子感到很激动，但是我必须承认，当我要告别这种生活方式的时候，我确实是有点伤心的。在过去的两年，我感到非常愉快，因为我已经学会生活在许多不同类型的人群之间，学会了容忍和了解那些想法和做法与我不同的人。当我所盼望的某些事情落空的时候，我学会了忽视它们。而且我更加深刻地了解到，一大堆器具和用品并不能建立一个快乐的家庭，更主要的是你自己要意识到爱心、谅解和温暖，而且在任何情况下都要尽自己最大的努力去做好。"

如果你也面临从熟悉的环境中离开而搬到一个新地方的困扰，希望你记住下面这4条建议。

1. 不要期望新环境和旧环境一样好

环境和工作内容与人一样，都是不能完全相同的。如果你丈夫在原来的职位好像比新职位更有地位一些，你也不必为此而泄气。因为新的工作岗位可能会给他带来更多的发展机会。

2. 尽快适应新环境

尽你所能去做，试试你自己的胆识，也许你会得到意外的惊喜。

有一年夏天，我到怀俄明州立大学暑期班去授课。由于当时找不到房子，我和我夫人只好住到专门为结婚的退伍军人和他们的家眷建的简陋的房子里。我承认，我夫人那时对这个地方真的提不起一点兴致。

但是住在那个地方一段时间之后，它竟然渐渐变成我们生命中最丰富、最值得纪念的经验之一。那里的房子很容易清理，而且我们的邻居都很好。那些年轻的男人和女人一同去学校上课，共同养育自己的孩子，并且愉快地把他们并不怎么富裕的生活用品做了最大的发挥。这使得我夫人对自己当初的行为感到非常惭愧。

那年夏天，我们结识了许多好朋友——而且也了解到，成功和幸福与人们的生活水准并没有什么关系——只要生活过得去就可以了。

3. 多一点容忍和耐心

我有一个朋友和她的丈夫一起迁到一个小工业城去。这是她丈夫期待已久的一次晋升。但是她只在这个小城里待了24个小时，就迫不及待地整理行装回到他们原来的家里。她丈夫所加的薪水只够多请一名女佣，最后她先生只好申请调回原来的工作——这都是因为我那位朋友不愿意好好地尝试她先生调职后的新生活。

4. 尽量利用新机会

如果你搬到了一个新地方，就必须下更大的功夫去结交新朋友，到新教堂做礼拜——或者参加新的俱乐部和各种民众团体——让你自己和新环境中值得交往的人打成一片。与其抱怨你所不喜欢的事情，还不如设法改变自己，尽快适应新环境。如果你改变不了，就一笑置之吧。因为在这个世界上，本来就找不到一个十全十美的地方。

所以，如果你丈夫的工作需要你和他一起搬来搬去，那么你应该记住上面的建议，要愉快地跟着他到处跑。搬来搬去又有什么不好的？谁愿意老是住在同一个地方发霉呢？

让你的丈夫全身心投入工作

几个月以前，有一位老朋友顺路来看我们。他看上去很疲倦，也很不快乐。

"我不知道该怎么办，"他告诉我们，"6个月来，我一直加班工作，想替我们公司设立一家分公司。每天晚上我都很晚回家。等我做完这件艰难的工作之后，我就可以在正常的时间回家了。但是海伦对于我晚上不回家吃饭，以及我们不能一起出去逛街很不高兴，这也使我提不起精神来。建立这个新公司，对我们两人都非常重要，但是我没有办法让她了解这一点。我非常担心，几乎没有办法全心全意做我的工作。"

我这位可怜的朋友正受到工作和家庭两方面的压力，难怪他会这么筋疲力尽。

他的问题使我想起以前的经历，当时我正在赶写一本书。我几乎搞不清楚，在那段期间内，我和我夫人两人究竟谁更辛苦。虽然我待在家里写作，而她却很少看到我，因为我把自己关在书房里，总是埋头写到深更半夜——而且几乎每天晚上都是这样。

在此期间，我们不能一起出去参加社交活动。我为了赶进度，我们不能一起娱乐，或是到什么地方去玩。幸运的是，我们的朋友都很能理解。

那段时间我夫人很孤独，但是她却一直很注意我有没有适当地吃东西、休息和呼吸新鲜空气。她还参加了一些俱乐部，经常去看看我们的朋友，并且培养了自己更多的兴趣。

真不可思议，我那本书就这样写完了，而我们又可以一起过以前那种生活了。

对于太太来说，在某些异常辛劳的日子里，当然不像野餐那么愉快——虽然这些工作对她们的先生来说，可能是必要的或者是很让他着迷的。作为妻子，这时应该站在丈夫的旁边，像一个护士、保镖和精神支柱那样——静静地咬紧牙关，盼望过正常生活的那一天早日到来。成功的嘉奖鼓舞着我们的丈夫，使得他们对于手头工作以外的任何事情都变得又聋、又哑、又瞎。但是我们并没有感受到这种奖励。这时我们应该怎么做，才能使自己适应这种不寻常的日子呢？我们应该如何帮助自己的丈夫，让他尽可能轻松地度过这些日子呢？

以下这些想法曾经帮了我很大的忙，相信对其他人也会有效。

1. 准备相应的食物，适应他额外的工作

常常给他东西吃，但一次不要给太多。如果他必须抢时间迅速吃完晚餐，并且一直工作到很晚时，你就要在他拖着疲惫的身子回到家之后，为他准备好容易消化的小点心。烤苹果、果汁、蛋糕、沙拉、芹菜和胡萝卜……这些东西都比较容易消化，而且又富含维生素。

如果他在家里吃晚饭，就不要强迫他在整夜的工作之前吃许多不容易消化的食物。你还要看一些关于营养的书，或是找你的医生商量如何为他准备增加体力的食物。

2. 替你自己安排一些娱乐计划

你要学会如何使自己在社交上变得有分量，即使不依赖你丈夫，你也可以成为一个受欢迎的客人。在许多情况下，你会成为一名多余的女士，你应避免这种不合适的场合。而在其他的集会上，你将会像5月的阳光那么受人欢迎。

你应该尝试做些你以前没有时间做的事情，例如参观画廊，听听音乐会，替教堂或政党做些事，参加一个自修课程，或是去某些夜校学习。

这样的计划，将会给你带来许多好处，并且使你的丈夫不必担忧你的寂寞。

3. 让你的老朋友们知道你的情况

他们就会了解为什么你的丈夫暂时离开了社交圈。这样，你就会让他们觉得你是在全心全意地支持你的丈夫，并且你是支持他、赞成他所做的事的。

4. 让你的丈夫知道你对他的支持

让你的丈夫知道你对他的全力支持和鼓励，这样会使他的工作进行得更顺利，而且使他更加喜欢你、体贴你，加深你和他之间的感情。

5. 提醒你自己这只是暂时的

如果你证实了自己可以轻松地完成这些事，那么在这个大工程完成以后，你们将可以过着有如第二次蜜月般的甜蜜生活。

学会适应不平凡的丈夫

我认识一个女人，她强迫她的丈夫放弃了心爱的工作，因为她没有办法忍受他在晚上工作。这位丈夫在一个著名的管弦乐团担任演奏家。他们的音乐会大都在晚上举行，这个男人很喜爱自己的工作，而且薪水很高。

但是他的太太却一直不能适应他的工作时间。最后，她说服了自己的丈夫，让他放弃乐团的职位，换了一个推销家庭用品的工作——由于他做的是完全不适合自己的工作，所以赚的钱更少了。对此他不满足，不但他成功的机会减少了，而且这还对夫妻婚姻的幸福造成了隐患。

必须在非正常的时间工作的男人，或者是工作上有特殊需要的男人，都更加需要一个能够适应他的妻子。如计程车司机、铁路或轮船职员、飞行员……所有这些需要特殊适应能力的职员的妻子，必须能够适应自己丈夫的工作，才能维持婚姻的美满。

许多著名的演艺人员，都尝到过婚姻破裂的滋味，因为他们的太太不能够——或是不愿意接受她丈夫在那个圈子里的成功。

在职业上有特殊需要的男人的太太，必须具备的重要观念就是，她不能拥有自己想要的每件事情，而且要坦诚面对这些情况，接受这些情况，并且在设法维持家庭稳定的情况下，快乐地生活。

许多女人羡慕那些在所谓"迷人"的职业圈内大出风头的男人的妻子——例如电影明星、歌剧演唱家、作家或音乐家的妻子。我16岁的时候，曾梦想嫁给一位著名的探险家。可是，我们之中很少有人会静下心来想一想，作为这种人的妻子，除了穿名家设计的新时装，以及在照相机前摆笑脸之外，还需要有更多的负担。

罗维尔·汤姆士夫人可以告诉你，这种事可不像想象中的那么简单。在国际上，很少有男人比她的丈夫更加出名。她丈夫的事迹可以说和天方夜谭中的故事一样吸引人，而且多姿多彩。

作为一名资深的新闻广播员、探险家、投资者、作家、大学讲师、运动家，罗维尔·汤姆士在喜马拉雅山野外的家里，和他待在新闻影片摄影机前面所花的时间是一样多的。

弗兰西斯·汤姆士是他的太太，她是一个具有伟大才华和魅力的女人，她能够像一只变色蜥蜴那样，多才多艺地按照她丈夫的需要来改变自己。例如，在第一次世界大战以后，她跟着她丈夫跑遍了全世界，当时她丈夫正在各处讲授"阿拉伯的劳伦斯"以及"阿伦比在巴勒斯坦的战役"——而她在此期间也做了许多事，如为回教徒的祈祷作曲，以及充当旅行中的助理经纪人。

当他们返回美国，在乡下定居以后，弗兰西斯·汤姆士就成为全美国最忙的女主人之一了。她要忙个不停地在家里招待不断前来拜访的、在她丈夫的书里出现的许多人物，其中包括探险家、激进派的飞行员、幸运的军人以及其他许多杰出人物。汤姆士家的周末，常常因为有50~200位宾客参加宴会而显得热闹非凡。

当丈夫外出的时候，弗兰西斯·汤姆士就必须忍受许多忧虑的时刻——例如在第一次世界大战以后，德国革命期间，她从报社的电话听说她丈夫在采访一场巷战时受了致命的重伤。

另外，在1926年，当罗维尔·汤姆士所乘坐的飞机在西班牙安达鲁西亚的沙漠中失事之后，弗兰西斯也只能远在巴黎等待消息。

不久以前，罗维尔·汤姆士经过西藏的一处山区时，受了重伤。他被当地人背在肩上走了20多天，最后才离开喜马拉雅山。在所有这些受尽精神折磨的日子里，弗兰西斯·汤姆士除了听说她丈夫受到严重的伤害之外，什么消息也不知道。在这种痛苦的折磨之下，你或我能忍受得了吗？

最近几年，罗维尔·汤姆士的独子小罗维尔·汤姆士也追随他父亲，迈出了探险的脚步。于是汤姆士夫人又要等着听她儿子探险的消息了——在靠近法军前哨的地方，或者是在毛毛族人暴动达到高潮的肯尼亚。

这时，你还会觉得做个像罗维尔·汤姆士那种富有刺激性人物的太太，是一件轻松愉快的事吗？只有那些不平凡的女人，才配得上不平凡的丈夫。

像罗维尔·汤姆士这样的男人，是很幸运的，他们的太太不仅能为他们争光，而且还能忍受名声和地位所带来的种种不便。

如果你丈夫的工作也很不平常，并且还会带来一些不便，你可以设法应用下列几项原则：

第一，如果这种情形只是暂时性的，你不妨笑一笑，姑且忍耐一下。每个人都可以在短时间内忍耐任何一件事的。

第二，如果这种情形是比较长期性的，你就得接受它，并设法改进它——就像麦凯丁夫人那样。

第三，要提醒自己，丈夫的成功也就是你的成功。如果这种工作对于他的成功是必要的，那么你也应该接受这种情况。

第四，要记住，这世界上从没有，也将不会有一个工作是完全只有快乐和幸福的。每一种生活方式，都有它的优点和缺点。总是抱怨生活中的缺陷的人，即使拥有最理想的环境，也是得不到满足的。

适应丈夫在家里工作

如果你丈夫每天只在办公室或工厂工作8小时，你可以不看这一章。和那些丈夫在家里工作的太太相比较，你的适应工作可以说简单多了。但是，聪明的你还是看看这一章吧，因为没有人知道什么时候，也许事情会有变化呢。

如果丈夫长期在家里工作，而他妻子又必须在他边上处理家务，这样的妻子特别值得丈夫赞赏。想想看，你必须踮起脚跟，静悄悄地在你先生工作的隔壁房间里行走；你还必须接受他的请求，关掉你正用到一半的真空吸尘器；你也不能邀请你的朋友来家里吃饭，因为嘈杂声会妨碍你这位一家之主。

话虽这么说，如果你嫁了一个必须在家里工作的男人，那就真的需要你来适应他了。只要你对你的丈夫拥有足够的爱心，时常保持良好的心情，并且下定决心去努力，你就一定可以成功。有许多妻子都已经做到这一点了。让我们来看看凯瑟琳·吉里斯的例子吧。

凯瑟琳的丈夫唐·吉里斯是一位作曲家，而且担任了NBC交响乐团广播音乐会的制作指导。唐·吉里斯的交响乐作品，曾经被美国和欧洲每一个主要交响乐团演奏过，他的乐曲也曾经被亚瑟·费德罗和阿图罗·托斯卡尼尼这些大师指挥演出过。当他还很年轻的时候，就在一个著名的职业乐团中取得了令人惊异的成功。

吉里斯夫妇是我们在纽约弗农山的邻居。他们的朋友都知道，凯瑟琳·吉里斯在她先生光辉的生涯中，扮演了一个十分重要的角色。

唐·吉里斯的大部分音乐作品都是在家里创作完成的。虽然他在三楼有一间书房，但是他却更喜欢在餐厅的桌子上创作。温柔、娴雅的凯瑟琳并不在乎这一点，就像她所说的，她只不过是"在他身边工作"而已。另外，她还要照料两个小家伙，如果他们太吵了，她就会让他们去做一些不会转移旁人注意力的事情。

在凯瑟琳·吉里斯的努力下，他们的家变成了工作和娱乐的好地方。她是一个烹饪好手，冷冻箱里经常备有许多自制的冰淇淋、甜美的蛋糕以及其他点心。但是她却严格地控制家里食物的消耗。当她认为需要过俭朴生活的时候，她就会把冷冻箱锁起来，把钥匙藏好，以限制家人的食物热量。

正如许多艺术家那样，唐·吉里斯也受到了财政预算和家庭经济的困扰，所以凯瑟琳也是他的非职业性业务经纪人。她帮丈夫决定接受哪一份合约，家里应该节省多少钱，以及如何增加家庭收入。当唐需要一套新衣服的时候，当然也要由他的太太来提醒他，并且帮他去订做。

我请来凯瑟琳·吉里斯给我提一些意见，说明做妻子的应该怎么做才能成功地处理好丈夫在家里工作的问题。

"一旦你习惯了以后，"她说，"事情不但很容易，而且也会变得很有意思。如果唐在录音室工作，整天都不在家时，我会非常想他，我是多么习惯有他在我身边啊。"

下面就是凯瑟琳提出来的帮助丈夫在家里有效率地工作的几个简单规则：

第一，尽你的能力使丈夫觉得舒服，然后放下他，去做你自己的工作。暂时先抑制你想要进去看他的冲动，过一会儿再进去看他的工作进展得如何。

第二，在丈夫工作的时候不要打扰他，不要让他去开门、照顾小孩，或给送货来的小孩付账。你应该自己去做这些事，就像他不在家那样。除非这幢房子着火烧起来了，这个规则是毫无例外的。

第三，不要太容易心慌意乱。当丈夫的工作进行得不太顺利的时候，他可能会很紧张不安。你可以帮助他，让他保持冷静和温和的心情。

第四，配合丈夫的时间来安排你的社交计划。除非你家的房子大得足够把他完全隔离开来，否则你就不应该在他工作的时候招待你的朋友到家里来。

第五，帮助丈夫安排好他的工作时间，使孩子们有时间痛快地玩耍而不会被制止。正常而健康的孩子，不可能整天都静静地待着——讲道理的父亲，当然也不希望这样。如果大家的权利都受到重视，每个人就都会更快乐了。

我可以告诉你，这些规则都是很有效的。我和我夫人结婚8年以来，我所有的写作都是在家里完成的，所以我很了解这些规则。如果你有个一天24小时都待在家里的丈夫，不妨试试凯瑟琳·吉里斯的秘诀。

04

男人是船，好女人是舵手

☕ 做丈夫事业的帮手

一天早上，纽约市一辆公共汽车里的乘客全都伸长着脖子，看到了一个活泼敏捷、衣着入时的女士扛着一把猎枪跳上了车。

这是一个广告噱头，还是一个怪女人？许多乘客都在他们的座位上感到不安，直到这位女士到了她的目的地，平静地扛起武器跳下车去。所有乘客，包括公共汽车的司机在内，大家可能同时松了一口气。

这只不过是爱多丽亚·费云在帮她丈夫忙，她正为他的顾客把这支赊账买来的猎枪送回原来的店里去。

梅尔·费云是一家家用电器公司的优秀推销员。他的太太爱多丽亚曾经想出了许多方法来帮助他扩展工作，所以他称他太太是他的"星期五女郎"。

"我先生的生活、吃饭、睡觉与呼吸，无不充满了对工作的热忱，"费云太太告诉我，"而我自然也能感受到这种兴奋。过去25年来，我已经想出了许多小方法帮助他——我很喜欢这些工作。"

费云太太想帮助她丈夫发挥最大的能力，去处理工作上的大事，扩大生意，照顾顾客，增加销售。她想，如果她能够帮助她丈夫处理一些细小但必要的杂务，他将能够发挥出全部的才能。

例如费云先生有许多信件，这些信件他必须在家里处理；所以爱多丽亚学会了打字。开车跑遍30个州，这对一个男人来说也是很费力的，所以爱多丽亚学会了开车。

"我曾开车把梅尔从纽约时报广场送到了旧金山的金门大桥，"她骄傲地说，"这对他来说，是一件很简单的事，但对我来说可就是一次奇妙的体验了。"

费云太太即使连培养自己的个人嗜好，也都是为了她丈夫的事业而设想的。她收集了许多旧熨斗——其中有些已经有150年的历史了——而且为她丈夫画了许多彩色海报，在销售会上作为展览和陈列品。

由于爱多丽亚·费云付出的努力，所以她从她丈夫的成功之中获得了更多的兴奋。有一次，当费云先生在田纳西州一次销售会中讲完话以后，观众之中有个人问他："我不知道，今天晚上谁会对你的演讲最感兴趣——是推销员还是你的太太呢？"

妻子给丈夫的迷人的注意力，是一种最好的广告。难怪费云先生会把他的太太当成自己不可缺少的伙伴了。

许多女人没有想过帮丈夫去做费云太太曾做过的事。"他雇女秘书是干什么用的？"她们会这么说；或者说："当公司愿意支付我薪水的时候，我也可以给他当帮手。"

许多女孩会认为，这只是男人的前途，而不是她自己的。但是，有时候从太太那儿来的一点额外帮助，确实可以给男人一种动力，使他走得更快、更高。

☕ 给丈夫工作动力

你能帮丈夫哪一种忙，要看他工作的性质。也许他需要你帮他做点文书工作：例如打字、写报告、处理信件；也许是接电话，为他开车，查阅图书或杂志资料……这些工作都可以减轻他的负担，使他有更多的精力做更有价值的工作。

如果你希望能够帮助你的丈夫，但是却不太清楚从哪里着手，那不妨请他给你出个主意。

很显然，如果你希望每一个有许多家务事要做，又有几个小孩需要照顾，而没有请人帮佣的女人能够帮助她的丈夫而成为他的"星期五女郎"，那未免太可笑了。可是有些女人确实能把这些家务事都做好，又有效率地帮助自己的先生，她们的动机是——给她们的丈夫一个额外的推动力。

当年轻的彼德·阿塔多从第二次世界大战服役中退伍以后，他用一辆汽车和800美元资金创办了亚斯坎·来蒙欣汽车服务公司。

当计程车公司的业务发展到了忙得无法满足所有顾客需求的时候，有些人就转而叫彼德的车子了。彼德的服务快速、热忱而且有效率，于是大家就经常叫他的车子服务了。由于不能同时开车子和接听电话，所以彼德的妻子罗丝就自告奋勇地替先生接听电话，于是彼德在家里装了一部业务电话分机。电话分机装好之后，罗丝就担负起电讯发送的责任了。

现在，彼德的工作实在太忙了，他必须另外请一位司机合伙。但是当彼德外出的时候，罗丝仍然要接听他的电话。除此之外，她还必须照顾3个小孩，并且做完所有的家务。

彼德说："不管我花多少薪水，也雇不到一位像罗丝这样有兴趣为我的顾客服务的人来接听电话。罗丝和我一样清楚地知道老主顾的姓名和住址——她从他们的惠顾之中得到了许多乐趣。他们知道罗丝不会给他们不准确的消息，不会在我跑长途的时候想办法拖延他们。如果我实在没有空，她甚至会替他们到别的计程车公司叫辆车子。我不能没有这个女人！"

而罗丝也说："如果丈夫需要的话，没有一个女人会忙得没法帮助他的。如果她想要帮她先生的忙，她可以做我做过的事，把家务安排得富有效率，留下时间来帮他了。"

有些女人家里没有孩子需要照料，她们就可以直接到先生的办公室，或是她们先生营业的地方，为她们的先生提供很有价值的帮助。

贝拉·德拉斯太太就是这样做的。她的丈夫是一家诊所的医生，当他缺助手时，她便补了上去，直到他找到了一个合适的助手。她工作得非常好，仿佛她以前一直就在那儿工作一样。她上午处理家务，下午则帮助她的丈夫处理工作。

"对路易丝来说，这不仅仅是一件工作，"她的丈夫解释说，"对于每一位要我出诊的病人，或是到诊所来就医的病人的健康，她和我同样关心。"

是的，对于妻子来说，她为丈夫所做的任何工作，都具有额外的特性。他们的兴趣会紧紧地结合在一起，不只为了工作，也为了生活。他们是共同体，她没有办法不对她的工作付出更多的精力。

像这种"星期五女郎"的妻子们，已经减轻了许多男人的工作，并使他们获得了成功。

☕ 学会和丈夫的女秘书友好相处

如果女孩子最要好的朋友是自己的母亲的话，那么男人在工作中最亲近的朋友，就是他的女秘书了。一个好的秘书，应该努力提高她老板的利益。

她不仅要忙于帮助老板顺利进行工作，还要照料许多做不完的琐事。她不但要注意老板的意念，并且要随着他的情绪，消除他所受到的打击。女秘书的工作范围，可能包括从削铅笔到接见访问者。如果没有女秘书周到的服务，美国商业界的巨轮就不会运转得这么平稳了。

所以，毫无疑问，一个好秘书的确是男人事业成功的重要助手。

那么，对一个尽责的妻子来说，这种说法有什么意义呢？这只是说，女秘书和妻子这两个女人都有一个共同的目的，就是要使男人的事业更加远大。这两个女人都同样关心他最终的成功。如果她们能够互相合作，朝着一个共同的目标而努力，而不是互相对立的话，那么她们就可以把分散的效率加倍，并更快实现共同的目标。

但事实上，妻子和女秘书常常依照相反的目标来行事。例如一方可能会在暗中产生猜疑，或是两个人同时嫉妒对方的贡献或影响。女秘书也许会觉得妻子自私或多管闲事；而妻子则可能会埋怨自己的丈夫，认为他更依赖另一个女人。

就我个人的亲身经历来说，我对这两方面的观点同样重视。但是经验也使我相信，想要维持良好的关系，妻子的态度更具决定性。女秘书为了保住她们手上的工作，本来就希望和每个人愉快相处。

记住这些以后，我相信每个当妻子的人都可以找到一些规则，以减少摩擦，加强和丈夫女秘书的友善关系，并且提高和丈夫女秘书的合作。

1. 不要随意猜疑

虽然我们认为自己的丈夫很有吸引力，值得追求，但这并不是说，他的女秘书就一定会把他当成追求的目标。女秘书欣赏的只是老板的工作能力，而在感情上通常都是不会动真情的。我在工作中认识了许多女秘书，但是我只见过一个喜欢抢夺别人丈夫的女秘书。依我看来，这个女孩子不论做什么工作，都会做出这种事情来的。

当业务上出现问题，迫使丈夫需要加班工作时，就更需要妻子的谅解了。这时，妻子一定要知道，她的丈夫和女秘书正在绞尽脑汁，而不是跑到夜总会去喝香槟了。如果丈夫有女秘书和他一起工作，而不是独自一个人待在办公室，当妻子的应该感到庆幸才对，因为她知道有人会在适当的时候提醒他到外头吃点东西。

2. 不要心怀嫉妒

在外头工作的女孩子，打扮得漂亮一点，是出于业务上的需要。作为妻子，如果你也想要打扮得同样漂亮，那也是没人阻止你的。如果你想要嫉妒丈夫的女秘书，倒不如把自己打扮得同样时髦和迷人。

有些太太则嫉妒女秘书的工作。她们总认为女秘书太轻松了，整天只是打扮得漂漂亮亮，坐在舒服的办公室里，除了对男人甜言蜜语之外，什么事也不会做，而她居然还能拿那么高的薪水。

然而，这些太太们多半不知道，许多聪明伶俐的女秘书，其实都很羡慕太太。在社会上工作的女孩，都期待有一天结婚之后不再工作，来照顾家庭和养育孩子。

更进一步说，女秘书的工作并不容易。好的女秘书必须像家庭主妇那样辛劳地工作，但是她们却没有得到像家庭主妇那样多的报偿。

3. 不要随便支使女秘书

如果老板的妻子要女秘书利用吃午餐的时间为她买一卷丝线，或去排队买戏票，或是其他类似的杂务，这都是不好的。这种做法往往令女秘书不好意思拒绝，只好不太情愿地牺牲她在繁忙的一天中仅有的一小段休息时间。

女秘书由于领取薪水，也常常要为自己的老板做许多私人杂事——例如替老板选购送给家人的礼物、安排业务上的应酬招待、预订旅行中的旅社房间，等等。但是，女秘书们所领取的薪水中，并不包括替老板的太太服务，除非老板曾经特别要求她这样做。

4. 不要傲慢对待女秘书

虽然"我是太太，你是佣人"的态度已是最陈旧的观念了，但是仍然有一些老板的太太故意奚落自己丈夫的女秘书，以此来显示自己的地位。通常，在这种场合里，女秘书都比这种空摆架子的太太要更有教养和更受人欢迎。

对于一个自尊心很强的女秘书，过分的亲密也同样不合适。作为妻子，你应该依照《圣经》上的金律，修饰自己的态度，并且设身处地为女秘书着想，用良好的风度和态度对待丈夫的女秘书。

5. 与女秘书愉快相处

每个人替别人做了事，都喜欢听到赞赏和感谢。任何一个女秘书都会做一些对老板的妻子很有帮助的事，虽然她并没有私下要求过。

例如，我丈夫的女秘书玛丽琳·勃克小姐常常在我们度假的时候为我们预订旅社房间，在我们去餐馆吃饭之前替我们预订餐位。她还为我们预订过戏票。虽然玛丽琳把这些工作当成她工作的一部分，但是我却从她那里获得了许多方便。

女秘书同样也是人，她们当然也喜欢受到赞赏。给她打一个电话——亲切地说声谢谢——或者是送给她一件细心挑选的礼物——这些小事都可以表示出你对她的谢意。

尽管有些当妻子的从来没有机会和丈夫的女秘书见面认识，但是我认为大部分妻子迟早都会和丈夫的女秘书接触的。这时，我们内心的态度就会流露出来。所以，为了和丈夫的女秘书相处愉快，我们应该记住上面的规则。

☕ 让你的丈夫再升级

你的丈夫已经做好了晋升的准备了吗？如果还没有，他目前正在为晋升做些什么努力？而你作为他的妻子，又做了多少努力呢？

大家都希望在工作5年、10年或15年之后，能够如愿以偿地获得晋升，但是很少有人在刚刚步入社会的时候，就已经具有担任高级职位的能力。他们必须一面工作一面学习，同时善于从经验和特殊训练之中学习。

社会学家W. 罗伊特·华纳说过，美国的理想是建立在每个人都能"成功"这个信念之上——而一个人若想要出人头地，主要方法就是接受教育。华纳又说，经营公司的人，必须利用人事考核、训练计划以及晋升规定，来提供各种进步的机会。

许多成了名的人士，都是因为曾经利用空闲时间进行学习才获得成功的。

查理斯·C. 佛洛斯特，原来是佛蒙特州的一名鞋匠，由于他每天都利用一个小时学习，后来竟成为一位著名的数学家。

约翰·韩特以前是个木匠，他利用工作之余研究比较解剖学，每天晚上只睡4个小时，终于成为比较解剖学方面的权威学者。

忙碌的银行家约翰·拉布克爵士，也在休闲的时候努力研究，最终成为著名的史前学专家。

乔治·史蒂芬森在担任机械师值夜间班的时候，努力研究，结果发明了火车头。

詹姆斯·瓦特一面靠制造工具维生，一面研究化学和数学，结果发明了蒸汽机。

类似上面的例子太多了。如果这些人都对现状感到满足，这对于社会将是多么大的损失。如果人们总是安于现状，只是领取薪水而不再学习，那么在这个竞争激烈的社会中，这种人是不可能成功的。

当丈夫努力研究、勤于学习以争取晋升的时候，妻子们应该扮演怎样的角色呢？这时，妻子的态度将会影响到丈夫改进自己的一切努力。

我曾在一些夜间学校教课，其中许多是已婚的男士。他们每个星期花两个晚上至5个晚上的时间来上课，这些人无疑是有抱负的人，他们想在自己目前的工作上，或者是他们正准备从事的其他行业方面，表现得更有成就。

作为他们的妻子，在这段时间就必须学会如何独处。她们必须使自己适应孤独，并利用自己的活动来填补这个空当。

如果她们不能适应这种生活，丈夫就会因为妻子的不愉快而感到内心不安，他在学习、研究时也就无法专心。有时候丈夫干脆就放弃了他的学习，只因为太太抱怨被冷落在家里。这种女人通常不知道，她们的丈夫之所以不能成功，她们必须承担一部分责任——因为正是她们使得自己的丈夫想要努力学习时，却感到左右为难。

这里有一个例子——是一位年轻律师的故事。他曾经因为没有受过什么训练，只能给人挖壕沟过日子。他的名字叫海威希。他刚踏入社会的时候，在堪萨斯城一家贸易信托公司当小职员。后来，他移居到俄克拉荷马州的马歇尔市，进入壳牌石油公司工作。他爱上了市长的女儿爱芙琳·英格，并且两人很快结了婚。

不久，发生了经济大恐慌——海威希和许多职员一样被解雇了。由于他受过的训练和经验都不够，难以担任一般书记以外的工作，而这种书记工作在当时并不缺人去干。他只好接受了他所能做的唯一一份工作——以每小时40美分的代价，在石油管道工程里挖壕沟。

他曾把他的故事说给我听，其后半段是这样的：

"我想尽一切办法来改善生活，经营了一家小型高尔夫球场；再加上我太太在一家商店里工作的收入，我们那几年的日子总算还过得去。后来，我又被壳牌石油公司雇用了，转到俄克拉荷马州的吐萨市工作。我的工作是在会计部门处理有关投资的文件工作——但是我对于会计工作一窍不通。

"只有一个办法帮助我，那就是学习。所以我去了俄克拉荷马法律会计学校的夜校上会计课。这是我所做过的最聪明的一件事，因为这些课程使我了解到，我可以利用晚上的时间，来弥补我学问上的不足。

"经过3年的学习，我的薪水也加倍了。于是我马上进入吐萨大学夜校上法律系的课，4年内我修完了全部学分，不仅得到了学位，还通过了律师资格考试而成为一名合格的执业律师。

"但是我仍然不满足，所以我又回到夜校去学习，准备参加会计师资格考试。研究高等会计3年多以后，我又学习了一项当众演讲的课程。最重要的是，这么多年以来的夜校学习，已经使我的薪水比12年前挖壕沟的时候多了12倍。"

海威希先生除了在自己的律师事务所执业以外，还在俄克拉荷马法律和会计学校给学生授课——而他自己以前曾经是该校的学生。

海威希先生的故事告诉所有的妻子，男人只有通过学习，才能获得成功——任何一个愿意付出时间和努力的男人都可以做到这一点——而且他的太太必须非常合作。

一个男人整天工作，而且连续几年每个晚上都要学习，这不是一个轻松的计划。他需要从妻子那里得到所有他能够得到的鼓励，以支持他不致半途而废。他常常会感到厌倦、失望，并且会怀疑这些努力是不是在浪费时间。

因此，当个好妻子并不容易，尤其是在刚结婚那几年，她也往往是最需要自我改进的时候。作为这样一个"夜校寡妇"，应该如何保持安定的心情呢？最聪明的办法就是，拟订一个自己的学习计划。

如果经济许可，妻子可以和丈夫参加同样的训练课程，使自己能更灵巧地帮助丈夫工作。妻子还可以学习一些相关的科目，以补充丈夫的知识。或者妻子还可以学习一些完全不同的功课，纯粹只是为了乐趣，或是扩展自己的兴趣。

无论如何，如果夫妻两个人一同去上课，那么学习起来必定会很有意思的，你也不会感到寂寞和孤独了。

所以，如果你的丈夫正在做"学生"，你应该为此而感到高兴，并且还要鼓励他继续努力。这样做将会大大增加他的成功机会。

☕ 共同迎接挑战

约瑟夫·艾森堡在一家洗衣店当了25年的送货员，但是他在突然间被老板解雇了。

像他这样一个没有受过特殊职业训练的人，想要再找个工作是很困难的，对中年人来说尤其不容易。当艾森堡夫妇正在为找不到工作而发愁的时候，恰好有一家面包店准备转让。价钱还算合理，但是他们却必须把自己所有的积蓄都投进去。

这还只是刚开始。艾森堡太太知道，在生意还没有做稳之前，他们是没有能力雇人帮忙的，于是她便全身心投入进来，努力拓展这个新业务。

那时候，除了做家务以外，她还必须在面包店中长时间工作，帮丈夫招待客人。除了打扫卫生、洗刷碗柜、做饭之外，她每天还要在面包店里站上8~10个小时——这些劳累就已经足以使任何一个人感到泄气了。

"但是，"珍妮·艾森堡说，"我高高兴兴地做着这些事，因为我知道，这是我丈夫重新闯出一片天下的大好机会。

"现在，我们的面包店已经开业5年了，生意十分好。我们的经营很成功，而且扩展到了足够应付一切需要的规模。我们能够以自己的努力来开展这个事业，实在很值得骄傲。"

然而，有许多家庭在碰到了像艾森堡先生失业的这种难题以后，由于妻子不愿意帮助丈夫渡过难关，以致家庭的整个经济开始走下坡。

许多女人都认为，丈夫应该肩负所有的责任，而不论他的处境是好是坏。然而她们忘了，夫妻是一个共同体，有时候为了拖出陷在泥潭中的车子，当妻子的也需要付出额外的努力。

这儿还有另一位女士的故事，她也是在必要的时候付出了自己所有的能力。

威廉·R. 柯门太太不仅帮助她丈夫的生意，还同时拥有自己的事业，使他们的家庭有了很好的经济基础。

柯门太太是一名护士。当她嫁给比尔·柯门先生的时候，比尔白天在公司工作，晚上则去夜校上课，以便获得高中毕业证书。为了使比尔不放弃在夜校的学习，柯门太太婚后仍然继续当护士。她很希望丈夫保持不缺课的纪录，所以她在生下小女儿的那个晚上，她仍然坚持让丈夫送她到医院以后再赶去上课。在6年之中，比尔从没有错过一堂课——终于，在他的母亲、妻子和女儿骄傲的注视中，他得到了毕业证书。

当比尔找到了推销不锈钢厨具的工作以后，他的妻子就充当他的助手。他们一起举办示范餐会，妻子做菜，比尔则在一边向人们推销。

后来，比尔的父亲去世了。在此之前比尔和他的兄弟承包了一家印刷厂，这时，比尔和妻子便从比尔的兄弟那儿买下了这家印刷厂。为了付款，他们必须向银行借一笔钱。于是柯门太太又去当护士，帮助丈夫偿还这笔债款；而每个晚上和周末，她都在印刷厂给比尔当助手。

"我很高兴，"她写道，"如果我们能够继续健康地工作，那么在5年以内，我们就可以付清房子和生意上的债款。然后我将辞掉工作，为比尔和孩子们做好家务。"

柯门太太的确是一个能够在关键时刻和丈夫一起工作，并且善于为丈夫工作的好妻子。

家庭生活里的某些危机，例如欠债、疾病，或是丈夫失业，常常需要妻子暂时到外面去工作。这时，作为妻子，你就需要挺身而出，因为你是在为家庭的幸福而工作，而不是想以拥有自己的事业来获得自我满足。

我认识一位女士，她在这种情况下做得很好，甚至为整个家庭创造了新的生活意义。她就是乔纳森·威特·史坦太太，她和她先生及5个孩子住在新泽西州。

史坦先生是推销员。好几年前，一场重病的袭击，使他没有办法去全力工作。为了养活这个大家庭，他妻子必须和他共同面对挑战。

史坦太太很快把她拿得出手的本事回顾了一遍：她对于办公室的工作没有任何经验，也没有才能；她做得最好和最喜爱做的事情，就是特制餐点，例如小孩子的生日点心、结婚蛋糕、宴会甜点。她以前常常替朋友们做一些特别的餐点，但那只是因为她喜欢做而已。于是玛格丽特·史坦把她心里的想法告诉了一些人，当她的朋友开宴会的时候，都特意请她去帮忙。她做出来的精致而不寻常的餐点，总是这么可口，她很快得到了人们的称赞——更多的订单开始源源而来，她不得不训练助手来帮助她。由于所有的餐点都是在她自己的厨房做的，所以她的丈夫和孩子们全都来帮她。后来，她的生意越做越大，玛格丽特就成为一个专为酒席制作餐点的名人，并且担任了她所在城市的宴席顾问。

现在，她的生意已经发展到必须长期雇请一位帮手的规模了。她把自己最著名的开胃菜做好包装后，送到冷冻食品市场去卖，并且为半径50英里之内的宴会准备餐点。

玛格丽特·史坦取得了如此的成功，史坦先生也全身心投入到了她的事业中来，现在已经当上了营业经理，可以说他和他的妻子有最完美的合作。

"我讨厌价钱、成本和开账单，"史坦太太说，"我忙着创造新的方法，来准备供应我的特制餐点。我只能让我的丈夫来照料所有生意上的细节，这可真是一项最伟大的事业。"

家庭主妇无法预料将会发生什么意料之外的困难，使家庭的经济来源突然中断，迫使自己必须亲自去赚取部分或全部的家庭开支。那你为什么不马上寻找自己可以应用的才能？一旦将来发生意外，你就会有足够的准备，去面对这个紧急变化。

05

停止唠叨，你会更加迷人

☕ 做一个"温柔可爱"的女人

著名作家E.J.哈地曾经写过，在新西兰某个地方的墓地中，有一块陈旧的墓碑，上面刻着一个女人的名字和这些字："她是如此的温柔可爱"。

我不知道这些字会给你什么感受，但是，根据我个人的感觉，我实在想不出有什么其他更好的碑文让我更想拥有的，或更值得拥有的了。这位伤心的丈夫，把这些字刻在他妻子的墓碑上，想必他一定拥有数不尽的幸福回忆：当他回家的时候，妻子微笑地等着他，热腾腾的饭菜早已摆在桌上，即使讲一个过时的小笑话也会有人附和大笑，家庭永远充满爱心和舒适，等着他回家。

做个"温柔可爱"的女人，以及有一个成功的丈夫，这两件事其实是很有关系的。根据专家的说法，男人的太太如果能够使他快乐幸福，他就有更好的机会获得事业上的成功。

令人非常惊讶的是，许多深爱着自己丈夫的女人，并不知道如何让她们的丈夫获得快乐和幸福。她们内心当中虽然有全世界最具爱心的愿望，但是却总做出一些错事：应该让丈夫出门的时候，她却仍然像水蛭那样缠住他不放；应该安静地听丈夫说话的时候，却仍然喋喋不休；管家时，又像个军事教官。

虽然要讨男人的欢喜并不很困难，但最起码也要像准备举办一次舞会那样，不但要机灵，还要有脑筋和肯努力——不过不必像一般的女人那样花费那么多的时间去打扮自己。

我并不是说我们不应该尽量使自己的外表显得更迷人，而是因为我们之中有许多人只是注意自己的装饰，反而忘了该表现出内心的关怀。学会了博取丈夫欢心艺术的女人，永远不必担心在失去迷人的青春和娇好的身材之后，把握不住丈夫的心了。

每一位第一流的女秘书，都知道如何使她的老板喜欢她。她会去研究老板的嗜好，知道他喜欢什么，也知道什么东西会让他生气，以及在怎样的环境下可以把工作做得最好。她会改变一些自己个人的嗜好，让老板觉得更舒服，例如她会改用无色的透明指甲油，如果这是她的老板最喜欢的颜色的话。

作为妻子，你也可以从女秘书的工作秘诀中学到一些技巧。当然，你也一定可以像女秘书替老板工作那样，为你的丈夫做同样多的事情。

最引人注目的成功婚姻，都是建立在这一基础之上的——妻子能够体贴地想到，要学会并采用使丈夫快乐的方法。

当我访问伊莲娜·罗斯福总统夫人的时候，她告诉我，她的丈夫总喜欢让她安排儿女中的一个跟随他们出去做演讲旅行。这种安排不仅会使总统感到高兴，而且也有助于他在吃力的行程压力之下放松自己。罗斯福夫人说，孩子们通常轮流和父母外出旅行，每隔两个星期就换一个。"在那些旅途中，总是有许多家庭趣事，"她告诉我，"我们经常是有说有笑。这使得我丈夫更容易胜任他那沉重的工作。"

另一位总统艾森豪威尔的夫人也说过，通过记住许多小事来为别人创造幸福，是一个女人最主要的工作。

也许这些小事情并不是真的那么小。查斯特菲尔德不是说过"要养成最好的风度，总是先要做些小牺牲"吗？而这也是美满婚姻的秘诀之一，情愿放弃一些自己个人爱好的妻子，她所得到的报偿和那些小小的牺牲比起来，是很值得的。

奥嘉·卡巴布兰加夫人就认为上面的说法很对。她是约瑟劳尔·卡巴布兰加先生的遗孀。她先生曾经是古巴外交官和国际著名的西洋棋冠军。卡巴布兰加先生是一个聪明、灵巧而且到处受欢迎的人。就像许多能力不凡的男人那样，他对自己的想法总是非常的固执。

但是，他们的婚姻却非常美满，他们享有浪漫的爱情，能够相互尊重。奥嘉·卡巴布兰加带给她的丈夫这么多的快乐，所以她丈夫有时候也会高兴地放弃一些他自己本来十分坚持的意见，以博取她的欢心。

她是如何获得这种奇迹的？她只不过是做了一些"小小的牺牲"而已。当卡巴布兰加先生心情不好而一句话不说的时候，她就让他一个人去思考，而不会用唠叨话来激怒他。她本来喜欢参加舞会，但是她的丈夫却喜欢大部分时间待在家里，所以她心甘情愿地放弃了许多迷人的社交聚会。如果她丈夫不喜欢她穿在身上的衣服，她就会马上换一件他喜欢的。她丈夫是一位喜爱哲学和历史的文人，奥嘉本来只喜欢比较轻松的书，然而她还是细心地看着她丈夫喜欢的书，正如她告诉我的那样，这是为了"赶上他的思想，并且欣赏和领会他的谈话"。

她的丈夫有没有因此而感激她呢？你只要看看他们下面的发展就明白了。卡巴布兰加先生本来认为，赠送礼物是一件非常可笑和做作的事。但是有一次在情人节那天，他却像个小学生那样，红着脸送给他太太一盒很大的、漂亮的巧克力，这是他刻意对他心爱的妻子表示的一番爱心。她当时高兴得无法形容，因为她根本不会想到她那理性的丈夫竟然会送给她这件完全没有理性的礼物——而且她丈夫真的是喜爱这份礼物。

自从那次经历之后，送礼物给自己的太太就成为卡巴布兰加先生最大的乐趣之一了。有一次，他花钱请一名商店职员加班两个小时，用各种大小不同的盒子把一小瓶香水包装起来，只是为了要看看他太太打开这些盒子时脸上展现出来的笑容。

卡巴布兰加太太是如此用心地为她先生的幸福创造条件，而她的先生也在博取她的欢心的同时得到了许多快乐。这就难怪他们的婚姻会如此成功了。

☕ 远离唠叨和挑剔

"一个男人的婚姻生活能不能幸福，"桃乐丝·迪克斯写道，"他太太的脾气和性情，比其他任何事情都更加重要。一个女人可能拥有全天下每一种美德，但是如果她脾气暴躁、唠叨不休，喜欢挑剔和个性孤僻，那么她所有的其他美德全都等于零了。

"许多男人之所以失去冲劲，而且放弃了奋斗的机会，是因为他太太总是对他的每一个希望和心愿猛泼冷水，她永无休止的挑剔，不停地想要知道为什么她的丈夫不能像她所认识的某个男人那样有许多的钱，或者是她的丈夫为什么写不出一本畅销书，或谋不到某一个好职位。像这样的太太，只会使丈夫太丧气了。"

真的，唠叨和挑剔带给家庭的不幸，甚至比奢侈和浪费还要厉害。关于这一点，你可以不必马上相信我的话，还是先听听专家的话吧。

莱伟士·M.特曼博士是一位著名的心理学家。他对1500多对夫妇进行了详细的调查研究。结果显示，丈夫们都把唠叨、挑剔列为他们太太最大的缺点。盖洛普民意测验也得出了相同的结论：男人们都把唠叨、挑剔列为女性缺点的第一位。詹森性情分析——这是另外一个著名的科学研究——也发现没有其他的个性会像唠叨和挑剔那样，给家庭生活带来这么大的伤害。

然而，似乎自从远古的穴居时代开始，太太们就想尽办法要用唠叨和挑剔的方式来影响自己的丈夫。传说，苏格拉底曾经花费自己大部分时间躲在雅典的树下思考哲理，以此来逃避他那脾气暴躁的太太兰西勃。连法国皇帝拿破仑三世和美国总统亚伯拉罕·林肯这样杰出的大人物，也都受尽了妻子唠叨的痛苦。奥古斯都·恺撒和他的第二任妻子离婚，也是因为他实在"不能忍受她那暴躁的个性"。

女人总是想用唠叨的方式来改变自己的丈夫。但是从古至今，这种方法从没有发生过效用——除非太阳从西边出来。

一位老朋友告诉过我们，他太太总是轻视和嘲笑他所做过的每一件工作，他的事业几乎要被他的太太毁掉了。刚开始的时候，他是一位推销员，他喜欢自己的产品，并且很热心地向人们推销这些东西。当他晚上回到家的时候，本来很希望得到太太的一些鼓励，但是他太太却用这些话来迎接他："好啊，我们的大天才，今天的生意不错吧？你带回来不少佣金了吧？或是只带回来推销部经理的一番训话？我想你一定知道，下个星期我们就要付房租了吧？"

这种情况接连持续了好几年。虽然不时受到太太的嘲笑，这位男士还是坚持努力奋斗。现在，他已经在一家全国著名的公司担任执行副总裁的职务了。至于他那位太太呢？噢，他早就和她离婚了，又娶了一位年轻的、能够给他爱心和支持的女孩，而这正是他第一位妻子所不能给他的。

事实上，他的第一位太太并不知道自己为什么会失去丈夫。"我省吃俭用，吃了这么多年苦，"她告诉她的朋友，"结果，当他不再需要我为他做牛做马以后，他就离开我，去找比我更年轻的女人了。男人竟然会是这样！"

如果有人告诉这位女士，使她丈夫离开她的并不是另外一个女人，而是她自己的唠叨和挑剔，想必这位女士一定不会相信的。但这的确是她先生离开她的真正原因。

最近，另外一位老朋友的儿子也体会到了相同的经历。

这是个20多岁的年轻人，他在一家广告公司找到了一份工作。由于业务竞争非常激烈，他需要太太的安慰和爱心来保持奋斗的勇气。尽管他的太太非常积极而充满野心，但是她却很不耐烦地认为她的丈夫动作太慢了。

在他太太不停的嘲笑与指责之下，他的勇气逐渐消失了。他告诉我，令他最难以忍受的事情是，他太太已经逐渐地把他的自信心腐蚀掉了——就像不停滴落的水珠，将会侵蚀掉一块石头那样。他开始对自己的工作失去信心，最后，他丢掉了他的工作。而他的妻子不久就和他离婚了。

与妻子离婚之后，他又渐渐地重新获得失去的自信，就像一个生过病的人自己摸索着重新恢复健康那样，走向了成功。

最具破坏力的唠叨、挑剔方式，就是拿自己的丈夫去和别的男人相比。"为什么你赚不到更多的钱？比尔·史密斯已经连升两次了，而你才只有一次。""我哥哥给他的太太买了一件毛皮大衣——那当然了，因为他知道怎么赚钱呀。""如果我嫁给赫伯特，我一定能过得更豪华舒适些的。"……这些都是最高明的杀人不见血的方法。

要知道，唠叨是一种疾病。

诉苦、抱怨、攀比、轻视、嘲笑、喋喋不休——喜欢唠叨和挑剔的女人，在这些残酷的待人方式之中，如果不是专精于其中某一项，就会变成兼而有之的全能"专家"了。唠叨就像麻醉药，你学不来，也改不掉，它是在习惯中养成的。

女孩子在20岁当新娘的时候，如果只知道常常唠叨，而不知什么时候才能住进像邻居那么好的新房子，那么等她到了40岁的时候，她一定会变成一个无可救药的、对任何事情都难以满足的、毫不可爱的抱怨专家了。

在婚后的共同生活里，夫妇之间很少有不吵架的。心理健全的人，可以忍受一般的争执而不会产生感情的裂缝。但是从无休止的、毫不放松的长期唠叨所产生的压力，常常会拖垮最具进取心的男人。不论一个男人曾经做过什么大事业，如果他每天晚上回家之后面对的都是那个爱唠叨挑剔的太太，相信他一定会被从宝座上拉下来的。

纽约最近一期《电信世界》杂志中，刊登了一篇故事，说的是一位不择手段的男人犯罪的经过——一个50多岁的卡车技工，雇了三名流氓杀死了自己的太太。为什么他要这样做？原来，他太太一直不停地对他唠叨和挑剔。

如果你也相信唠叨对男人的工作和成功是一个巨大的障碍，那你是不是也想知道，有没有什么补救的方法？是的，如果爱唠叨的人能够了解唠叨所带来的痛苦，并且真心想要改正的话，就一定会有办法的。

以下6条建议可能对你有益。

第一，取得丈夫和家人的合作。每当你快要发怒、想下达严格的命令，或是对细小的问题喋喋不休的时候，请他们罚你25美分。

第二，任何话只讲一遍，然后就忘掉它。如果你必须很不耐烦地提醒你的丈夫六七次，说他曾经答应过要去割草却没有去，想必他现在大概也不会去割了，那你为什么还要浪费口舌？唠叨只不过会让他更想要拒绝，并下定决心绝不屈服于你。

第三，用温和的方式实现目的。"用甜东西抓苍蝇，要比用酸东西有效多了。"我们的老祖母常常这么说。其实，这句话直到今天还是很正确的。

第四，培养幽默感。幽默感将会使你常常保持良好的心情。只有傻子才会在悲伤的时候傻笑。但是对任何小事都不高兴的人，早晚会精神崩溃的。例如有些太太在催丈夫到浴室去拿浴巾的时候，竟然也会大动肝火，其严重程度可以和父母哀悼自己死去的孩子相比。

第五，冷静地讨论不愉快的事件。当发生不愉快事件的时候，想办法在纸条上写下来。在它发生的时候不要说什么话；然后，当你和你的丈夫都很冷静和安宁的时候，再把它拿出来共同讨论。如果它只是微小而不重要的事情，你们一定会不好意思再提它。你们必须理智而且不意气用事地讨论自己之所以发怒的主要原因，看看能不能通过相互信任和合作来消除矛盾。

第六，不需唠叨也能达到目的。学习和训练人际交往的艺术，学习激励别人去做你想让他去做的事，而不要驱使别人。根据查尔斯·施瓦布的说法，这就是操纵男人的秘诀。当然，他的话是绝不会错的——因为他具备了这种能力，安德鲁·卡内基才会付给他一百万美元的年薪。

你不能用一支枪套牢一个男人——当然，你也不能用唠叨的话来套住他。那样做，只会破坏他和你的感情，毁灭你自己的幸福。

不要干预丈夫的工作

1. 不要当丈夫的非正式顾问

最近一次晚宴中，我坐在某家公司公共关系部经理的旁边。我向他请教，太太们应该怎样做，才能帮助她们的丈夫获得成功。这位经理说：

"我相信，有两件最重要的事情，可以使妻子帮助丈夫在事业上成功：

第一件就是爱他，第二件是让他独自去闯。一个可爱的妻子，将会给她的丈夫创造愉快舒服的家庭生活。而如果她够聪明的话，就能够让她丈夫不受干扰地处理业务，她丈夫就一定能发挥出全部才能而获得成功了。

"妻子可用这个'不干扰政策'，来处理和丈夫的工作关系，以及和丈夫的业务伙伴的关系。

"但是，妻子常常会严重地干扰她丈夫的工作，有些妻子喜欢劝告、干预和影响自己的丈夫，并反对和他一起工作的人，或者抱怨丈夫的薪水、工作时间和责任，把自己当作丈夫工作上的非正式顾问。这种妻子常常会扼杀丈夫的成功，而其他的事情很少会有如此的严重性。"

许多做妻子的都做美梦，想要机灵地帮助自己的丈夫爬上经理的宝座。她们想了一些"策略"，还提出了许多暗示和建议；她们试探、尝试，并且和丈夫的同事培养友谊。然而，她们的计策却往往使得自己的丈夫丢掉工作，而不是升职加薪。

我曾看过这种事：有一次，我工作的公司请了一位经理。他很聪明，看上去很适合这个职位，但令人不解的是，他接任新工作以后，他妻子竟然一直干预他。每天早上，她都和她先生一起来办公室，记下她先生的话，交给外面的打字员，而且还准备变更她先生的整个工作系统。这可不是我捏造出来的，这是真正发生过的事。

于是，办公室的工作情绪全被破坏了。有一个女孩子辞职，其余的人也都在静观其变。这位新经理到任整整3个礼拜之后，他被叫到总裁办公室去，总裁礼貌而肯定地告诉他，不能再留他了。结果他走了——是带着他的太太一起走的。

妻子对丈夫工作的干预，即使是出于最好的动机，也难免会变成一件危险的事——这比大多数人所知道的事实都更加严重。

最近，有个朋友告诉我，他公司一位最受器重的经理，在服务多年以后被迫辞职了，其原因就是因为他的妻子坚持要干预他的业务。她绞尽脑汁地设计了许多秘密计划，来对抗公司的其他几位经理，因为她认为他们是她丈夫的敌手。她经常在这些经理的太太之间挑拨离间，有计划地散布谣言，攻击其他经理。她的丈夫没有办法控制她的暗中活动，只好做了他所能做的唯一一件事：他辞掉了自己相当引以为荣的工作。

2. 避免愚蠢的举动

如果你相信幕后操纵力的话，我将告诉你一些更简单有效的操纵丈夫的方法。下面列出了十种方法，你可以照此去做，保证你能拉住你丈夫的后腿，把他从正在上升的阶梯上拉下来，使他再也爬不上去。如果依照以下指示去做，你还无法使你的丈夫失业的话，至少你也可以让他变得精神崩溃。

（1）对丈夫的女秘书恶言恶语

尤其对那些年轻而漂亮的女秘书，更不应该客气，随时利用机会提醒她，她只是佣人。虽然她并不一定把你的丈夫当成是值得追求的、镀金的天才，但你也不能因此而放过她。失去一个好的女秘书，对一个有事业上进心的男人来说固然是个很大的打击，但是如果她辞职了，你也不必担心，因为你丈夫还可以用一架记录机器帮他记文件。

（2）每天多打几次电话给你的丈夫

告诉他，你做家务时所碰到的困难，问他中午饭是和谁一起吃的，不要忘了给他开一大堆东西的单子，要求他在回家的路上顺便买回来。发薪水那天，不要忘了去办公室找他。这时，他的同事将会马上发觉，谁在家中才是一家之主，而且他对于自己工作的注意力，就会像秋后的蚂蚱那样低了。

（3）在他同事的太太之间制造一些摩擦

这种情况是不会终止的，因为那些太太们没有一个是好人。你可以在她们之间散播一些闲言碎语，说老板曾经怎样谈过她们的丈夫，以及你丈夫对她们丈夫的看法。再过不久，整个办公室就会分裂成许多派系——而你的目的马上就会达到了，大小姐。

（4）抱怨他的工作和薪水

告诉你丈夫，他的工作太多，可是薪水太少，而且办公室里没有人看重他。不多久，他就会开始相信你的话，而他的工作也将真的会变成你所说的那样。然后，他会去找更适合他的工作。

（5）支使他应该如何工作

不断地告诉他，他应该如何改善工作，如何增加销售，以及如何奉承自己的上司。要他摆出坐在摇椅上的总经理态度来——你应该明白，毕竟他只是在办公室里办办公而已，你才是公司真正的战略家和策划人。

（6）不断地挥霍

举行豪华的舞会，花大笔的钞票，过着入不敷出的生活，好像你的先生已经成功了那样。你将骗不了任何人，但是你却可以享受到许多乐趣，只要你继续这样做的话。

（7）暗中侦察

组织好你自己家里的秘密警察计划，长期侦查你丈夫和他的女主顾、女秘书以及同事太太们之间的问题。这样，女士们因为工作必须留下来，而男士们为了避免和她们有过多的来往，将只能在男士的房间里工作，于是你就达到目的了，因为你早就知道那些女孩子个个都是喜欢勾引男人的野女人。

（8）对丈夫的老板献媚

每当你有机会向丈夫的老板眉目传情的时候，你就尽量使出女性的魅力吧。如果在你努力以后老板还没有开除你丈夫的意思，老板的太太也会特意为你的先生找个新上司，让你再试试你的手段的。

（9）在公司宴会上大出风头

在公司举办的宴会里，你不妨多喝一些酒，以表现你是个多么风趣的人。还不妨说一些你丈夫在度假时如何玩乐，以及他穿着睡裤上床的事，这些有趣的小事将会给宴会带来许多笑料。你将会变成宴会中最出风头的人物——拿你的丈夫来寻开心，你将有说不完的东西来表现你自己。

（10）不让丈夫加班出差

每当你的丈夫必须加班，或者是出差办公的时候，你就哭着向他抱怨和唠叨。你要让他知道，你才是他最重要的东西。你最值得他照料，而且应该受到他的照料，任何其他代价都可以牺牲。

如果你想使用一流的手腕，毁掉你丈夫升级的机会，大小姐，你就尽管依照上述10条规则去做吧。结果肯定是——他将失去他的工作，而你将失去你的丈夫。

☕ 对你的家人也要殷勤有礼

瓦特·丹鲁什娶了詹姆斯·布莱恩的女儿。布雷恩是美国最伟大的演说家之一，曾经是美国总统候选人。

自从他们多年前在苏格兰的安德鲁·卡内基家中相识之后，丹鲁什夫妇就过着非常幸福的生活。他们的秘诀是什么呢？

"除了谨慎地挑选伴侣之外，"丹鲁什夫人说，"我认为婚后的殷勤有礼是最重要的。希望那些年轻的妻子对待她们的丈夫就像对待陌生人那样有礼。如果泼辣蛮横，任何男人都会被吓跑。"

蛮横是腐蚀爱情的毒瘤。每个人都知道这一点，但是我们对待自己的亲人有时竟然不如对陌生人那样有礼貌。我们绝对不会想到打断陌生人的话，说："天啊，你又搬出那些陈芝麻烂谷子的事来了！"如果没有得到允许，我们绝不会拆开朋友的信，或者打听他们的私事。只有我们自己家里的人，也就是我们最亲近的人，我们才会责怪他们的小错误。

再次引用迪克丝的话："令人吃惊却又千真万确的一件事就是，唯一对我们说出那些刻薄难听、带有侮辱性的话的人，正是我们自己家中的人。"

"礼貌，"亨利·克雷·雷森纳说，"是一种内在的品质。它可以弥补服饰和外表的缺陷，使那些比你优越的人也不敢小瞧你。"殷勤有礼对于婚姻就像机油对于发动机一样重要。

奥利弗·温德尔·霍尔姆斯写了广受读者喜爱的《早餐桌上的独裁者》，但是他在自己家里绝不会这样。事实上，他非常体贴别人，即使他心情郁闷，他也总是尽量掩藏，而不让家人知道。既要自己忍受这些痛苦，又不影响其他人，这可真让他难受。

这是霍尔姆斯的做法。但是一般人又是怎样做的呢？在办公室出了点差错、丢了一笔业务、被上司责骂了一顿、累得头昏脑涨，或者错过了火车——几乎还没回到家，就想着如何向家人撒气。

在荷兰，进入屋子之前要先把鞋子脱在门外。我们应该向荷兰人学习，在进家门之前，把一天的工作烦恼甩在门外。

威廉·詹姆斯曾写过一篇文章《人类的某种盲目》，很值得去最近的图书馆借来读读。"这篇文章所要讨论的人类的盲目，"他写道，"就是不知道动物和人的感情区别何在。这种盲目使我们都深受其苦。"

"这种盲目使我们都深受其苦。"许多男人绝不会对自己的顾客或业务合伙人说出难听的话，却会对自己的妻子怒吼。然而，就其个人幸福而言，婚姻比事业更重要，也更密切。

婚姻幸福的普通人比独身幽居的天才更加愉快。俄国伟大的小说家屠格涅夫广受文明世界的赞誉，但他也认为："如果什么地方有个女人关心我是否回家吃晚饭，我情愿放弃我所有的天才和所有的作品。"

婚姻幸福的机会究竟有多少？如前所述，迪克丝认为50%以上的婚姻都是不成功的，但保罗·鲍比诺博士却持相反的观点。他认为："男人在婚姻上成功的机会，远比在任何行业中成功的机会大。从事杂货生意的男人，70%都会失败；而步入婚姻殿堂的男人和女人，70%会成功。"

迪克丝是这样解释这件事的：

"和婚姻相比，出生只不过是人生的一小幕，死亡也不过是小事一桩。女人永远都不明白，为什么男人不愿花同样的精力把他的家庭营造成幸福的乐园，就像他在生意或事业上的成功那样。

"但是，对男人而言，虽然有一个令人满意的妻子和一个幸福美满的家庭比赚100万美元还重要，可是只有不到百分之一的男人认真地想过或真诚地努力使他的婚姻走向成功。他把自己一生中最重要的事情交给了命运，其成败只能听天由命。女人也永远不明白，为什么她们的丈夫不温和地对待她们，以平息本来可以平息的冲突。

"每个男人都知道，只要让他的妻子高兴，就可以让她不讲条件地干任何事情。他也知道，如果夸她几句把家中安排得井井有条、她帮了他大忙，她也会心甘情愿地掏出最后一分钱。每个男人都知道，如果他告诉妻子，说她穿上去年那件衣服多么美丽可爱，她就会放弃购买从巴黎进口的最新服装。每个男人也都知道，他可以用亲吻让妻子闭上眼睛，直到她像蝙蝠那样看不见东西；他只要在她嘴唇上热情地吻一下，她就会不再说话。

"每一个妻子都知道她丈夫也明白这些，因为她早就将这些明明白白地告诉了他。但是她的丈夫情愿和她争吵，吃难以下咽的饭菜，或者花钱为她买新衣服、汽车、珠宝，却不愿意夸她几句，不愿以她希望的方式来满足她。对此她不知是该喜欢他，还是该讨厌他。"

所以，如果你想使你的家庭幸福快乐，请记住：对你的家人也要殷勤有礼。

魅力女人的幸福课

情愿放弃一些个人爱好的妻子，她所得到的报偿和她小小的牺牲比起来，是很值得的。

一个男人不论曾经做过什么大事业，如果他每天晚上回家之后面对的都是一个爱唠叨挑剔的太太，相信他一定会被从宝座上拉下来。

殷勤有礼，对于婚姻就像机油对于发动机一样重要。

第五篇　懂得爱才能赢得爱

爱人是能力，宽恕是智慧

卡耐基淡定的智慧

　　爱的真谛，不在于紧紧守住自己所爱的人，而是放手让他远走高飞。

　　不要因你的敌人而燃起一把怒火，结果却烧伤自己。

　　环境本身并不能使我们快乐或不快乐，只有我们对环境的反应才决定了我们的感受。

　　当你善待别人的时候，就是善待你自己。

01

有爱的人生才完美

☕ 享受真正成熟的爱

"爱"是世界上被人们谈论最多，也是最难弄清楚的问题之一。它既可以激发艺术家的创作灵感，又是婚姻幸福和家庭美满的基础。如果失去了爱或缺乏爱，都会使人格破碎，或影响人格的正常发展。

然而，我们大多数人对爱的理解都是狭隘的，而且总是脱离不了家庭或性关系；同时，这种情感常常与占有、自负、纵容、依赖等纠缠在一起。直到最近，爱才被定性为一个严肃的科学课题，情况这才有所转变。许多心理学家、医生和科学家开始投入大量的精力，对"爱"这一课题进行思考和研究，把它当作人类的基本需求和影响人类发展的力量源泉。因此，我们将不得不对"爱"的传统观念加以修正和扩充。

那么，爱和成熟究竟有着怎样的关系呢？劳罗·梅伊博士在他的新著《人的自我追求》中说："能够付出和接受成熟的爱，是衡量一个人是否具备完全人格的标准。"梅伊博士还肯定地指出："大多数人都达不到这个标准。一般人对爱的理解，既暧昧又幼稚。"

例如，一个女人将毕生都奉献给了她的丈夫和子女，以至于和这个世界完全隔绝，这只不过是她的占有欲超过了她的爱。爱的真谛并不是限制，而是向外延伸。

再比如，一个男人对某个女人是如此的崇拜，以至于找不出可以与之相比的其他女人，这个男人也不能算有爱心的男人的榜样；相反，他是感情发展受到局限，强迫自己仍然停留在婴儿时期、保持依赖心态的典型。这是一种依恋，而不是爱。

也许只有先弄明白了什么不是爱，再来理解那种有助于人格完善的"成熟"就会相对容易了。首先，爱并不等同于电影中经常出现的男女约会、玫瑰加香槟式的浪漫故事，或作家笔下关于性剥削的激情。

成熟的爱，就是耶稣所说的"爱邻如爱己"，也是柏拉图在《对话录》中所阐释的爱："从对一个人的关系开始，延伸到全人类和整个宇宙。"无论是夫妻之间、父母与子女之间，还是个人与全人类之间，爱的要素都是永远不变的。人与人之间的真爱不会阻碍人的成长，它肯定了人类其他方面的人格，有助于促进人的成长和发展。

我就认识这样一些父母，他们常常对女儿的婚姻感到不平——没别的，就因为他们的女儿想要嫁到某个遥远的地方。我还记得有一位母亲曾悲叹说："为什么詹妮就不能找一个本地的男孩子结婚呢？那样我们也能常常见到她啊。你看，我们为她操劳了一辈子，而她却这么来报答我们，嫁给了一个把她带到千里以外地方去的男人！"

如果你说她这样做不是在爱她的女儿时，她一定会很吃惊的。的确没错，她混淆了"占有"和"满足自我"与"爱"之间的区别。

☕ 爱的真谛

爱的真谛，不在于紧紧守住自己所爱的人，而是放手让他远走高飞。一个成熟的人，不会占有任何人的感情，他会让自己所爱的人得到自由，就如同让自己获得自由一样。"爱"是存在于自由之中的。

作家普瑞西拉·罗伯逊曾给"爱"做过这样的定义：

"爱，包含了给你所爱的人需要的东西，是为了他，而不是为了你自己，想想当别人把你需要的东西送给你时的感受吧；爱，包含了给孩子们所需要的独立，而不是那种'家长作风'式的剥削和专制；爱，包含了各种性关系，但这并不是对自负或青春期的狂乱追求的利用。我的定义还包括爱那些曾经让你了解自己是哪种人、你会成为哪种人的少数几个人，例如你的老师和朋友。它还包含了善良，包含了对全人类的关怀；它不是在一个人需要面包时投之以石头，也不是在他需要理解时给他面包。

"我们认识许多自作聪明的'善心'人，他们总是把我们不想要的东西硬塞给我们，而把我们需要的东西愚蠢地留着不给。我认为，这些人不应列入有爱心者行列；而且我认为，心理学家们也会得出这样的结论，那就是他们无用的爱心在不经意间制造了敌意。"

要想学会爱，我们就应该关心我们所爱的人的成长和发展，肯定和鼓励他们个性化的存在，尊重他们的本性，创造自由自在的气氛——这些都是"爱"所应具备的态度。爱，可以为他人提供在"爱"中成长的土壤、环境和营养。

"嫉妒"经常被人们拿来和"爱"相提并论。实际上，嫉妒是人们缺乏激发自己情爱能力的结果，是占有和驾驭他人的消极欲望。如果用付出来取代这种消极欲望，我们就能克服嫉妒。我们来看一个女人是如何克服嫉妒、学会爱别人的。这个女人在我班上说：

"10年前，我陷入了嫉妒的深渊而难以自拔。我担心失去我的丈夫，虽然他并没有任何迹象值得我嫉妒的。如果真是这样的话，我反而不会那么痛苦了，因为这样一来，我就可以减轻自己因为恐惧和神经质而想象出来的羞辱感。我就像所有愚蠢可笑的妻子做的那样，搜查丈夫的口袋，检查他的汽车烟灰缸里的东西。我还经常整夜整夜地哭，到了白天又会产生新的猜忌。

"一天，我一照镜子，突然看见了一个令人讨厌的人，这个人就是我——头发乱糟糟的、脸色灰暗、衣服像套在一个扫帚把上的大袋子！

"'海伦，'我问自己，'你担心丈夫离开你。可是，这是他的过错吗？你该怎么办？'我决心制定计划，来改变自己。

"我开始减少做家务的时间，更加注意自己的仪表。我每天还会适当地休息，好增加自己的体重。我还找到了一份化妆品推销的工作，学会了如何使用化妆品。当我的外表开始出现变化时，我内心的感觉也逐渐变得好起来，我的态度也渐渐改变了。

"我丈夫也看出了我的各种变化，他做出了相应的反应，彻底打消了我的疑虑。就这样，我将原来浪费在嫉妒上的精力放在了别处，使自己成了丈夫希望看到的妻子。"

这个女人在明白了爱不是强迫，而是需要肯定之后，又重新获得了爱的能力。

当占有、嫉妒和支配之类的消极因素占据我们内心的时候，我们对他人真实的爱就会逐渐消失。这就好像任由野草蔓生而不去清除，那么世界上最漂亮的花园也会一片荒芜。

家庭关系中的一个悲剧，就是我们会经常在无意之中以"爱"的名义对他人造成伤害。例如，我们经常可以见到的现象是：苛求的父母会说，他们之所以那样做，全都是"为了孩子好"；宠爱孩子的父母也会说，他们这样做也全都是为了孩子的"幸福"。俄亥俄州哥伦布城的S. F. 艾伦夫人就给我们讲了一个这方面的动人故事：

几年前，艾伦夫人和她的丈夫离婚之后，面临着独自承担照顾自己和两个孩子的责任，她顿时被压得喘不过气来。在她看来，要想培养好孩子，就需要严厉的管教。

"我定下了规矩，"艾伦夫人说，"绝不听他们找的任何借口。我从不找孩子商量，不愿听取他们的意见，而且还规定他们什么时候应该做什么事。他们没有机会独立思考，有的只是一套必须遵守的规矩。

"于是，我们家开始出现微妙的变化，孩子们总想躲开我。他们还对我任何爱的表示进行躲避。我知道，他们是怕我，是怕我这个当母亲的！

"我开始自我反省，明白了我所做的一切根本不是为孩子着想，而不过是把离婚所造成的压抑情绪发泄到了他们身上——是我让孩子们在无形中承担因为我自己的过错而造成的苦难。怪不得他们会有那么明显的反应，虽然他们还不明白这些。

"我开始努力消除他们身上这种无形的压力。我祈求上帝，试着从新的角度来对待我的孩子。首先，我把他们当作人来看待，而不是当作负担或责任。我放弃了一些家务，抽出时间来陪伴孩子，和他们一起做游戏，或者是去一些有趣的地方玩。我学会了如何指导他们，而不是只会对他们下命令。

"当我的心情放松之后，欢笑和歌声又重新回到了我们中间。爱、亲情与快乐，这些都反映在了我和孩子们的身上。我们的关系恢复了，而且正在日益加强。有了这样的气氛，所有的问题也都变得简单而容易解决了。"

艾伦夫人不仅学到了"爱"，而且学会了用"爱"来治疗家庭生活中的创伤。

爱的能力，不仅决定了我们和家人的亲密程度，而且决定了我们和其他人的关系。例如，我们对朋友、工作、居住地以及世界的态度，也往往和我们在家庭中付出和受到的爱成正比关系。心理学家弥尔顿·格林布拉特说："如果一个孩子能接受爱的教育，那么他就能懂得自爱和爱他的家人，直至他能够以博爱的胸怀去真诚地爱所有的人。"

亚希莱·孟德斯博士在他的著作《人类发展的方向》中指出，几乎所有的宗教都认为，"生活"和"爱"其实是同一个概念。他总结指出："现在看来，人类能够依赖的、能够指引他们未来发展方向的主要原则，很明显，只能是爱。"

那种只把"爱"留给家人和好朋友的观念是错误的，因为我们越是爱别人，就越容易获得爱的能力。爱，是存在于整个人格之中的，它是给一切活动送去光辉的伟大能源。因此，我们必须学会爱，学会和谐相处。

发掘人性中善良的本质

来自新泽西的J. W. 阿尔伯特先生，讲了他被召回海军服役时所获得的对人的新认识和感受。当时，他正担任一艘驱逐舰的轮机长。

"像是海军的一贯传统做法，"阿尔伯特先生说，"他们竟然让我这个愚笨的会计师去负责舰上的那些锅炉室、轮机室和其他所有的机械设备，而我对这些根本是一窍不通。

"我这一辈子都没去过几次轮机室，因此在上舰前的一个月我就非常担心，上舰后也有好几个星期一直不适应。后来证明，我的这种担心完全是没有必要的，因为没有什么困难克服不了的，一切也都运转正常。

"在舰上大约干了一个月之后，我们得到了3天的周末假。当我向手下人宣布这个好消息时，我非常愉快地告诉他们：'我们之所以能得到这个特别假期，完全得益于你们在过去一个月的优异表现，因此我非常感谢能有机会和你们合作。你们所有人都能尽职尽责，正是这种共同努力，使我们的轮机部门变得坚强无比。'

"当时我说这些话时，并没有想过其中有什么特殊的含义。直到过了几天之后，我才有所领悟。其实这是一个事实啊！这些人都尽到了自己的职责，都表现优异，而且正是他们做好了我一度没有把握做好的事情。而我原以为是我一个人承担了全部的责任！

"我当即明白了我们根本不必担心会因为我们的失误而使得整艘舰船被炸毁，也不必担心我们不能及时完成任务。我还知道了我们并不是孤立无援的，因为总是有很多好人在我们身边，他们会帮助我们，如同我们帮助他人一样。"

是的，这个世界上到处都有好人。当然，骗子、恶棍、盗贼、流氓也会隐藏在人群当中，我们在人生道路上也难免会遇到这类人。这就像有燕子飞来并不代表春天已经到来一样，即使偶尔遭遇一两个坏人，也并不代表全世界的人都是坏人。当然，这需要一个人相当成熟，才能领悟这个道理。

当我几年前来到纽约开展一项新事业时，也曾因为一次痛苦的经历而付出了高昂的代价，结果我白白地搭进去好几百万美元。

在很长一段时间里，我心中的怨气一直难以平息，可是也无可奈何。我开始相信人们以前讲的关于大都市里肮脏的商业伦理故事，认为这些全都是可信的，我本人是中了奸商的诡计，成了商业欺诈的牺牲品。

后来我慢慢想通了。如果我当时能稍微动动大脑想一想的话，整个事情可能根本就不会出现那样的结局，全都是我自己的轻信和愚蠢造成了那样的后果，我只能怪自己，和别人毫不相干。

当然，我们情愿相信自己是因为他人的恶行而受害，也不愿意承认因为自己的愚蠢而导致失败。所以在现实生活中，人们最难说出口的一句话就是"我是个傻瓜"。但是，当我们长大成熟，脱离了感情上的婴儿期时，我们就一定能对自己说这句话。

任何一个小孩子都能告诉你人性中的丑陋面，例如自私、愚蠢、贪婪和自负。只有具备了成熟的洞察力，才能感知人类善良的本性，才能发掘人性中所蕴含的巨大资源和潜能。

魅力女人的幸福课

爱的真谛并不是限制，而是向外延伸。

爱的真谛，不在于紧紧守住自己所爱的人，而是放手让他远走高飞。

爱存在于整个人格之中，它是给一切活动送去光辉的伟大能源。

02

远离报复的心态，收获一份淡定与豁达

☕ 不要招惹臭鼬，那不值得

多年前的一个晚上，我旅行途经黄石公园，与其他游客一起坐在露天座位上，面对茂密的树林，期望看到森林杀手灰熊的出现。它会到森林旅馆扔弃的垃圾堆中寻找食物。一位森林管理员骑着马告诉了我们这群兴奋的游客有关熊的事情。他告诉我们：灰熊几乎可以击倒西方所有的动物，除了水牛和另一种黑熊之外。但在那天晚上，我却注意到有一只小动物——只有一只——灰熊不但让它从森林里跑了出来，还与它在灯光下共进晚餐。那是一只臭鼬！灰熊很清楚，只需扬起它的巨掌就可以一掌打死臭鼬，但它为什么不那样做呢？因为它从经验里学到那样做得不偿失。

我也知道这个道理。当我还是个乡村孩子的时候，曾在密苏里州的篱笆边抓过这种四只脚的臭鼬；当我长大成人后，在纽约的街头也碰过几个两只脚的"臭鼬"。我从这些不幸的经历中发现：无论招惹哪一种"臭鼬"，都不值得。

当我们痛恨我们的敌人时，就等于给了他们取胜的力量。这种力量会影响我们的睡眠、我们的食欲、我们的血压、我们的健康和我们的快乐。如果我们的敌人知道他们是如何让我们忧虑，让我们烦恼，让我们一心只想报复的话，他们一定会高兴得手舞足蹈。我们的恨意完全伤害不到他们，可是却使我们的生活变成了地狱。

报复为什么会伤害你呢？它的伤害可多了。据《生活》杂志说，报复甚至会损害你的健康。"高血压患者的主要特征是容易愤怒，"杂志说，"愤怒不止的话，长期性高血压和心脏病就会随之而来。"

我的一个朋友最近严重心脏病发作，医生要求他躺在床上，不论发生任何事情都不能生气。医生知道患有心脏衰竭症的人，一旦发怒生气就可能送命。

几年前，华盛顿州斯波坎城一家餐馆的老板的确因为生气致死。我面前现在就有一封寄自华盛顿州斯波坎城警察局局长杰瑞·施瓦脱的信。信中说："几年以前，68岁的威廉·弗尔坎伯在斯波坎城开了一家咖啡馆。因为他的厨师坚持用茶碟喝咖啡，而将他活活气死。当时，那个咖啡馆老板非常恼火，抓起一把左轮手枪去追那个厨师，结果因为心脏病发作倒地死去——他手里还抓着那支手枪。验尸员报告说：他因为愤怒而导致心脏病发作。"

当耶稣说"爱你的仇人"时，他也是在告诉我们如何改进我们的外表。你也和我一样认识一些女性，她们的脸颊因为怨恨而布满了皱纹或变得难看。不管她们如何做美容也不管用，远不及心里充满宽容、温柔和爱的人的容颜。

怨恨会毁坏我们享受食物的美味。《圣经》说："怀着爱心吃蔬菜，也比怀着怨恨吃牛肉要好。"

不要因你的敌人而燃起怒火，结果却烧伤自己

假如我们的仇人知道我们对他们的怨恨使我们精疲力竭，使我们紧张不安，使我们的外表受到损伤，使我们患上心脏病，甚至可缩短我们寿命时，他们难道不会拍手欢呼吗？

即使我们不能爱我们的仇人，我们至少也要爱我们自己。要爱自己，不能让仇人控制我们的快乐、我们的健康和我们的外表。正如莎士比亚所说的："不要因你的敌人而燃起一把怒火，结果却烧伤自己。"

当耶稣说我们应该原谅我们的仇人"70个7次"时，他也是在教我们做生意。例如，当我写这一段文字的时候，在我面前有一封乔治·罗纳的信，他住在瑞典的艾普苏那。

乔治·罗纳在维也纳当了很多年的律师，但是他在第二次世界大战期间逃到了瑞典，身无分文，急需找一份工作。因为他会说会写好几种语言，所以希望在进出口公司找到一份秘书的工作。但绝大多数公司都回说因为现在正在打仗，他们不需要这类人，但他们会将他的名字存在档案中……不过，有一个人给乔治·罗纳写信说："你完全不了解我的生意。你既蠢又笨，我根本不需要商务秘书。即使我需要，也不会找你，因为你甚至写不好瑞典

文，你的信里全是错字。"

当乔治·罗纳看到那封信时，他简直气疯了。那个瑞典人自己的信就错误百出，可是他竟然说罗纳不会瑞典文，是什么意思？于是乔治·罗纳也写了一封信，想使那个人大发一顿脾气。但他接下来对自己说："慢。我怎么知道这个人说的不是对的？我学过瑞典语，可这并不是我的母语，也许我确实犯了我并不知道的错误。如果真是那样，那么我要想找到工作，就必须更努力学习。这个人可能帮了我一个大忙，虽然他的本意并非如此。他用这么难听的话来表达他的意思，并不表示我不欠他的。所以我应该给他写封信，对他表示感谢。"

于是乔治·罗纳撕毁了他刚写好的那封骂人的信，又另外写了一封信，说："你不嫌麻烦地给我写信，实在是太好了，尤其是你并不需要商务秘书。我很抱歉弄错了贵公司的业务。我之所以给你写信，是因为我向别人打听到的你，说你是这一行的领袖人物。我并不知道我的信中犯了语法错误，我觉得很惭愧。现在我打算更努力地学习瑞典语，改正我的错误。谢谢你帮助我走上改进之路。"

没过几天，乔治·罗纳就收到了那个人的回信，请罗纳去他那里。罗纳去了，而且得到了一份工作。乔治·罗纳由此发现"温和的回答能消除怒气"。

也许我们不能神圣地爱我们的仇人，但为了我们自己的健康和快乐，至少要原谅他们，忘记他们。那才是聪明之举。有一次，我问艾森豪威尔将军的儿子约翰，他父亲是否怨恨别人。"不，"他回答说，"我父亲从来不浪费时间去想他不喜欢的人。"

有句老话说："不会生气的人是笨蛋，而不生气的人才是智者。"

这也正是纽约州前州长威廉·盖诺的策略。当他被一份街头小报攻击得遍体鳞伤，又被一个疯子打了一枪而几乎送命时，他躺在医院，生命垂危，却仍然说："每天晚上我都原谅所有的事和所有的人。"

有一次我曾问伯纳德·巴鲁屈——他曾担任过6位总统威尔逊、哈定、柯立芝、胡佛、罗斯福和杜鲁门的顾问——他会不会因为敌人的攻击而烦恼？"没有人能够羞辱或干扰我，"他回答说，"我不会让他们得逞。"

也没有人能够羞辱或困扰你和我——除非我们让他这样做。

"棍棒和石头也许能打断我的骨头，可是语言永远伤害不了我。"

多少年来，人们总是景仰不怀恨其敌人的人。我常去加拿大杰斯帕国家公园，仰望以伊笛丝·卡薇尔的名字命名的山，这是西方最美丽的山。它是为了纪念一位在1915年10月12日被德军行刑队枪毙的英国护士。她犯了什么罪呢？因为她在比利时的家中收容和看护了许多受伤的英法士兵，还帮助他们逃往荷兰。在10月的一天早晨，一位英国教士走进军队监狱她所在的牢房，为她做临终祈祷，伊笛丝·卡薇尔说了两句后来刻在她的纪念碑上的不朽的话："我知道仅有爱国还不够，我一定不能敌视或怨恨任何人。"4年之后，她的遗体运送到英国，在威斯敏斯特大教堂举行安葬仪式。今天，在伦敦国立肖像画廊对面立着伊笛丝·卡薇尔的花岗岩雕像——这是一位英国不朽英雄的雕像。"我知道仅有爱国还不够，我一定不能敌视或怨恨任何人。"

☕ 感谢折磨你的人

有一个原谅和忘记我们敌人的有效方法，那就是做一些超出我们能力的大事，这样我们所遭受的侮辱和敌意就无关紧要了，因为只有这样，我们才不会去计较其他事情了。举例来说：

1918年，密西西比州松树林里发生了一件极富戏剧性的事情，差点引发了一次火刑！劳伦斯·琼斯，一个黑人教师和牧师差点儿被烧死了。我在几年前曾去看过劳伦斯·琼斯创建的松林乡村学校，还对全体学生做了一次演讲。今天那所学校全国皆知，但我下面要说的这件事情却发生在很早以前。它发生在第一次世界大战人们最容易感情冲动的时期。此时，在密西西比州中部流传一种谣言，说德国人正在唆使黑人造反。而那个将被烧死的劳伦斯·琼斯就是黑人，有人控告他带领族人造反。一大群在教堂外面的白人听见劳伦斯·琼斯对人们大声喊道："生命，就是一场战斗！每一个黑人都要穿上盔甲，以战斗求得生存和成功。"

"战斗！""盔甲！"足够了。于是，这些年轻人趁夜冲出去，纠集了一大群暴徒，回到教堂，拿了一条绳子捆住他，将他拖到一里地以外，让他站在一大堆干柴上面，并点燃了柴堆，准备一面用火烧他，一面把他吊死。这时，有一个人叫起来："在烧死他之前，我们要让这个喜欢多嘴的人说话。说话啊！说话啊！"

劳伦斯·琼斯站在柴堆上，脖子上套着绳索，为他的生命和理想发表了一篇演说。他于1907年毕业于艾奥瓦大学，他那纯真的性格和学问以及音乐方面的才华，使得所有的老师和学生都很喜欢他。毕业后，劳伦斯·琼斯拒绝了一个旅馆给留他的职位，还拒绝了一个有钱人资助他继续深造音乐。这是为什么呢？因为他有着非常崇高的理想。当他读完布克尔·华盛顿的传记时，就决定献身教育事业，教育他那些因为贫穷而没有受过教育的族人。因此他回到南方最贫困的地方，也就是密西西比州杰克镇以南25里的一个小地方，用他的手表当了1.65美元，在树林中用树桩做桌子，开始办起了他的露天学校。劳伦斯·琼斯对那些愤怒的、正想要烧死他的人讲述了他所做过的各种奋斗——教育那些没有上过学的男孩和女孩，把他们教成合格的农夫、技工、厨子、家庭主妇。他说到一些白人曾帮助他建立这所学校——这些白人送给他土地、木材、猪、牛和钱，帮助他继续办他的教育事业。

后来有人问劳伦斯·琼斯，他是否恨那些拖他出去准备吊死和烧死的人？他回答说，他正忙于实现他的理想，根本没有时间去恨——他正沉浸于超出他个人能力的大事。"我没有时间吵架，"他说，"没有时间后悔，也没有任何人能强迫我去恨他。"

劳伦斯·琼斯的态度诚恳，令人感动。他没有为自己，而是为了他的事业而乞求。于是，这些暴民开始软下来。最后，人群中一位参加过南北战争的老兵说："我相信这孩子是在说真话。我认识那些他提到的白人。他是在做好事。我们错了，我们应该帮助他，而不是吊死他。"然后那位老兵把他的帽子在人群中传动，从那些聚集于此准备烧死这位松林乡村学校创建者的人那里，募集了52.4美元，并交给了琼斯这个曾说"我没有时间吵架，没有时间后悔，也没有任何人能强迫我去恨他"的人。

爱比克泰德在19个世纪前就指出，我们会种因得果，不论如何，我们总会为自己的过错付出代价。"归根结底，"爱比克泰德说，"每一个人都会为他自己的错误付出代价。能够记住这点的人就不会对任何人生气，也不会和任何人争吵，不会辱骂、斥责、侵犯、痛恨别人。"

我在一个每天晚上都会念《圣经》并作睡前祈祷的家庭长大。现在，我仿佛还听见密苏里州一个孤寂的农庄中，我父亲正在诵读耶稣的话——只要人类还重视这个理想就会一再重复的话："爱你的仇人，善待恨你们的人；诅咒你的，要为他祝福；凌辱你的，要为他祷告。"

我父亲按照这些话去做了，也使他的内心得到了一般官员和君主所无法得到的平静。

因此，请记住这项规则：永远不要去试图报复我们的仇敌，如果我们那样做的话，我们对自己的伤害将会甚于对敌人的伤害。让我们像艾森豪威尔将军那样去做：不要把时间浪费在去想那些我们不喜欢的人。

03

远离尘世的喧嚣，寻求内心的慰藉

不要迁怒于椅子

我的小女儿唐娜·戴尔刚刚学会走路。有一天，因为她想爬到冰箱上去，于是她就搬了一把小椅子到厨房里去。我急忙跑过去想扶住她，但是来不及了，她已经跌倒在地。

当我把她抱起来后，她狠狠地朝那把椅子踢了一脚，骂道："破椅子，都怪你！"

其实，这样的事情常有发生。小孩子比较任性，明明是她自己犯的错误，却要迁怒于那些没有生命的东西或是无辜的旁观者，甚至认为这种行为是很正常的。

但是，如果我们学小孩子的做法，也把这种行为带入成年，那可就麻烦大了。自古以来，一直就不乏将自己的失败和过错推到别人身上的例子，就连亚当也曾责怪夏娃说："由于这个女人的诱惑，我才吃了禁果的。"

成熟的第一步，是要勇于承担责任。我们都已经脱离了将自己的跌倒迁怒到椅子的孩童阶段，我们应该直面人生，自己对自己负责。不过，这样做的确比较困难；而怪罪我们的家长、老板、师长、环境、丈夫、妻子、子女则容易得多，而且如果有必要的话，我们还可以怪罪祖先、政府，或者我们还可以有一个最好的借口，那就是责怪幸运之神的不公平。

不成熟的人，总能为他们的缺点和不幸找到各种理由——没错，这些理由仍然是他们自身之外的理由——例如：他们的童年很悲惨；他们的父母太贫穷或太富有；他们的父母对他们的管教过于严厉或过于放纵；他们缺少教育；他们身体虚弱，饱受疾病的折磨；……

总之，她（或他）们会埋怨丈夫（或妻子）不了解她（或他）们，认为命运之神跟她（或他）们过不去，总是让她（或他）们缺少运气，仿佛整个世界都在与自己为敌。其实，她（或他）们是在为自己的过错寻找替罪羊，而不是去想方设法克服困难。

我们班上有一位女学员，有一天下课后她来找我。那天的课程是训练记忆人名。

这位小姐对我说："我希望你不要奢望我能记住一个人的名字。这是绝对不可能的。"

我问她："为什么？"

"遗传！"她回答说，"我们家里没有一个人的记忆力是好的，这来自我父母的遗传。所以，你要知道，我在这方面是不可能有什么进展的。"

"小姐，"我说，"这并不是什么遗传问题，而是一种懒惰。与提高你的记忆力比起来，责怪你的父母显然要容易得多。来，我现在就给你证明这一点。"

仅仅几分钟，我就帮这位小姐进行了几个简单的记忆训练，由于她非常专一，当然效果也不错。

经过一段时间的训练，她消除了以前的观念，觉得可以通过训练来提高记忆力。对此我很高兴，因为她已经学会了积极改进自己的记忆力，而不再为自己寻找任何借口。

父母如果只是因为糟糕的记忆力而遭到子女的责怪，这还算是幸运的。小到脱发，大到遭受挫折，将一切都怪罪到父母头上，这好像已经成了儿女们最好的借口。

有一个女孩子，她也谈到她母亲对她生活的影响：她刚出生不久，她母亲就成了寡妇，但是她母亲能力不凡，加上工作又勤恳努力，很快就成为一位女实业家。

有了这样一位了不起的母亲，她注定会备受疼爱与呵护，并接受良好的教育。但是，这并不是最主要的——她说她还要承受一种巨大的压力！

你猜这种压力来自哪里？竟然是来自她母亲的成功！这个女孩子说："我从青年时期就生活在母亲的阴影里，因为我感觉到自己跟母亲之间存在一种'竞争'。"

对此，她的母亲很困惑。这位母亲说："我一直都不能理解她。多年来，我辛辛苦苦地工作，为她创造了比我当初好得多的条件，没料想却给她造成了心理上的阴影！"

如果换成是我，我真想打这女孩30大板，但可惜为时已晚。

乔治·华盛顿同样有着良好的出身、富裕的家境，可是他却成为美国第一任总统，我们曾听到他抱怨父母给他造成了什么心理压力吗？

再看一个相反的例子：

亚伯拉罕·林肯虽然出身贫寒，却能超越这种极其不利的环境。林肯从来不怪罪他人，他在1864年发表的声明中说："我要对所有美国人、对基督、对历史，以至对上帝负责。"

在人类所发出的一切声明中，这是最勇敢的声明。如果不能以同样的精神为上帝和人类承担起责任，我们就永远不能说自己成熟了。

藐视困难，困难将不复存在

我很佩服一个人，他叫爱德华·特霍，靠开出租车为生。

爱德华·特霍多才多艺，思想活跃，而且乐于助人，懂得如何倾听别人的谈话。一天，我们谈到了一些战胜逆境，并为世界做出了伟大贡献的人。爱德华问我："您听说过纳撒尼尔·鲍迪奇其人吗？"我说："我知道鲍迪奇，他是个航海家。"

"一点也没错！"爱德华说，"纳撒尼尔·鲍迪奇出生在1733年，活了65岁。他10岁就开始自学拉丁文，研究牛顿数学理论。21岁时，鲍迪奇就已经成为一位数学家。他出海研究航海知识，还教会了所有船员观察月亮，以确定航船每天的位置。他写了一本航海书，成为经典名著。他在那些没有受过多少正式教育的人当中，是不是很伟大？"

"当然。"我表示了赞同。因为对于鲍迪奇博士来说，他根本不知道什么是困难。他并没有想到大学教育是成为科学家的首要条件，而是坚韧不拔地勇往直前，获取一切必需的知识。纳撒尼尔·鲍迪奇在大海上航行，与爱德华·特霍在城市的街道上穿行一样，"困难"这个词在他们的词典中是找不到的。

但是，一个人如果想逃避失败的责任，"困难"这个词当然可以派上用场。也许有人会说，他们没上过大学，常常会遇到各种困难；但即使上了大学，他们也可能因为自己未能在人生的战场上占有一席之地而找到诸多的借口。

而成熟的人，只会想到如何去排除困难，从不会用困难作为自己失败的借口。

有一次，著名发明家亚历山大·格拉汉姆·贝尔博士向他的朋友、华盛顿特区美国国立博物馆馆长约瑟夫·亨利抱怨说，他工作中遇到了困难，因为他不懂电学方面的知识。但是亨利却没有同情贝尔，也没有安慰他，而是说："的确很遗憾！小伙子，你没花时间学习电学方面的知识，真是太可惜了！"

你猜一下，亨利接下来会向贝尔说些什么？他没有说贝尔需要一份奖学金，或是需要父母的帮助；相反，他只是告诉贝尔："那就去学吧！"

结果，亚历山大·格拉汉姆·贝尔真的去学了，他掌握了这门知识，并研究出了电话，这可以称得上人类通讯史上最伟大的贡献之一。

不错，贫穷的确是一种障碍，但我们有理由因为贫穷而逃避责任、甘愿俯首认输吗？

美国前总统赫伯特·胡佛，只是艾奥瓦州一个铁匠的儿子，他的父亲死得很早。

国际商用机器公司（IBM）的总裁托马斯·J.沃特森曾是一个小小的书记员，每周只能挣到两美元，一部机器都没有。

电影界泰斗阿道夫·朱柯起初也只是一位毛皮商的助手，刚开始时经营着他的第一家小游乐场。

上面这些人，从没有强调他们受到贫穷的阻碍，他们只是想着如何克服困难，而从没有将时间浪费在自怜自艾上。

著名作家罗伯特·路易斯·斯蒂文森，从小就体弱多病，但他并没有因病而厌弃生活和工作。在他的精神里面焕发出许多积极向上的东西——阳光、力量、健康和成年人的活力，在他的作品里有一种旺盛的生命力。斯蒂文森战胜了病痛的折磨，也在文学界赢得了一席之地。

世界上还有很多虽然遭遇困难，却仍然值得仰慕的伟大人物：文学家拜伦是个跛脚、政治家朱利阿斯·恺撒患有癫痫症、作曲家贝多芬的耳朵后天失聪、军事家拿破仑身材矮小、音乐家莫扎特为哮喘病所苦、政治家富兰克林·D.罗斯福患有小儿麻痹症、社会活动家兼作家海伦·凯勒在盲聋中度过一生……

再看看女演员"伟大的莎拉"——莎拉·巴恩哈特，又怎么样呢？她是个小时候遭尽了别人白眼的丑陋的私生女，本来她可以把早年的恶劣环境当作逃避的最好的借口，但是她却走上了演艺界的成功道路。

假如一切都无法避免

小时候我曾和几个朋友一起在密苏里州西北部一栋荒废的老木屋的阁楼

上玩耍。我从阁楼爬下来的时候，我先在窗栏上站住，然后跳下去。我左手的食指戴了一枚戒指。就在我跳下去的时候，那枚戒指钩住了一颗铁钉，我的手指被拉断了。

我尖叫着，吓得不知所措，以为必死无疑。可是手好了之后，我再也没有为这件事忧虑过。这又有什么用呢？我接受了这个不可避免的事实。我现在根本不会想到我的左手只有3个手指和一个大拇指。

几年前，我碰到一个人，他在纽约市中心一家办公大楼开运货电梯。我注意到他的左手被齐腕割断了。我问他缺了那只手是否觉得难过。他说："噢，不会，我根本就不会想到它。我没结婚，只有在穿针的时候才会想起此事。"

如果有必要，我们几乎可以很快地接受任何情况，使自己适应它，然后完全忘了它。这多么令人吃惊啊！

下面是我最喜欢的哲学家之一威廉·詹姆斯的忠告："乐于承认事实如此，接受已经发生的事实，是克服随之而来的任何不幸的第一步。"俄勒冈州波特南市的伊丽莎白·康黎，经过很多困难才学到这一道理。下面是她最近写给我的一封信：

"在美国庆祝我们陆军在北非获胜的那一天，我接到一封国防部送来的电报：我的侄儿——我最爱的人——在战场上失踪了。没过多久，又一封电报说他死了。

"我悲伤之极。在那之前，我一直觉得命运对我很好。我有自己喜欢的工作，抚养侄儿成人。在我看来，他代表了年轻人一切美好的东西。我觉得自己以前所有的努力现在都得到了回报……

"然后，来了这封电报，我的整个世界碎了，觉得再活下去毫无意义。我开始忽视工作、朋友。我开始抛弃一切，既冷淡又怨恨。为什么我最亲爱的侄儿会死？为什么这么好的孩子，还没有开始生活却要死在战场上？我无法接受这个事实。我悲伤过度，决定放弃工作，远离家乡，把自己埋在泪水和痛苦之中。

"就在我清理桌子，准备辞职的时候，突然看到一封我早已忘了的信。这是我已故侄儿的信。几年前我母亲去世的时候，他给我写了这封信。

"'当然，我们都会想念她，'信上说，'尤其是你。但是我知道你一定能挺过去。以你个人的人生哲学，你能挺过去。我永远都不会忘记你教给我的美好真理：不论在哪里，也不论我们离得多远，我永远都会记得你教我要微笑，要像一个男子汉，勇于承受既成事实。'

"我把那封信读了一遍又一遍，觉得他好像就在我身边，正在对我说话。他好像对我说：'为什么不照你教我的办法去做呢？挺住！不论发生什

么事情！把你个人的悲伤掩藏在微笑之下，继续过下去。'

"于是，我又回去工作，不再对人冷淡无礼。我一再告诫自己：'事情既已发生，我不能改变它，但是我能够像他所希望的那样去做。'我将所有的思想和精力都投入到工作上，我给士兵们写信——他们是别人的儿子；晚上，我又参加了成人教育班——寻找新兴趣，结识新朋友。我几乎不敢相信发生在我身上的变化。我不再为永远过去的事情悲伤。现在我每天都充满了快乐——就像我的侄儿要我做的那样。我的生活已找到宁静港湾。我接受了命运。我现在过着更加充实而有意义的生活。"

伊丽莎白·康黎学到了我们所有人迟早都要学到的道理，那就是我们必须接受和适应不可避免的事实。

显然，环境本身并不能使我们快乐或不快乐，只有我们对环境的反应才决定了我们的感受。耶稣说天国就在你的心中。而那也是地狱所在之处。

在必要的时候，我们都可以忍受灾难和悲剧，甚至战胜它们。我们会认为自己办不到，但我们有令人惊讶的潜能，只要我们愿意利用，它就能帮助我们克服一切困难。我们比我们想象的更强大。

已故的布斯·塔金顿总是说："人生加诸我身上的任何事情，我都能承受，但除了一样：那就是失明。我永远无法忍受失明。"

在塔金顿60多岁的时候，有一天当他低头看地上的地毯时，发现色彩模糊，看不清图案。他去找了一个眼科专家，证实了不幸的事实：他的视力在衰减，有一只眼睛几乎全瞎，另一只也快瞎了。他最怕的事情终于发生在他身上。

对这种"所有灾难中最可怕的灾难"，塔金顿有何反应呢？他是不是觉得"完了，我这一辈子完了"？没有，他自己也没想到他还能非常开心，甚至还能善用他的幽默。以前眼球里面浮动的"黑斑"令他很难过，当它们在眼前游过时，会遮挡他的视线；现在，当那些最大的黑斑从眼前晃过时，他却会说："嘿，又是老爷爷来了！今天天气这么好，不知道它要去哪里。"

命运怎么能征服这种乐观呢？当然不能。当塔金顿终于完全失明之后，他说："我发现我也能承受失明的痛苦，就像一个人能承受别的灾难一样。要是我的5种感官完全丧失了，我认为我还能活在我的思想里。因为我们只有在思想中才能看见，只有在思想中才能生活——不论我们是否清楚这一点。"

为了恢复视力，塔金顿在一年之内接受了12次手术。为他做手术的是当地眼科医生。他抱怨了吗？他知道这是必要的，他无法逃避，所以唯一能减轻痛苦的办法就是勇于接受。他拒绝用私人病房，住进普通病房，和其他病人在一起。他试着让其他病人开心，即使在他必须接受好几次手术时——而且他当然很清楚在他眼睛里做什么———他只尽力想他是多么的幸运。"多妙啊，"他说，"多妙啊，现在的科学竟然能为眼睛这么纤细的东西做手术。"

一般人忍受12次以上的手术和长期黑暗的生活，可能会变成神经质了。可是塔金顿却说："我可不愿拿这次经历去换更开心的事。"这件事教会他接受灾难，使他明白生命带给他的没有什么是他不能忍受的；这件事也使他领悟了弥尔顿所说的："失明并不令人难过，难过的是不能忍受失明。"

我曾放了12年的牛，但是从未见过哪条母牛因为草地缺水干枯，或者天气太冷，或者哪条公牛爱上了另一条母牛而恼火。牲畜都能平静地面对一切，所以它们从来不会精神崩溃或者患胃溃疡，也从来不会发疯。

我是不是说碰到任何挫折时，都应该低声下气呢？绝对不是，那就成了宿命论了。只要还有一点机会，我们就要奋斗。可是当常识告诉我们事情已经不可避免，也不会有任何转机时，我们就要保持理智，不要庸人自扰。

哥伦比亚大学已故院长霍基斯曾告诉我，他写了一首打油诗作为他的座右铭：

天下疾病多，数都数不清。有些可以救，有的难治愈。

如果有希望，就应把药寻。要是无法治，不如忘干净。

"当我们不再反抗那些不可避免的事实时，"爱尔西·麦克密克在《读者文摘》的一篇文章中说，"我们就可以节省精力，创造更丰富的生活。"

任何人都不会有足够的情感和精力去抗拒不可避免的事实，同时又创造新的生活。你只能两者选其一：你可以接受生活中不可避免的灾难，或者抗拒它们而被摧毁。

我在密苏里州我的农场就见过这样的事情。我在农场种了几十棵树，它们起初长得非常快，然后突然下了一场冻雨，每根小树枝上都覆盖着一层厚厚的冰。这些树枝在重压下并没有顺从弯曲，而是骄傲地反抗着，最终在重压之下折断了，然后归于毁灭。它们不如北方的树木那样聪明。我曾在加拿大看过长达几百里的常青树，从未看见一棵柏树或松树被压垮过。这些常青树知道如何顺从，知道如何垂下枝条，适应不可避免的情况。

如果我们不顺服，而是反抗生命中的各种挫折，会发生什么情况呢？如果我们不像柳树那样柔顺，而像橡树那样挺直，又会发生什么呢？答案非常简单：我们就会产生一连串矛盾，就会忧虑、紧张、急躁而神经质。

如果我们再进一步，抛弃现实世界的各种不快，退缩到一个我们自己织造的梦幻世界中，我们就会精神错乱。

战时，成千上万心怀恐惧的士兵只有两种选择：要么接受不可避免的事实，要么在压力之下崩溃。让我们以威廉·卡赛流斯为例。下面就是他在纽约成人教育班上所说的一个得奖的故事：

"我加入海岸防卫队之后不久，被派到大西洋一个最热的地方。我负责管炸药。你们想想，我一个卖小饼干的店员，却成了管炸药的！光是想到站在千万吨TNT顶上，就会让我吓得连骨髓都冻住了。我只接受了两天的训练，而我所学到的那些知识更让我害怕。我永远也忘不了我第一次执行任务的情形。那天又黑又冷，还有大雾，我奉命去新泽西州的卡文角露天码头。

"我负责船上的第五号舱，和5个码头工人一起工作。他们身强力壮，但一点都不知道炸药。他们正将那些有上吨重TNT的炸弹往船上装，足够把那条旧船炸成粉碎。我们用两条铁索把这些炸弹吊下船，我不停地对自己说：万一有一条铁索滑溜了，或者是断了，天啊！我害怕极了，浑身颤抖，嘴里发干，膝盖发软，心跳得厉害。可是我不能跑，那样就是逃跑，不但让我丢脸，连我的父母也不光彩，而且我可能会因为逃跑而被枪毙。我不能跑，只有留下来。我一直看着码头工人毫不在乎地搬运炸弹。船随时可能被炸掉。这样担惊受怕一个多小时之后，我开始运用我所学到的知识。我对自己谈了许久：'你听着，就算你被炸死，又怎么样？反正你也不会有什么感觉了。这样倒死得痛快，总比死于癌症好得多。不要做傻瓜，你不可能永远活着！这件工作不能不做，否则就会被枪毙。所以你还不如开心些。'

"我这样对自己说了好长时间，然后觉得轻松了些。最后，我克服了忧虑和恐惧，让自己接受了不可避免的情况。

"我永远也忘不了这个教训。现在，每当我因为不可能改变的事实而忧虑时，我就会耸耸肩说：'忘了吧。'我发现这很管用——至少对我。"

好极了，让我们大声欢呼，再为这位卖饼干的店员多欢呼一声吧！

魅力女人的幸福课

成熟的第一步，是要勇于承担责任。我们都已经脱离了将自己的跌倒迁怒到椅子的孩童阶段，我们应该直面人生，自己对自己负责。

成熟的人，只会想到如何去排除困难，从不会用困难作为自己失败的借口。

环境本身并不能使我们快乐或不快乐，只有我们对环境的反应才决定了我们的感受。

04

予人玫瑰，手留余香

☕ 多替他人着想

我在开始写这本书的时候，提出了200美元赏金，以"我如何克服忧虑"为题，征求一则对人最有帮助、最能激励人心的真实故事。

这次征文比赛的3位评审委员，是东方航空公司的董事长艾迪·雷肯贝克、林肯纪念大学的校长史德华·麦克里南博士，还有广播新闻评论家卡坦波恩。但我们最后收到两篇非常好的故事，连3位评审委员也难以取舍。于是我们平分了这笔奖金。

下面就是得到一等奖的故事之一——作者是密苏里州斯普林菲尔德的波顿先生。（他为密苏里韦泽尔汽车销售公司工作。）

"我9岁时没了母亲，12岁时又没了父亲，"波顿先生写道，"我父亲死于意外，我母亲在19年前的某一天离家出走，从此以后我就再也没有见过她，也没有见过被她带走的两个小妹妹。直到离家7年之后，她才给我写了封信。我父亲在母亲离家3年之后死于一次意外。他和一个合伙人在密苏里州一个小镇买了一家咖啡店，这个合伙人趁父亲出差的时候，把咖啡店卖了并卷款潜逃。一个朋友给我父亲发电报，叫他赶快回家。我父亲在匆忙之下，在堪萨斯州沙林那城的一次车祸中丧生。我有两个姑姑，她们又穷又老，而且病魔缠身。她们把我们5个孩子中的3个带到她们家里去。没有人要我和我最小的弟弟，我们只好依靠镇上人的救济度日。我们怕被人家叫孤儿，或被当孤儿来看待，但我们担心的事情很快就发生了。我和一个贫民家庭在镇上共住了一段时间，但日子很艰难，男主人不久又失业，他们没办法再供养我。后来罗福汀先生和夫人收留了我，住在他们的一个离镇子11里远的农庄里。当时罗福汀先生70岁，得了带状疱疹躺在床上。他告诉我说，只要我不说谎，不偷窃，能听话做事，我就可以留在那里。这3项要求成了我的圣令，我严格遵守。我开始上学了，可是第一个星期我就像婴儿似的躲在家里号啕大哭。其他孩子都来捉弄我，取笑我的大鼻子，说我是个笨蛋，还说我是个'小臭孤儿'。我伤心得想揍他们一顿，可是收养我的罗福汀先生对我说：'要永远记住，能走开而不打架的人要比打架的人伟大得多。'所以我一直没有和人打过架。直到有一天，有个小孩在学校的院子里抓起一把鸡屎朝我脸上扔来。我狠狠地揍了他一顿，结果交上了好几个朋友，他们都说他是自找苦吃。

"我非常喜欢罗福汀夫人给我买的一顶新帽子。一天，有个大女孩把我的帽子扯了下来，在里面装满了水，弄坏了帽子。她说她之所以往里面装水，是想让那些水弄湿我的大脑瓜，好让我那玉米花似的脑筋不要乱爆。

"我在学校从来没有哭过，但我常常在家里号啕大哭。然后，有一天，罗福汀夫人给了我一些忠告，消除了我所有的烦恼和忧虑，并使我的敌人变成了朋友。她说：'拉尔夫，只要你对他们感兴趣，而且注意你能够为他们做些什么，他们就不会再捉弄你，或叫你"小臭孤儿"了。'我接受了她的忠告。我努力学习，不久就得了第一名。但从来没有人妒忌我，因为我总是尽力帮助别人。

"我帮过好多男孩子写作文，还为好几个男孩子写过完整的报告。有一个孩子不愿让他父母亲知道我在帮他，所以他常常告诉他母亲，说他要去抓田鼠，然后跑到罗福汀先生的农场来，把他的狗关在谷仓中，让我教他功课。我还替一个孩子写过读书报告，还花了好几个晚上帮另一个女孩子学习数学。

"死神来到了我们附近：两个年老的农夫死了，另一位妇女被丈夫抛弃了。我是这4户人家中唯一的男人。我帮了这些寡妇们两年。我上学放学的路上，都会去她们的农场，帮她们砍柴、挤牛奶，给她们的家畜喂饲料、喂水。现在，大家都很喜欢我，不再骂我，每个人都把我当朋友。当我从海军退伍回来时，他们向我表达了他们的感情。我到家的第一天，200多个农夫赶来看我，其中还有许多人从80里以外开车过来。他们对我的关怀非常真诚，因为我一直很高兴帮助其他人，所以我没有什么忧虑。而且，13年来再也没有人叫我'小臭孤儿'了。"

让我们为波顿喝彩吧！他知道如何赢得朋友！他也知道如何克服忧虑、享受生活。

华盛顿州西雅图市已故博士弗兰克·陆培也是一样。他因为患有风湿病而在床上躺了23年，但是《西雅图之星》的记者史德华·怀特豪斯写信告诉我说："我访问过陆培博士几次。我从未见过哪个人能像他那样不自私，那样会享受生活。"

像他这样躺在床上的废人怎么能享受生活呢？我让你猜两次。他是否埋怨和批评呢？不……他是不是充满了自怜，想让他成为所有人注意的中心，要求每个人都来照顾他呢？也不是。他的做法是把威尔士亲王的名言"我为民服务"作为座右铭。

陆培博士搜集了许多病人的姓名和住址，给他们写充满快乐、充满鼓励的信，使他们高兴，并激励他自己。事实上，他创立了一个专供病人通信的俱乐部，使他们能够彼此联络。最后，他创办了一个全国性的组织，即"病房里的社会"。

他躺在床上，每年平均要写1400封信，由别人捐赠给这个组织的收音机和书籍为成千上万的病人带来了快乐。

陆培博士和别人最大的不同是什么呢？就在于他有一种内在的力量，有一种使命感。他知道自己是在为一项高尚而重要的理想服务，并从中获得快乐；他不会做萧伯纳所说的"以自我为中心、又病又苦、成天抱怨这个世界没有好好地使他开心的老家伙"。

☕ 用自己的快乐感染他人

伟大的精神病专家阿德勒曾对那些精神忧郁症患者说："如果你遵照我开的处方去做，你就可以在两周之内痊愈：每天想想如何让别人高兴。"

阿德勒医生要求我们每天都做一件好事，但什么是好事呢？"好事，"先知穆罕默德说，"就是能给别人脸上带来开心微笑的事。"

威廉·孟恩夫人在纽约经营孟氏秘书学校，她花了不到两周的时间去想如何让别人高兴，就治好了她的忧郁症。她比阿尔弗雷德·阿德勒更高一筹——不对，她比他甚至要高出13倍。她治好忧郁症并没有花14天，只花了一天去想如何让两个孤儿高兴。事情是这样的，孟恩夫人说：

"5年前的12月，我正陷入一种悲伤而自怜的情绪之中。在多年的快乐婚姻生活之后我失去了丈夫。随着圣诞节的来临，我的病情加重了。我这一辈子从来没有一个人过圣诞节，我害怕这次圣诞节的来临。朋友们来请我和他们一起过圣诞，但我一点也感受不到快乐。我知道，不管在哪里我都会变成令人讨厌的人，所以我拒绝了他们仁慈的邀请。快到圣诞夜的时候，我更觉自己可怜。是的，我是有很多值得感恩的事，就像我们所有的人都有很多值得感恩的事一样。圣诞节的前一天，我在下午3点钟离开办公室，开始在第五大街上漫无目的地走着，希望可以消除我的自怜和忧郁症。大街上到处都是开心的人群——这景象使我回忆起那已经流逝的欢乐岁月。一想到要回那个孤独而空虚的公寓，我就受不了。我不知道该怎么办，忍不住流下眼泪。这样走了大约一个小时之后，我发现自己站在公共汽车站前。我记得以前我丈夫和我常常随意搭上一辆公共汽车瞎玩，于是，我就走上靠站的第一辆公共汽车。汽车过了哈德逊河，又行驶了一段之后，我听到司机说：'到终点站了，夫人。'我下了车，但根本不知道这个小镇的名字。那是一个平静、安宁的小地方。在等下一班车回家时，我走到一个住宅区的街上，路过一座教堂，听见里面传来'平安夜'的优美曲调。我走进教堂，发现教堂里面空空的，只有那个弹风琴的人。我静静地坐在一张椅子上，圣诞树上的灯装饰得非常漂亮，使整棵树看上去像无数星星在月光下跳舞。悠扬的乐曲声，加上我从早上到现在一直没有吃东西，使我打起瞌睡来。我觉得身体虚弱而沉重，不久昏睡过去。

"我醒来的时候，不知身在何处。我吓坏了，这时突然看见我面前有两个小孩，他们显然是进来看圣诞树的，其中一个是小女孩，她正指着我说：'是不是圣诞老人把她带来的。'当我醒来时，那两个小孩也吓坏了。我告诉他们我不会伤害他们。他们衣着破旧，我问他们的父母在哪里，他们回答说：'我们没有爸爸妈妈。'原来他们是两个小孤儿，而且比我的境况更差。他们使我对自己的忧伤和自怜感到惭愧。我带他们去看那棵圣诞树，然后带他们去了一个小饮食店吃了一些点心，又给他们买了一些糖果和几样礼物。这时，我的孤独魔幻般地消失了。这两个孤儿给我带来了几个月都不曾体验的真正快乐。当我和他们聊天时，我才发现我是如此幸运。我得感谢上帝，因为我童年时的圣诞节都充满了欢乐，有父母的关爱和照顾。这两个小孤儿带给我的，远比我送给他们的要多得多。这次经历再一次使我认识到，只有让别人快乐才能让我们自己快乐。我发现快乐是有传染性的，在施予的同时得到回报。通过帮助别人，付出自己的爱，我克服了忧虑、悲伤以及自怜，觉得自己像一个新人。我的确是一个新人了——不仅当时是，而且以后一直都是。"

你也许正对自己说："哦，我觉得这些故事并没有什么意思。如果圣诞夜遇见孤儿，我也会关心他们。但我的情况不同，我过的是一般人的生活，我做的是一天8小时的枯燥工作，从来没有遇到过任何戏剧性的事。我怎么会对帮助别人产生兴趣呢？而且我为什么要这样做呢？这对我又有什么好处？"

问得好。这对你有什么好处呢？这会给你带来更大的快乐、更多的满足以及更多的自豪。亚里士多德称这种态度为"有益于人的自私"。佐罗亚斯特说："为别人做好事并不是一种责任，而是一种快乐，因为这能增加你自己的健康和快乐。"富兰克林的说法则更简单："当你善待别人的时候，就是善待你自己。"

予人玫瑰，手留余香

纽约心理治疗中心的负责人亨利·林克说："照我个人的见解，现代心理学最重要的发现，就是以科学的方法证明，必须要有自我牺牲精神或者是自我约束思想，才能达到了解自我与快乐。"

多替别人着想，不仅能使你不再为自己忧虑，也能帮助你结交许多朋友，并获得更多的乐趣。怎样做呢？我曾向耶鲁大学的威廉·李昂·费尔浦教授请教他是如何做的，下面就是他说的：

"每当我去一家旅馆、理发店或者商店的时候，总会说一些我碰到的每一个人都高兴的话。我会把他们当作一个人，而不只是一台大机器中的一个小零件。有时我会赞美一个在店里向我打招呼的小姐，说她的眼睛很漂亮，或者说她的头发很美。我会问一位理发师，他整天这样站着会不会累？我会问他是怎么干上这一行的，干多久了，已经为多少人剃过头？我会帮他算出来。我发现，当你对别人感兴趣的时候，就会使他们非常高兴。我常常和那个帮我搬行李的'红帽子'握手，这会让他觉得很开心，整天都精神焕发。在一个特别炎热的夏天，我去纽海文铁路餐车吃午饭。餐车中挤满了人，热得难受，服务也非常慢。等到服务员终于把菜单递给我时，我说：'那些在后面闷热的厨房里做饭的人，今天一定很辛苦。'那个服务员开始骂了起来，他的声音充满了怨恨。我开始还以为他是在生气。'天啊！'他大声说，'到这里来的人都埋怨饭菜不好吃，说我们动作太慢，还抱怨这里太热，价钱太高。我听他们这样批评已经有19年了。你是第一个，也是唯一一个对在闷热的厨房里做事的厨师表示同情的人。我真希望上帝让我们多一些像你这样的顾客。'

"这个服务员之所以吃惊，是因为我把后面那些黑人厨师也当人看待，而不是把他们看成一个大铁路机构里的小螺丝。一般人所要的，"费尔浦教授继续说，"只是一点点关注。每次当我在街上看到一个人牵着一条漂亮的狗时，我总是夸那条狗漂亮。当我往前走再回过头去时，通常都会看到那个人正欢喜地拍他的狗——我的赞美使他更喜欢那条狗。

"有一次我在英国碰见一个牧羊人，我非常真诚地赞美了他那只聪明的大牧羊犬。我还请他告诉我是如何训练它的。当我离开以后，回头去看时，看见那只狗前脚竖起搭在牧羊人的肩膀上，牧羊人正拍着它。我对那个牧羊人和他的狗只表示了一点点兴趣，就使得牧羊人很快乐，那条狗很快乐，而我自己也很快乐。"

像这样一个会跟搬运工握手，对在闷热的厨房做饭的厨师表示同情，还告诉别人他多么喜欢他的狗的人——像这样的人，如何不会友好待人，而会满怀忧虑，需要去看精神病医生呢？当然不可能，对不对？是的，当然不可能。中国有一句老话说："予人玫瑰，手留余香。"

如果你是一位男士，就可以跳过这一段，因为你不会有兴趣的。它讲了一个忧虑而不快乐的女孩子如何使好几个男人向她求婚的故事。这个女孩现在已为人祖母。我几年前曾去她家里做客。

当时，我正在她的小镇上演讲，第二天早上她又开车50里送我去搭车前往纽约中央车站。我们谈起了如何交朋友的事，她说："卡耐基先生，我要告诉你一件以前从未跟任何人说过的事——甚至连我丈夫也没说过。"（顺便说一下，这个故事不及想象的一半有趣。）她告诉我，她出生在费城一个很穷的家庭。"我幼年和少年时的不幸，"她说，"就是我家很穷。我不能像其他女孩子那样玩乐，我的衣服料子从来都不是最好的。我长得太快，衣服总是难得合身，而且也不是流行的式样。我一直觉得很丢脸，常常哭着入睡。最后，我在绝望之中想出了一个办法，就是每次参加晚宴的时候，就请我的男伴将他的经历以及他的一些想法，还有他对未来的计划告诉我。我之所以这么做，并不是因为我对他的回答特别感兴趣，而只是不想让他注意到我穿着难看的衣服。可是奇怪的事情发生了：当我听这些年轻人跟我谈话，并对他们有了较多的认识后，我真的愿意听他们说的话了。有时我甚至会忘记了自己的穿着打扮。可是最让我吃惊的是，因为我善于倾听，而且鼓励那些男孩子谈他们自己的事情，这使他们非常快乐，于是我渐渐成为我们那里最受欢迎的女孩子，竟然有3个男孩来向我求婚。"

☕ 多同情别人的想法

你不希望拥有一个神奇的句子，它既可以阻止争执，去除厌恶感，带来和谐融洽，又可以使对方注意倾听你吗？

希望？太好了。这就是那个神奇的句子："我一点都不会责怪你有那种感受。如果我是你，我也会和你的感受一样。"

这样一句话，即使再固执的人也会软化。而且你完全要发自内心，因为假如你是对方，你的感受当然会同他一样。你之所以成为你目前的样子，你没什么可居功自傲的——要记住，那个让你愤怒的、固执的、不可理喻的人，错误也并不全在他自己。要对这可怜的人表示惋惜、怜恤、同情。要对自己说："如果不是上帝的恩典，我也会像他们一样。"

你明天将要遇见的人中，有3/4都渴望得到同情。如果你能给他们同情，他们就会喜欢你。

凡入主白宫的人，差不多每天都会遇到棘手的人际关系问题。塔夫脱总统也不例外，但他从自己的经验中学到，"同情"对于中和"酸性的恶感"有极大的化学功能。在他的《服务道德》一书中，塔夫脱举了一个很有趣的例子，说明他是如何使一位野心勃勃却又满怀失望的母亲平息愤怒的。

"华盛顿有一位妇人，"塔夫脱写道，"她丈夫在政界很有影响。她来找我，与我纠缠了6个多星期，想为她儿子安排一个职位。她得到了许多参议员的支持，并请他们一起来见我，讲了他们对她的支持。因为这个位置需要特殊的技术能力，于是我根据该部部长的举荐安排了别人。不久，我接到这位母亲的一封信，说我是这个世界上最无情无义的人，因为我拒绝让她成为一个快乐的母亲，而对我来说这本来是易如反掌的。她进一步抱怨说，她与她的州代表费尽了心思，为我特别关注的一项行政议案赢得了所有的投票，而我却这样报答她。

"当你收到那样一封信时，你想到的第一件事，就是何必跟一个失礼甚至有些唐突的人那么较真。于是，你可能会写一封回信。然后，如果你够聪明的话，就应该把这封信锁在抽屉里，过两天之后再拿出来——这类书信一般要迟两天再写——当你经过几天再取出信时，你就不会把它寄出去了。我采取的正是这种做法。于是，我给她写了一封极其客气的回信，告诉她我很明白在这种情况下一个做母亲的会很失望，但这件事实在不能只凭我个人的好恶，我必须选择一个有技术资格的人，所以我只能接受这位部长的推荐。我又希望她的儿子能在他目前的职位上实现她对他的期望。这封回信使她终于息怒了，她给我写了一封短信，为她的信表示道歉。

"但我推荐的人选没有立即确定。过了一段时间，我接到一封据说是由她丈夫写的信，但笔迹却跟她的信完全相同。信中告诉我，因为她在这件事情上的失望，导致神经衰弱，卧床不起，得了严重的胃癌；并问我能不能将第一个人的名字撤回来，换上她儿子，以使她恢复健康。我不得不再写一封信，这次是给她丈夫的，说我希望这次诊断是不准确的，他夫人的重病必然让他非常忧虑，对此我很同情，但将已报送的名字撤回来是不可能的。不久，我任命的人选终于获得批准。在接到那封信的两天之后，我在白宫举行了一次音乐会。音乐会上最先向我夫人和我致意的就是这对夫妇，虽然这位夫人不久前差点儿'重病而死'！"

杰西·诺瑞丝是密苏里州圣路易市的一位钢琴教师。她讲述了她如何处理钢琴教师与十几岁女孩子之间经常出现的一个问题。

贝贝蒂从小就留了一手很长的指甲，而任何人要想弹好钢琴，就不能留长指甲。

诺瑞丝太太说："我知道她的长指甲会妨碍她学好弹钢琴。在开始教她钢琴课之前，我们俩谈话的时候，我根本没有提到她指甲的问题。我不能打击她学钢琴的愿望，我也知道她不想失去她以此为骄傲，并且花了许多时间去修饰的长指甲。

"在上了第一堂课之后，我觉得时机成熟了，就说：'贝贝蒂，你有双很漂亮的手，指甲也很美。如果你想把钢琴弹得如你所能够的以及你所希望的那么好，那么我认为，如果你能把指甲修得稍短一点，你就会发现弹好钢琴真是太容易了。你好好想一想，好不好？'她向我做了一个鬼脸，表示她绝对不会修短指甲。我也和她的母亲谈了这一情况，提到她的指甲确实很美丽。但我从她母亲那里又得到了否定回答。显然，贝贝蒂仔细修剪过的美丽指甲对她很重要。

"第二个星期，贝贝蒂来上第二堂课。让我很惊讶的是，她的指甲修短了。我称赞她做出这样的舍弃，同时对她母亲给她的影响也表示了感谢。她母亲回答说：'啊，我没有做什么。这是贝贝蒂自己决定的。这也是她第一次为了别人而修短了她的指甲。'"

诺瑞丝太太是否强迫贝贝蒂了呢？她有没有说她不愿教留有长指甲的学生呢？没有，她并没有这么说。她告诉贝贝蒂，她的指甲很美丽，要她修短指甲是她的一种牺牲。她只是暗示："我很同情你——我知道对你来说修短指甲不是一件容易的事；但是这会让你的钢琴练得更好。"

所以，如果你想使自己更容易被人接受，请记住这项规则：同情别人的想法和愿望。

05

微笑如阳光，温暖自己，也照亮他人

☕ 微笑待人

在纽约的一次晚宴上，有一位客人——她是一位继承了大笔遗产的女士，因为迫切想给每个人留下良好的印象，就花费重金买了貂皮、钻石和珍珠。但是，她对自己的面孔却没做任何打扮。她的脸上充满了尖酸刻薄以及自私。她并不明白每个人都知道的道理，那就是一个人脸上的神色，要远远比她身上所穿的衣服重要得多。

施瓦布告诉我，他的微笑价值百万。他大概深谙这一真理，因为施瓦布的性格、他的魅力、他那令人欢喜的能力，几乎正是他超常成功的最主要原因。而他的个性中最可爱的因素之一，就是他那能够打动一切人的微笑。

行动胜于言论。微笑会让人明白："我喜欢你。你使我快乐。我很高兴见到你。"

这就是狗为什么讨人喜欢的原因。它们是那么高兴见到我们，以至于心都要从肚子里跳出来似的。所以，我们当然也高兴看见它们。

密歇根大学心理学教授詹姆斯·麦克奈尔谈了他对微笑的看法。他说："那些笑容常在的人，在教育和推销当中会更容易成功，也更容易培养快乐的下一代。笑容比皱眉头更能传情达意，这正是鼓励比惩罚更能起到有效教育的原因所在。"

纽约一家大百货商店的人事经理告诉我，他情愿雇一个带着可爱微笑的小学未毕业的职员，也不愿雇一位面孔冷淡的哲学博士。

即使我们不能看到笑的本质，但它的影响却是很大的。遍布全美国的电话公司有一个栏目叫"声音的威力"，这个栏目是为用电话推销产品和服务的业务员提供的。在这个栏目中，电话公司建议在你打电话时，应该保持微笑，但是这种微笑只能通过你的声音来传达。

如果你希望别人看到你的时候很愉快，那么当你看见别人时，你也一定要心情愉悦。

我曾建议成千上万的商界人士，花上一个星期的时间，每天的每小时都要对人微笑，然后再回到班上来谈结果。效果怎样呢？就让我们来看看……这是纽约证券交易所会员威廉·史丹哈德的一封信。他的情况并不是个别现象。事实上，它是好几百人中的代表。

"我已经结婚18年多了，"史丹哈德写道，"在此期间，我从起床到准备好出门上班，都难得对我的妻子微笑，或说上一两句话。我是那些在大街上奔波的人当中脾气最坏的一个。

"因为你建议我们讲对微笑的感受，于是我就想试一个星期。所以，第二天早上，当我梳头的时候，我就看着镜中那副阴沉的面孔，对自己说：'比尔，你今天必须把你的愁容从脸上扫除。你要微笑。你现在就应该开始。'我坐下吃早餐的时候，对妻子说：'亲爱的，早上好！'我说的时候，脸上带着微笑。

"你曾提醒过我，她可能会感到惊讶。可是，你低估了她的反应。她不仅迷惑不已，甚至惊呆了。我告诉她，她将来可以每天都看到这种愉快的事情。从此以后，我每天早上都这样。

"由于我改变了态度，使得我们家在这两个月中所得到的快乐，比过去一年的还多。

"当我去办公室的时候，我会对大楼开电梯的人说'早上好！'并且对他微笑。我还和看门人微笑着打招呼。我在地铁售票处兑换零钱的时候，也会以微笑和服务员打招呼。当我站在交易所大厅的时候，还会对那些以前从未见我微笑的人微笑。

"不久，我就发现每个人都对我报以微笑。我微笑地接待那些发牢骚和抱怨的人。当我听他们抱怨的时候，我会保持微笑，于是问题的解决更容易了。我发现微笑给我带来了财富，我每天都会收获许多财富。

"我同另一位经纪人共用一间办公室。他的一位秘书是一个可爱的小伙子。我很为我所取得的进展而高兴，所以将自己最近学到的人际关系新哲学告诉了他。他承认说，当我最初与他共用办公室的时候，他还以为我是个郁郁寡欢的人呢——直到最近他才改变这一看法。他说，我微笑的时候非常亲切。

"现在我改掉了批评的习惯。我只是欣赏和称赞别人，而不指责。我也不再谈论自己的需要，我现在总是从别人的立场来分析问题。这些做法真的改变了我的生活。我现在已经变成另一个人了，一个更快乐、更充实的人，而且拥有友谊和快乐——而这些才是最重要的。"

你不愿意微笑吗？那该怎么办呢？有两个办法：第一，强迫自己微笑。第二，如果你一个人独处，不妨强迫自己吹吹口哨，或哼一支小曲，或唱唱歌，就好像你很快乐的样子，那就能使你快乐。心理学家、哲学家威廉·詹姆斯曾这样说：

"行动就好像是跟随感觉之后而产生的，但它与感觉其实是同时进行的，这就足以使直接受意志控制的行动有规律，而且也间接地使不直接受意志控制的情感有一定的规律。

"因此，如果我们不快乐的话，那么得到它的主动途径就是让自己高兴起来，就好像你已经得到了快乐一样……"

世界上的每一个人都在追求幸福——而获得幸福的一个可靠的方法，就是控制你的思想。幸福并不取决于外界的因素，而是取决于你内心的状态。

"事无善恶，"莎士比亚说，"思想使然。"

林肯也曾说："大多数人的快乐，和他们内心所想到的快乐相差无几。"他说得确实没错。我最近看到了这一真理的生动的例子。当时我正在爬纽约长岛火车站的台阶。在我前面有三四十个拄着拐杖的残疾儿童正用力登上台阶，有一个男孩还必须由人抱上去。但他们的欢笑和快乐使我吃惊极了。我对带领这些儿童的管理员说了我个人的感受。

"哦，是的，"他说，"当一个孩子知道自己将终生残疾时，他最初往往是惊慌失措；但在惊慌之后，常常会接受命运的安排，并和正常儿童一样快乐。"

我真觉得要向那些孩子致敬。他们给我上了一堂我永远都不会忘记的课。

☕ 牢记他人的名字

1898年，在纽约的洛克兰乡发生了一个悲剧：一个孩子死了。这天，邻居正准备去参加葬礼。吉姆·法莱到马厩中去牵他那匹马。地上满是积雪，寒风刺骨，那匹马有好几天都没有运动了，因此当它被拉到水槽边的时候，欢欣鼓舞，奋起双蹄向空中踢去，结果将吉姆·法莱踢死。因此在那个星期，在这个小小的镇子里有两个葬礼，而不是一个。

吉姆·法莱死后，留下了他的妻子和3个孩子，还有几百美元的保险金。

他最大的儿子小吉姆，这时才只有10岁，到砖厂去工作，运沙子，将沙子倒入砖模中，将砖坯翻过来在太阳底下晒干。这个小吉姆从来都没有机会接受什么教育，但因为具有天生的愉快品性，他有一种使别人喜欢他的才能。因此当他从政以后，随着岁月的流逝，他培养起一种记住别人名字的奇特能力。

他从未上过中学，但在他46岁以前，已经有4所大学授予他名誉学位；他还成为美国民主党全国委员会的主席，当上了美国邮政总监。

有一次，我去拜访小吉姆·法莱，问他成功的秘诀。他说："卖力地工作。"我说："别开玩笑了。"

于是他问我，我认为他成功的原因是什么。我回答道："我知道你可以叫出一万人的名字来。"

"不，不。你错了，"他说，"我能叫出5万人的名字。"

千万不要小看这一点。正是这种能力，才使得小吉姆·法莱于1932年辅佐富兰克林·罗斯福时，使他顺利地入主白宫。

当小吉姆·法莱为一家石膏公司担任推销员而到处奔波的那些年，当他在家乡小镇担任乡间公务员的那段时间，他就找到了一种记住别人姓名的有效方法。

刚开始的时候，这种方法非常简单。每当他接触一个陌生人的时候，总是要问清对方的姓名、他家中有几个人、他的职业和政治观点，并认真地记住这一切，将这些和其本人的面貌联系起来。当下次再遇到那个人时，即使是在一年以后，他都能够和对方握手，问候他的家人，关心他家后院的花草等。难怪有这么多人拥戴他！

在富兰克林·罗斯福开始竞选总统的前几个月，小吉姆一天要写好几百封信给西部及西北部各个州的人。然后他登上火车，在19天内足迹遍及20个州，行程12000公里，用轻便马车、火车、汽车、快艇代步。他每到一个城镇，就要和人们共进午餐或早点、茶点或晚餐，同他们作一番亲切的交谈，然后再奔向下一站。

等他一回到东部，就立刻给他到过的每个城镇的某个人写信，请对方将与他谈过话的客人的名单寄给他。最后名单上的名字就多得数不清了，但名单中的每个人都收到了小吉姆一封表达赞美的私人信函。这些信都是用"亲爱的比尔"或"亲爱的简"开头的，而最后总是签着"吉姆"的名字。

小吉姆·法莱早就发现普通人对自己的名字总是很感兴趣，甚至比对世上其他所有名字加起来还要感兴趣。记住一个人的姓名，并且能很容易就叫出来，你就是给对方一种巧妙而有效的恭维。但假若你忘了或记错了某个人的名字——你就会处于极其不利的境地。例如，我曾在巴黎开设了一门公共演讲课程，并向居住在城中的所有美国人寄了信。但法国打字员的英文水平很低，因此在打姓名时自然会出现错误。有一个人是巴黎一家美国大银行的经理，他给我写了一封毫不留情面的责备我的信，因为他的名字拼错了。

要想记住一个人的名字有时很难，尤其是当这个名字不太好念的时候。一般人都不愿记这种名字，而情愿叫对方的昵称。

希德·李维曾经拜访过一位顾客，这位顾客的名字叫尼古德马斯·帕帕杜拉斯。由于这个名字太难记，大多数人都叫他"尼克"。李维告诉我："拜访之前，我特别用心记住了他的名字。当我用全称和他打招呼'早上好，尼古德马斯·帕帕杜拉斯先生'时，他呆在那里，好几分钟都没有反应。最后，他流着泪说：'李维先生，我在这个国家已经待了15年，可是从来没有人用我真正的名字来称呼我！'"

安德鲁·卡内基成功的原因是什么？尽管他被誉为"钢铁大王"，但他自己对于钢铁制造的知识知之甚少。他有成千上万的人为他工作，他们在钢铁制造方面懂得的都比他要多得多。但是他知道如何为人处世，而这正是他发财致富的原因。

安德鲁·卡内基就能叫出他手下许多工人的名字，这也是他引以为豪的。他还非常得意地说，当他亲自管理公司的时候，从未发生过罢工的事件。

得克萨斯州商业股份有限公司董事长班顿·拉夫认为，公司越大就越冷漠。"唯一能够使公司变得温暖一些的办法，"他说，"就是记住人们的名字。"

人们如此重视他们的名字，因此他们会不惜代价地使之永垂不朽。就连脾气暴躁而且富可敌国的伯纳姆，也曾因为没有儿子继承其姓氏而心灰意冷，以至于答应他的外孙西雷，如果他愿意称自己为"伯纳姆·西雷"的话，情愿给他25000美元。

大多数人之所以不记得别人的姓名，只是因为他们不想花时间和精力去用心记。他们总是为自己寻找各种借口，例如说他们太忙了。但他们大概不会比富兰克林·罗斯福更忙了，然而罗斯福却能花时间去记那些他曾经接触过的机械师的名字。

例如，克莱斯勒汽车公司曾为罗斯福先生特制了一辆汽车，因为他的腿瘫痪了不能开标准型号的车。张伯伦和一位机械师将汽车送到了白宫。当罗斯福的朋友和同事都在称赞这辆车时，他当着他们的面说："张伯伦先生，我真的非常感谢你为了设计这辆车所花的时间和精力。这简直太棒了。"在上完驾驶课之后，罗斯福总统又说："好了，张伯伦先生，我已经让联邦储备委员会等我30分钟了。我想我该回去工作了。"在离开前，总统竟然找到那位机械师，和他握了握手，还叫出了他的名字，对他来到华盛顿表示感谢。张伯伦回到纽约几天后，他就收到了一张由罗斯福总统亲笔签名的照片，照片上还有简短的谢辞，再次对他的帮助表示感谢。关于罗斯福是如何有时间做这样的事情的，张伯伦简直难以理解。

富兰克林·罗斯福知道一个最简单、最明显、最重要的使人获得好感的方法，那就是记住别人的姓名，使人感觉受到了重视。

在个人事业与商业交往中，记住姓名的能力与在政治领域中几乎同样重要。不过，所有这些事都要费一定的工夫，但爱默生认为："礼貌，是由小小的牺牲换来的。"

我们应注意名字中包含的魔力，明白这正是我们与之打交道的人所完全拥有的东西，而不是属于别人的。名字使人们与他人有所区别，在众人中与众不同。当我们记住某人的姓名后，我们传递给对方的信息就会非常重要了。从服务员到高级经理，如果记住了他们的名字，我们与之交往时就会收到奇效。

请记住：牢记一个人的姓名，对他来说这是所有语言中最甜蜜、最重要的声音。

鼓励别人谈论他们自己

最近，我参加了一次桥牌聚会。我不会打桥牌——恰好有一位美丽的女士也不会打桥牌。她知道我在罗维尔·托马斯从事无线电行业之前曾经担任过他的助理。当时，我去欧洲各地旅行，帮助他整理即将播出的旅行演讲。所以她说："啊！卡耐基先生，你能不能将你所见过的名胜古迹告诉我？"

当我们在沙发上坐下的时候，她说她同她丈夫最近刚从非洲旅行回来。"非洲，"我说，"这可是一个非常有趣的地方！我总想去看看非洲，但我除了在阿尔及尔待过24小时外，没有到过其他任何地方。告诉我，你是否到过野兽出没的国度？是吗？真是幸运极了！我太羡慕你了！请讲讲非洲的情况吧！"

这让她说了45分钟。她不再问我到过什么地方或看见过什么东西。她并不是想听我谈论我的旅行，她想要的，是一个认真的倾听者，她可以借此机会讲她到过的地方，以扩大她的自我感。

她很特殊吗？不。许多人都是这样的。

例如，我在纽约一位出版商举行的宴会上遇到了一位著名的植物学家。我以前从来没有和植物学家交谈过，我觉得他具有极强的吸引力。我真的坐在椅子边上，静静地听他介绍大麻、室内花园，甚至廉价马铃薯的惊人事实。我自己有一个室内小花园，他非常热情地告诉我如何解决我的问题。

我已经说过，我们这是在宴会中。还有十几位其他客人，但我违反了所有的礼节规矩，没有注意到其他人，而与这位植物学家谈了好几个小时。

到了深夜，我向众人告辞。这时这位植物学家转身面对主人，对我大加赞扬，说我是"最富激励性的人"，我在某方面这样，在某方面那样……他最后说我是一个"最有意思的谈话家"。

一个有意思的谈话家？我几乎没有说什么话。如果我不改变话题的话，我也说不出什么来，因为我对于植物学的知识就像对企鹅的解剖学一样全然无知。但是我做到了认真倾听。我专注地听着，因为我真的有了兴趣。他也察觉到了，这当然让他很高兴。这种倾听是我们对任何人的一种最高的恭维。伍德福德在《相爱的人》中写道："很少有人能拒绝那种隐藏于专心倾听中的恭维。"而我却比专心致志还要更进一步。我这是"诚于嘉许，宽于称道"。

我告诉他，我已经得到了极其周到的款待和指导——我确实感到如此。我告诉他，我真的希望自己能有他的知识——我也确实希望如此。我还告诉他，我希望和他一起去田野漫步——我真的希望是这样。我还告诉他，我必须再见到他——我真的这样想。

就因为这样，我使他认为我是一个善于谈话的人。可是说实话，我不过是一个善于倾听的人，并鼓励他谈话而已。

成功的商业会谈的神奇秘诀是什么呢？根据前哈佛大学校长伊利亚特的观点，那就是："成功的商业交往并没有什么神秘的……专心致志地倾听正在和你讲话的人，这是最重要的。没有别的东西会比这更使人开心的。"

多年前，有一个贫困的荷兰移民少年，他每天都在放学后为一面包店擦窗户，好挣点钱养家。他家非常贫困，因此他每天都必须挎上一个篮子，去街上拾运煤车送煤时落在沟里的碎煤块。这个孩子名叫巴克，一生只在学校读过6年书，但他最后竟成为美国新闻界有史以来最成功的杂志编辑。他是怎么做的呢？说来话长，但关于他是如何开始的可以做个简单的介绍。他正是利用本章所提出的原则而走向成功的。

巴克13岁就离开了学校，去西联公司做了一名童工，但他从来都没有放弃过求学的念头。他开始自学。他平时不坐车，不吃午饭，最后用省下来的钱买了一部《美国名人传记大全》——然后他做了一件人们未曾听说过的事情。他读了这些名人传记后，开始给他们写信，请求得到他们童年时代的补充材料。他是一个善于倾听的人，他恳请这些名人谈论他们自己。他又给当时正在竞选总统的加飞大将写信，问他以前是否真的在一条运河上当过纤夫，加飞给他回了信。他还给格兰特将军写信，询问某一次战役的有关情况，格兰特将军为他画了一张地图，并邀请这位14岁的少年和他共进晚餐，和他谈了整整一晚上。

不久，这位西联公司的信童便和国内最著名的人通起信来：爱默生、温德勒·霍尔摩斯、朗费罗、林肯夫人、露易莎·阿尔科特、谢尔曼将军和杰弗逊·戴维斯。他不仅和这些著名人士通信，而且一到休息日或节假日就去拜访他们中的许多人，成了他们家中受欢迎的客人。这些经历使他培养出一种价值连城的自信心。这些著名人士激发了他的理想和志向，改变了他的人生。而所有这一切，让我再说一遍吧，都只是因为实行了我们在本章所讨论的原则而成为可能。

马可逊访问过几百位著名人物。他说许多人之所以不能给别人留下良好的印象，就是因为他们不注意倾听。"他们极其关心的是他们自己下面要说什么，他们从来都不会侧耳倾听……许多名人曾告诉我，和善于谈话者相比，他们更喜欢善于倾听者。但是，善于倾听的能力好像比任何其他能力都要少。"

如果你想知道如何让别人躲避你，在背后讥笑你，甚至轻视你，这里就有一个好方法，那就是永远不要长时间地倾听别人谈话，而是不断地谈论你自己；如果你在别人谈话过程中有了一个想法，大可不必等他说完，只要立即插嘴说你自己的事情，就可以让他住口。

所以，如果你希望成为一个善于谈话的人，就要做一个善于倾听的人。要使别人对你感兴趣，首先就要对别人感兴趣。不妨问问别人喜欢回答的问题，鼓励他们开口谈他们自己以及他们所取得的成就。

☕ 谈论别人感兴趣的话题

　　每一个拜访过西奥多·罗斯福总统的人，都会对他那渊博的知识感到惊讶。不论是牧童还是骑士，或纽约的政客和外交家，罗斯福都知道该和他说些什么。那么，罗斯福又是如何做的呢？答案很简单——不论罗斯福要见什么人，他总是会在头天晚上晚些入睡，翻阅一些来访者会特别感兴趣的资料。

　　因为罗斯福和所有领袖人物一样，深知通达对方内心的妙方，就是和对方谈论他最感兴趣的事情。

　　散文家、耶鲁大学文学教授菲尔普斯先生是个非常和蔼的人，他在早年就学到了这个道理。

　　"我8岁那年，有一次去姑姑林斯莉家过周末，"菲尔普斯在他的一篇谈论人性的小品文中这样写道，"有一天晚上，一位中年人来访。在和姑姑随便聊了几句之后，他就把注意力转移到我身上。当时我对船的兴趣正浓，而这位客人和我谈论了这方面的知识，令我产生了特殊的兴趣。他离开之后，我还对他赞赏不已。多么了不起啊！姑姑告诉我，他是纽约一位律师，本来他对有关船的事情是不应该如此热心的，甚至应该是毫无兴趣可言的。'可是，他为什么自始至终都在谈论有关船的问题呢？'

　　"'因为他是一位绅士。他见你对船很感兴趣，就谈论他认为能使你注意并高兴的话题。这使得他成为一个受欢迎的人。'"

　　菲尔普斯教授又补充说："我永远也忘不了我姑姑的话。"

　　就在我写这章的时候，我面前放着一封查立夫先生的来信，他是一位热心于童子军事业的人。

　　"一天，我感到我需要帮助。"查立夫先生写道，"欧洲将举办童子军夏令营活动，我想邀请美国某家大公司的经理赞助一位童子军的旅行。幸运的是，在拜访他之前，我听说他曾开出了一张100万美元的支票。这张支票退回来后，他把它放在了镜框中。所以我进他办公室后的第一件事就是请他给我展示那张支票。我告诉他，我这辈子从来都没有听说有人开过数额如此巨大的支票；我还要告诉我的童子军，说我的确看到过一张100万美元的支票。他愉快地把那张支票给我看。我赞叹不已，并请他把开这张支票的详细情况告诉我。"

请注意，查立夫先生在刚开始时并没有谈有关童子军或欧洲夏令营的事，也没有谈他想要对方帮助的事。他只是谈对方感兴趣的话题。下面就是结果：

"过了一会儿，我拜访的那位经理问我：'哦，请问你来找我有什么事？'我就把我的事情告诉了他。

"令我吃惊的是，他不但立即答应了我的请求，还给了我更多的资助。我本来只请他赞助一名童子军去欧洲，可是他资助了5名童子军和我本人，给我开了一张1000美元的支票，并建议我们在欧洲玩上7个星期。然后，他又给我一封介绍信，把我引荐给他在欧洲分公司的经理，请他们到时候帮助我们，他又亲自去巴黎接我们，带领我们游览了这座城市。从此以后，他就经常为家庭贫困的童子军提供工作的机会，对我们童子军事业非常热心。

"但是我也很清楚，如果我当时没有找到他感兴趣的话题，让他高兴起来，那么我大概连1/10的机会都没有。"

这种方法在商业活动中也有价值吧？我们就举个例子，来看看纽约一家高级面包公司——杜弗诺公司的经理杜弗诺先生是怎样做的吧：

杜弗诺先生一直想把面包推销给纽约某家大饭店。连续4年，杜弗诺先生几乎每个星期都要去拜访这家饭店的经理，并且经常参加这位经理出席的各种社交聚会。为了促成这笔生意，他甚至在这家饭店租了一个房间住在那里。但是他仍未做成生意。

"后来，"杜弗诺先生说，"我研究了人际关系，决定改变策略。我决定找到这个人的兴趣所在，找出他最热衷的事业。

"我发现他是美国饭店业协会的会员。不仅如此，由于他在这方面的浓厚兴趣，使他被推举为这个组织的主席。每次只要开会或举行什么活动，他都会参加。

"于是，当我再次去拜访他的时候，我开始和他谈论饭店业协会的事情。你猜他怎么了？他的反应简直令人吃惊！他和我谈了半小时饭店业协会的事情，而且精神饱满，充满热情。我可以明确看出他不仅对饭店业协会的事情感兴趣，而且将自己的全部精力都投入在这上面。就在我离开他的办公室之前，他劝我加入了这个协会。

"在这次会谈中，我没有提有关面包的半个字。可是没过几天，我就接到他饭店的主管人员的电话，让我把面包的货样和报价单送过去。

"'我真不知道你对这老先生用了什么魔法，'这位主管人员对我说，

'他可是真的被你打动了！'

"试想一下！我和这位经理打了4年交道，一心想把面包卖给他。如果不是设法找到他感兴趣的事，了解他愿意讨论的问题，恐怕我现在还一无所获！"

谈论别人感兴趣的话题，双方都不会有损失。霍华德·赫齐兹是雇员通信联盟的领袖，他曾奉行着这项法则。当被问到从中有何受益时，他说他不仅从不同的人那里获益，而且每次与人谈话时，这种获益从整体上丰富了他的生活。

☕ 让别人感到自己很重要

有一次，我在纽约第33大街和第8道交叉处的邮局排队，准备寄出一封挂号信。我注意到那位邮局员工对他的工作很不耐烦——称信、取邮票、找零钱、开收据——这样年复一年的单调而重复的工作。于是我对自己说："我一定要让那个人喜欢我。显然，要让他喜欢我，我必须说些让他高兴的话，不是关于我的，而是关于他的。"所以我问自己："他有什么值得我真诚赞美的呢？"这个问题有时候可不好回答，尤其是对一个陌生人。但是这次却很巧，我很快就发现了一件值得赞美的东西。

就在他给我称信的时候，我热情地对他说："我真希望自己也有您这样一头好头发。"

他有些惊讶地抬起头来，脸上露出了欢欣的微笑。"不过现在没以前好了。"他很谦虚地说。我诚恳地对他说："虽然它比以前稍减光泽，但还是那样好。"他显得非常高兴。于是我们愉快地谈了一会儿，最后他对我说："有许多人羡慕我的头发。"

我敢打赌，他那天吃午饭的时候一定非常愉快；那天晚上他回家后一定会把这件事告诉他妻子；他甚至会对着镜子自夸："这头发实在太漂亮了。"

有一次，我在某个公共场所讲到了这件事。一个人问我："你想从他那里获得什么？"

我想从他那里获得什么！！！我想从他那里获得什么！！！

假如我们是这么自私，一心只想着得到回报，那我们就不会给人任何快乐，不会给人一点儿真诚的赞美——假如我们的气度如此小，那我们只会遭到应有的失败。

不错，我确实想从他那里得到某些东西，想得到某些难以用金钱衡量的东西，而我也得到了！我赞美了他，可是他对我却难以回报。你会在这件事情过去许久之后，仍在记忆中得到一种美妙如歌的体验。

你希望周围的人赞同你，希望自己的价值得到认同，希望在你的小圈子里得到重视；你不愿听到不值钱的卑贱的谄媚，但渴求得到真诚的赞美。你希望你的朋友和同事都能像施瓦布所说的"诚于嘉许，宽于称道"——我们都希望这样。那么，就让我们遵守这条黄金法则：你希望别人怎么待你，就先怎样待别人。

怎么做？什么时候做？在什么地方做？答案是：随时随地去做。

例如，我们进餐馆时要了一份法式炸薯条，而女服务员却端给我们一盘薯泥，我们不妨说："对不起，给你添麻烦了，但我更喜欢法式炸薯条。"她也许会说："一点也不麻烦。"由于我们对她表示了尊敬，所以她会很高兴地给我们换炸薯条。

"对不起，给你添麻烦了"，"请你……"，"能不能……"，"谢谢"——这些细微平常的礼貌短语，就像是每天单调生活中的润滑剂，会给我们的生活平添几分色彩，同时也是我们优良品质的体现。

一个不容否认的事实就是，凡是你遇见的人，都会觉得他们在某些方面比你强。巧妙地承认对方的重要性，并由衷地表达出来，就会使你得到他的友谊。

请记住爱默生的话："凡是我所遇见的人都有比我优秀之处。在这方面，我正好可以向他学习。"

和人们谈论他们自己，"狄斯累利说（他是曾统治大英帝国的最聪明人士之一），"和人们谈论他们自己，他们就会听上几个小时。"

魅力女人的幸福课

行动胜于言论。微笑会让人明白："我喜欢你。你使我快乐。我很高兴见到你。"

牢记一个人的姓名，对他来说这是所有语言中最甜蜜、最重要的声音。

诚于嘉许，宽于称道。

如果你希望成为一个善于谈话的人，就要做一个善于倾听的人。要使别人对你感兴趣，首先就要对别人感兴趣。

第六篇　活在当下

昨天已逝，明天未到，怎忍辜负眼前好时光

卡耐基淡定的智慧

两个人从监狱的铁窗向外看，一个只看见烂泥，另一个却看到了星星。

快乐主要并不是享受，而是胜利。这种胜利来自一种成就感，一种超越，将我们的柠檬做成柠檬汁。

我们不仅要有忍受一切的能力，而且还要喜欢这一切。

我们的缺陷对我们有意外的帮助。

01

调制生活的柠檬水

将我们的柠檬做成柠檬汁

在写这本书的时候，有一天我去芝加哥大学向罗伯特·梅纳德·哈吉斯校长请教如何克服忧虑。他回答说："我一直都在遵循西尔斯公司已故董事长朱利亚斯·罗森沃德告诉我的忠告。他说：'如果你只有一个柠檬，就做一杯柠檬汁。'"

这是一个伟大教育家的做法，而傻子却正好相反。要是他发现人生只给他一个柠檬，他就会自暴自弃地说："我完了。这就是命。我没有任何机会。"然后他就开始诅咒这个世界，沉溺在自怜之中。而聪明人拿到一个柠檬的时候，会说："我可以从这个不幸中学到什么？我怎样才能改善处境？怎样把这个柠檬做成一杯柠檬汁？"

伟大的心理学家阿尔弗雷德·阿德勒花了毕生精力研究人类未曾开发的潜能之后，认为人类最奇妙的特性之一就是"变负为正的力量"。

下面是一个女人有趣而有意义的故事。我认识她，她正是这样做的。她叫瑟玛·汤普森，住在纽约市黎明街100号。

"在战争期间，"她告诉我她的经历，"我先生在新墨西哥州莫嘉佛沙漠附近的陆军训练营驻防。我为了离他近一点，也搬去那里。我讨厌那个地方，我从未这么烦恼过。我先生被派往莫嘉佛沙漠，我一个人留在那间小破屋里。那儿热得难以忍受——大仙人掌的阴影下温度高达华氏125度。除了墨西哥人和印第安人之外，没有人和你谈话，而且这些人又不会说英语。风不停地吹，所有吃的东西和呼吸的空气中全都是沙子！沙子！沙子！

"我极其沮丧，难过得无法描述，就给我父母写了封信，告诉他们我忍受不了，想要回家。我说我连一分钟也住不下去了，还不如待在监狱里。我父亲的回信只有两行字，这两行字一直萦绕在我的记忆当中，彻底改变了我的生活。

'两个人从监狱的铁窗向外看，一个只看见烂泥，另一个却看到了星星。'

"我把这两行字念了一遍又一遍，自感惭愧。我下定决心，一定要找出那儿还有什么好地方。我要去找星星。

"我和当地人交上了朋友，而他们的反应也令我惊奇不已。当我对他们的织布和陶器表示出兴趣时，他们就把他们最喜欢的、不肯卖给观光客的东西送给我当礼物。我研究仙人掌和各种当地植物，还知道了土拨鼠，看到了沙漠日落，还去寻找300万年前留在这里的贝壳，当时这里还是海床。

"是什么使我产生了如此惊人的改变呢？莫嘉佛沙漠没有变化，印第安人也没有改变。可是我变了。我改变了我的心态。通过改变心态，我把那些令人颓废的境遇变成了我生命中最具刺激的冒险。我所发现的这个崭新的世界，使我感动而兴奋，我为此写了一本小说《光明城堡》……我从自己设下的监狱向外望，看到了星星。"

瑟玛·汤普森，你发现了古希腊人在公元前500年所教的一条真理："最好的正是最难得到的。"

在20世纪，哈瑞·爱默生·福斯迪克又重复了这句话："快乐主要并不是享受，而是胜利。"不错，这种胜利来自一种成就感，一种超越，将我们的柠檬做成柠檬汁。

☕ 变负为正的能力

我曾拜访过一位住在佛罗里达的快乐农夫，他甚至把有毒的柠檬做成了柠檬汁。他当初买下那片农场时，非常颓丧。那块地太差了，既不能种水果，也不能养猪，只能生长矮灌木和响尾蛇。然后，他想出了主意，把他所拥有的变成一种资产：他打算好好利用那些响尾蛇。他的做法让大家都很吃惊，因为他开始做起了响尾蛇肉罐头。当我几年前去看他的时候，我发现每年来这里参观他的响尾蛇农场的游客将近两万人。他的生意蓬勃发展。我看到从响尾蛇口里取出来的毒液被送到各大药厂制造蛇毒血清。我还看到响尾蛇皮以很高的价钱卖出去，用来做女士皮鞋和提包。我还看到响尾蛇肉罐头被运到世界各地的顾客手里。我买了一张印有那个地方照片的明信片，在当地邮局寄了出去。现在这个村子已改名为佛罗里达响尾蛇村，以纪念这位把有毒的柠檬做成甜美柠檬汁的人。

因为我一次又一次在全国各地来回旅行，使我有幸见到许多男人和女人表现出"他们变负为正的能力"。《十二个以人胜天的人》一书的作者，已故的威廉·波里索曾这样说：

"生命中最重要的，就是不要把你的收入算资本。任何傻子都会这样做。真正重要的，是要从你的损失中获利。这就需要聪明才智，这正是聪明人和傻子的区别。"

波里索是在一次汽车灾难中摔断一条腿后说这些的。但我还知道有一个断了双腿的人，也把他的负面变成了正面。他的名字叫本·福特森。我在佐治亚州大西洋城一家旅馆的电梯里遇到的他。在我进入电梯的时候，我注意到了这个看上去非常开心的人，他断了两条腿，坐在电梯角落的一张轮椅上。当电梯停在他要去的那一层时，他开心地问我是否可以给他让一下，好让他出去。"真对不起，"他说，"给您添麻烦了。"——他说这话的时候，露出了深切而温暖的笑容。

当我出了电梯回到房间时，除了这个开心的残疾人之外，我再也想不起其他事情。于是我去找他，请他把他的故事告诉我。

"事情发生在1929年，"他微笑着告诉我，"我砍了一大堆胡桃木树枝，准备给我花园里的豆子做支架。我把胡桃木枝装在我的福特车上，准备回家。突然一根树枝滑下车，卡在引擎中，当时汽车正急转弯。汽车冲出路外，我撞在了一棵树上。我的脊椎受了伤，两条腿都残了。

"出事那年我才24岁，从那以后我再也没有走过一步路。"

24岁时就被判一辈子依靠轮椅生活。我问他为什么能够这么勇敢地接受这个事实，他说："我以前并不能这样。"他说他当时充满了怨恨和反抗，抱怨他的命运。但时间仍在一年一年地过去，他发现抱怨不能解决任何问题，只会使他更痛苦。"我终于明白，"他说，"大家都对我很好，很有礼貌，所以我至少应该做到对别人也有礼貌。"

我问他在经过这么多年以后，是否还觉得那次意外是一次巨大的不幸。他当即就说："不。我现在甚至很高兴有那次经历。在克服了懊丧悔恨之后，我开始生活在一个不同的世界。我开始读书，并喜欢上了优秀文学作品。在14年时间里，我至少看了1400多本书，这些书为我开拓了全新的视野，使我的生活比以前更加丰富多彩。我开始欣赏美妙的音乐，以前让我觉得烦闷的伟大交响乐，现在却让我非常感动。

"但最大的变化是我现在有时间去思考。我有生以来第一次，能仔细地观察这个世界，有了真正的价值观。我开始明白，我以往所追求的事情，实际上大部分一点价值都没有。

"看书的结果，是我对政治产生了兴趣，并研究公共问题，坐在轮椅上到处演说，并结识了很多人，很多人也由此认识了我。"

今天，本·福特森仍然坐在他的轮椅上，却已经成为佐治亚州政府的秘书长。

不仅要忍受一切，而且还要喜欢

在过去35年里，我一直在纽约市开办成人教育课程。我发现许多成年人最大的遗憾是他们从来没有上过大学，他们似乎认为没有接受大学教育是一大缺陷。我知道这不一定对，因为我就知道成千上万的成功人士，他们甚至连中学都没有毕业。所以我常常给这些学员们讲一个我认识的人的故事，这个人甚至小学都没有读完。

这个人的家非常穷，当他父亲去世的时候，还是由他父亲的朋友筹款，才把他父亲安葬的。他父亲死后，他母亲在一家制伞厂上班，一天要干10小时，还要带一些活回家，一直干到晚上11点。

在这种环境中成长的这个男孩，曾参加过由当地教堂举办的一次业余戏剧表演。演出时他非常开心，因此决定去学当众演讲。这种能力又引导他步入政坛。30岁时，他当选为纽约州议员。可是他对这项职务一点准备也没有。事实上他还告诉我，他甚至不知道这是怎么回事。他开始研究那些他必须投票表决的冗长而复杂的法案——可是这些法案对他来说，就好像是用印第安文字写的。他当选为森林委员会委员时，他从来没有走进过森林，因此他既忧虑又迷惑。当他当选为州议会金融委员会委员时，他同样既担心又惊异，因为他此前甚至不曾在银行开过户。他告诉我，他当时沮丧得差点儿从议会辞职，但他羞于向他的母亲承认他的失败。在绝望之中，他决定每天苦读16个小时，把他一无所知的柠檬变成一杯饱含知识的柠檬汁。结果，他从一个地方政治家变成了一个全国知名的人物，而且使自己变得更加优秀，以至于《纽约时报》称他为"纽约最受欢迎的市民"。

我说的是艾尔·史密斯。当艾尔·史密斯开始这种自我教育的政治课程10年之后，他成了纽约州政府的活字典。他4次当选为纽约州州长——一个无人打破的纪录。1928年，他成为民主党总统候选人，还有6所大学——包括哥伦比亚大学和哈佛大学——赠予这个甚至连小学都没有毕业的人名誉学位。

艾尔·史密斯亲口告诉我，如果他当年没有一天工作16个小时，把负面转化为正面的话，所有这一切都不可能发生。

尼采对超人的定义是："不仅在必要的情况下忍受一切，而且还要喜欢这一切。"

假使我们颓丧到了极点，觉得根本不可能把柠檬做成柠檬汁，那么，下面则是我们应该试一试的两条理由——这两条理由告诉我们，为什么我们只会赚而不会赔。

第一条理由：我们可能成功。

第二条理由：即使我们不能成功，但只要我们试着变负为正，就会使我们朝前看，而不会朝后看，它将会用肯定的思想来替代否定的思想；将激发你的创造力，让我们忙得根本没有时间，也没有兴趣去为那些已经过去和已经完成的事情担心。

有一次，世界著名的小提琴家欧利·布尔在巴黎举办一场音乐会，他小提琴上的A弦突然断了，但他仍然用另外3根弦演奏完了那支曲子。"这就是生活，"哈瑞·爱默生·福斯迪克说，"如果你的A弦断了，就用其他3根弦演奏完曲子。"

这不仅是生活，它比生活更加可贵——这是一次生命的胜利。

如果我能够做到，我会把威廉·波里索的这些话铭刻在铜牌上，挂在世界上每一所学校里：

"生命中最重要的，就是不要把你的收入算资本。任何傻子都会这样做。真正重要的，是从你的损失中获利。这就需要聪明才智，这正是聪明人和傻子的区别。"

所以，要培养能给你带来平安快乐的心理，就要记住：当命运给我们一个柠檬时，我们要试着做一杯柠檬汁。

魅力女人的幸福课

如果你只有一个柠檬，就做一杯柠檬汁。

两个人从监狱的铁窗向外看，一个只看见烂泥，另一个却看到了星星。

生命中最重要的，就是不要把你的收入算资本。任何傻子都会这样做。真正重要的，是要从你的损失中获利。

02

"健忘"也是一种能力

☕ 用忙碌消除你的忧虑

我永远都忘不了几年前的一个晚上，当时马利安·道格拉斯是我班上的一个学员。（我没用他的真名。出于个人原因，他要求我不要说出他的身份。）但这是他的真实故事，他在我的一个成人教育班上讲过。他告诉我们他家里遭受的不幸——不止一次，而是两次。

第一次，他失去了5岁的女儿，这是他非常喜爱的孩子。他和他的妻子都以为他们无法承受这个打击；可是，正如他所说的："10个月之后，上帝又赐给我们另一个小女儿——她只活了5天。"

接连而来的打击几乎使人无法承受。"我受不了，"这个父亲告诉我们，"我睡不着吃不下，也无法休息或放松。我精神上受到了致命的打击，信心全没了。"最后，他去看了医生。有一位医生建议他吃安眠药，而另一位医生则建议去旅行。

他试了这两个方法，可是都没有用。他说："我的身体犹如夹在一把铁钳子里，而铁钳却越夹越紧。"那种悲哀——如果你曾经因为悲哀而感觉麻木的话，就知道是什么感受了。

"不过，感谢上帝，我们还有一个孩子——一个4岁大的儿子。他教我找到了解决问题的方法。一天下午，我悲伤地呆坐着，他问我：'爸爸，你肯不肯给我做一条船？'我实在没有心情；事实上，我没有心情做任何事。可是我的儿子是个很会缠人的小家伙，我不得不屈服。

"做那条玩具船花了3个小时。等做好之后，我发现这3个小时竟成了我这几个月以来第一次心情放松的时间。

"这个发现使我从恍惚中惊醒过来，也使我想了许多——这是我几个月来第一次认真思考。我发现，如果你忙着做一些需要计划和思考的事情时，就很难去忧虑了。对我来说，做那条船时忧虑全都消失了，所以我决定让自己忙起来。

"第二天晚上，我看了看每一个房间，把要做的事情列成一张单子。有许多东西如书架、楼梯、屋顶窗、窗帘、门把、门锁、漏水的龙头都需要修理。让人震惊的是，我在两个星期里竟然列出了242件需要做的事情。

"在过去的两年里，这些事情大部分都已经做完了。此外，我还给我的生活增加了富有启发的活动：每个星期到纽约市参加两个晚上的成人教育课，并参加小镇上的一些活动；现在我是校董事会主席，参加过很多会议，并协助红十字会和其他活动募捐。现在我忙得没有时间忧虑。"

没有时间忧虑！这也正是丘吉尔曾说过的，当时战事紧张，他每天工作18个小时。当别人问他是不是担心这一巨大责任时，他说："我太忙了，没有时间忧虑。"

为什么"让自己忙着"这么简单的一件事情，就能把忧虑赶走呢？因为有这么一个定理——这是心理学所发现的基本定理之一。这条定理就是：一个人不论多么聪明，都不可能在同一时间想一件以上的事情。不信？让我们来做一个实验：

假定你现在靠坐在椅子上，闭上双眼，试着在同一时间去想自由女神以及你明天早上打算做什么事情。

你会发现，你只能轮流想其中的一件事，而不可能同时想两件事，对不对？就你的情感来说也是如此。我们不可能充满热情地想去做一些令人兴奋的事情，同时又因为忧虑而拖延下来。

一种感觉会把另一种感觉赶出去。就是这么简单的发现，使得军方一些心理专家能够在第二次世界大战时创造出医学奇迹。

当有些人因为在战场上受到打击而退下来时，他们都患上了"心理上的精神衰弱症"。军队医生采取了"保持忙碌"的治疗方法。这些精神受到打击的人每时每刻都在活动，例如钓鱼、打猎、打篮球、打高尔夫球、拍照、种花，跳舞，根本不让他们有时间回想那些可怕的经历。

☕ 消除思想上的忧虑

"职业治疗"是精神病学发明的名词，就是拿工作当作治疗疾病的药。

这并不是什么新方法，公元前500年古希腊医生就已经使用这种方法。

在富兰克林时代，费城教友会的教徒也使用过这种方法。1774年，有一个人去参观教友会办的疗养院，当他看见那些精神病人正忙着纺纱时，他大为震惊。他认为那些可怜而不幸的人正在被剥削。后来教友会的人向他解释说，他们发现那些病人只有在工作时病情才能真正好转，因为工作能让他们安定。

任何精神病专家都会告诉你：工作——保持忙碌——是治疗精神病的最好良方。亨利·朗费罗在他年轻的妻子去世之后，也发现了这个道理。

有一天，他太太在蜡烛上熔化一些封蜡，结果衣服着火了。朗费罗听见她的叫喊声，立即赶过去，但她还是因为烧伤而离开了人世。很长一段时间，朗费罗都忘不掉这件可怕的事情，几乎发疯。幸好他的3个幼小的孩子需要他照料。他虽然很伤心，但还是要父兼母职。他带他们散步，给他们讲故事，和他们做游戏，把他们的亲情永存在《孩子们的时间》一诗里。他还翻译了但丁的诗。所有这些使他忙得完全忘了自己，思想上重新得到了平静。这正如丹尼森在他最好的朋友亚瑟·哈兰死的时候曾说过的："我必须让自己沉浸在工作中，否则我会在绝望中死去。"

大脑空出来时，也会有东西补充进去。是什么呢？通常是感觉。为什么？因为忧虑、恐惧、憎恨、嫉妒和羡慕等情绪都是受思想控制的，而这些情绪都非常强烈，往往会撵走我们思想中所有平静、快乐的思想和情绪。詹姆斯·马歇尔是哥伦比亚师范学院教育系教授。他在这方面说得很清楚：

"忧虑对你伤害最大的时候，不是在你忙着工作的时候，而是在你干完一天的工作之后。那时，你的想象力会混乱，使你想到各种荒诞不经的事情，夸大每一个小错误。在这个时候，你的思想就像一辆没有载重的汽车，横冲直撞，摧毁一切，甚至把自己撞成碎片。消除忧虑的良方，就是让自己做一些有意义的事情。"

并非成为大学教授才能懂得这个道理，才能将其付诸实践。我在第二次世界大战时碰到一位住在芝加哥的家庭主妇，她告诉我说，她发现"消除忧虑的良方，就是让自己做一些有意义的事情"。当时我正在由纽约到密苏里州农庄的路上，正好在火车餐车上碰到这位太太和她的先生。（很抱歉我没有他们的姓名，尽管这是增加故事可靠性的细节。我不喜欢不带姓名、地址地举例。）

这对夫妇告诉我，他们的儿子在"珍珠港事变"的第二天加入陆军部队。母亲当时很担忧她的独生子，使她的健康严重受损。她常常想：他在哪里？是不是安全？是不是在打仗？会不会受伤？会不会阵亡？

我问她是怎么克服忧虑的，她回答说："我让自己忙着。"她告诉我，她先是把女佣辞退，试图做家务保持忙碌，可是作用不大。"问题是，"她说，"我做家务总是机械式的，完全不用思想。所以当我铺床和洗碟子时，还总是担忧。我发现我需要一些新的工作，才能使我每时每刻都能身心忙碌，于是我去了一家大百货公司当售货员。

"这下好了，"她说，"我马上发现自己身处一个运动的大漩涡：四周全是顾客，问价钱、尺码、颜色等。除了工作，我没有一秒钟想其他问题。到了晚上，我也只能想如何让双脚休息一下。吃完晚饭之后，我躺在床上很快就睡着了。我既没有时间，也没有精力忧虑。"

她发现的这一点，正如约翰·科伯尔·波斯在《忘记不快的艺术》一书中所说的："一种舒适的安全感，一种内在的宁静，一种因快乐的迟钝，都能使人在专心工作时精神平静。"

能做到这一点的人实在太幸运了！

要是我们忧虑的话，就让我们记住，我们可以把工作当作一种很好的古老疗法。原哈佛大学临床医学教授、已故博士理查德·卡伯特在《生活的条件》这本书中也说过："作为一个医生，我很高兴地看到，工作可以治愈很多病人。他们所患的病，是由于过分疑惧、迟疑、踌躇和恐惧造成的。工作带给我们的勇气，就像爱默生永垂不朽的自信一样。"

如果你和我不能一直忙着，如果我们呆坐发愁的话，我们就会孵出许多达尔文称为"胡思乱想"的东西，而这些"胡思乱想"犹如传说中的魔鬼，会掏空我们的思想，摧毁我们的行动和意志。

我认识纽约的一个商人，他就是用忙碌来赶走"胡思乱想"，使自己没有时间烦恼和忧虑的。他叫查伯尔·朗曼，办公室在第40大街；他也是我成人教育班的学员。他征服忧虑的经历非常有意思，也非常特殊，所以上完课之后我请他和我一起去吃宵夜。我们在一间餐馆一直坐到半夜，谈他的经历。下面就是他告诉我的故事：

"18年前，我因为忧虑患上了失眠症。我紧张不安，爱发脾气。我想我快要精神崩溃了。我之所以发愁，是有原因的。当时我是纽约市西百老汇418号皇冠水果制品公司的财务经理。我们投资50万美元，把草莓装在一加仑的罐子里。20年来，我们一直向冰淇淋厂销售这种一加仑装的草莓。

"突然，我们的销售量大跌，因为那些大冰淇淋厂商的产量迅速增加，他们为了节省开支和时间，都买桶装草莓。

"我们50万美元的草莓不仅卖不出去，而且根据合同，我们在接下来的一年还要再购买100万美元的草莓。我们已经向银行借了35万美元，既还不出钱，也不能再续借贷款，我当然担忧了！

"我赶到我们在加州华生维里的工厂，想让总经理相信情况有所改变，我们将面临毁灭。但他不肯相信，而是把这些问题都归罪给纽约的公司以及那些可怜的业务员。

"经过几天的协商，我终于说服他不再用这种包装，把新包装投放在旧金山市场上卖。这几乎可以解决我们的问题，因此我应该不再忧虑了；可我还是有些担忧。忧虑是一种习惯，而我已经染上这种习惯了。

"回到纽约后，我开始担心每一件事：在意大利买的樱桃、在夏威夷买的凤梨……我紧张不安，睡不着觉，就像我刚才所说的，简直精神崩溃了。

"在绝望中，我换了一种新的生活方式，它治好了我的失眠症和忧虑。我一直忙着，忙到必须全力以赴，根本没有时间忧虑。以前我一天工作7小时，现在一天工作十五六个小时。我每天早上8点就到办公室，一直干到半夜。我接下新的工作，担负起新的责任。每当我半夜回家时，总是筋疲力尽地躺在床上，不过几秒钟就浑然入睡。

"这样过了将近3个月，我改掉了忧虑的习惯，恢复到每天工作七八个小时的正常情形。这事情发生在18年前。从那以后，我再也没有失眠和忧虑过。"

萧伯纳说得对，他总结这些说："人们之所以忧虑，就是有空闲来想自己到底快乐不快乐。"所以，不必去想它！

在手掌心吐口唾沫，让自己忙起来，你的血液就会开始循环，你的思想就会变得敏锐——不久这种积极的情绪就会驱除思想上的忧虑。让自己一直忙着！这是世界上治疗忧虑最便宜、最有效的良药。

☕ 忘记那些无关紧要的小事

下面这个富有戏剧性的故事我也许终身难忘。讲述这个故事的人叫罗伯特·摩尔，他住在新泽西马普伍德市第14大道。

"1945年3月，我学到了我人生当中最重要的一课。"他说，"我是在中南半岛附近276英尺深的海底学到的。当时，我和另外87个人一起在贝雅S. S.

318号潜水艇上。我们从雷达上发现正有一小支日本舰队朝我们这边驶来。天将亮的时候，我们浮出水面发动攻击。我从潜望镜里发现了一艘日本驱逐护航舰、一艘油轮和一艘布雷舰。

"我们向那艘驱逐护航舰发射了3枚鱼雷，但未击中目标。那艘驱逐护航舰并不知道正遭受攻击，继续向前驶去。我们又打算攻击最后那艘布雷舰。突然，它转过头径直朝我们驶来。（有一架日本飞机从上空看见我们在深水下，把我们的位置用无线电通知了日本布雷舰。）我们潜到150英尺深处，以免被它探测到，同时做好准备应付深水炸弹：我们在所有的舱盖上都多加了几层铁栓，同时为了让我们的潜艇保持绝对稳定，我们关掉了所有的电扇和冷却系统及发电设备。

"3分钟后，突然天崩地裂：6枚深水炸弹在我们四周爆炸，把我们推到海底276英尺深处。我们吓呆了！在不到1000英尺深的海水里遭受攻击是很危险的——如果不到500英尺几乎难逃厄运。而我们当时却在不到500英尺一半深的水下受到攻击，从安全角度来说，水深等于只到膝盖部分。那艘日本布雷舰不停地投深水炸弹，连续攻击15个小时。

"如果深水炸弹距潜水艇不到17英尺，炸弹可以在潜艇上炸出一个大洞来。大约有十几颗深水炸弹就在离我们50英尺的地方爆炸，我们奉命'固守'——静躺在床上，保持镇定。我吓得几乎无法呼吸。'这下死定了。'我一直不停地对自己说着，'这下死定了……这下死定了。'电扇和冷却系统全都关闭之后，潜水艇内的温度高达华氏100多度，可是我却害怕得全身发冷，虽然穿了一件毛衣，还有一件皮领夹克，可还是冷得发抖。我的牙齿不停地打颤，全身冒出阵阵冷汗。攻击持续了15个小时，然后突然停止。显然，那艘日本布雷舰用光了所有的深水炸弹，这才离开。这15个小时的攻击，就像是1500万年。过去的生活一一呈现在我眼前。

"我记起了以前做过的所有坏事以及我曾担心的所有小事。在加入海军之前，我是一个银行职员，曾为工作时间太长、薪水太少而且没有多少升迁机会发愁。我曾经因为没有办法买自己的房子、没有钱买新车、没有钱给我太太买好衣服而忧虑。我非常讨厌我以前的老板，他老是给我找麻烦。我还记得，每天晚上回到家里的时候，我总是又累又困，常常因为芝麻小事而跟我太太吵架。我甚至还为我额头上一次车祸留下的伤痕发愁。

"在多年以前，那些令人发愁的事看起来很大！可是在深水炸弹就要夺走我生命的那一刻，这些事情又是多么的荒谬和微不足道。就在那时候，我答应自己，如果我还有机会活下去，永远也不会再忧虑了。永远！永远！！

永远！！！在潜艇那可怕的15个小时里，我所学到的生活道理比我在大学4年所学的要多得多。"

我们通常能勇敢地面对生活中的重大危机，可是却会被那些小事情搞得焦头烂额。芝加哥的约瑟夫·沙巴士法官在仲裁4万多件不愉快的婚姻案件之后说："小事是导致婚姻生活不美满的根本原因。"纽约州前地方检察官弗兰克·霍根也说："在我们的刑事案件里，一半以上都是由小事情引起的：在酒吧里逞英雄，为小事情争吵，讲话侮辱人，措辞不当，行为粗鲁——这些小事情导致了伤害和谋杀。很少有人天性残忍。正是因为自尊心受到了小小的伤害，或受到屈辱，或虚荣心得不到满足，结果造成了世界上半数令人伤心之事。"

罗斯福夫人刚结婚的时候，每天都在担心，因为她的新厨子做饭很差。"可是，如果事情发生在现在，"罗斯福夫人说，"我就会耸耸肩忘了它。"太好了，这才是成年人的做法。就连凯瑟琳这位最专制的俄国女皇，当厨子把饭做坏时，也只是付之一笑。

我和我夫人曾去芝加哥一个朋友家里吃饭。分菜的时候，他出了点差错。我当时并没有注意，而且即使注意到了也不会在意。可是他太太看见了，立即当着我们的面指责他。"约翰，"她尖叫道，"看看你在做什么！难道你永远也学不会如何分菜？"

然后她对我们说："他老是犯错，简直心不在焉。"也许他确实没有好好做，可是我却实在佩服他和他太太相处20年之久。老实说，只要舒服，我情愿只吃抹了芥末的热狗，而不愿一面听她啰唆，一面吃北京烤鸭和鱼翅。

那件事情之后不久，我夫人和我请了几位朋友到家里来吃晚饭。就在他们快到的时候，我夫人发现有3条餐巾和桌布的颜色没办法相配。

"我冲到厨房，"她后来告诉我，"结果发现另外3条餐巾送出去洗了。客人这时已经到了门口。我没有时间再换了。我急得差点哭出来。我当时只想：'为什么会犯这么愚蠢的错误，毁了整个晚上？'然后我又想，为什么要让它毁了呢？于是，我走进去吃晚饭，决定好好享受一下。我真的做到了。我情愿让我的朋友认为我是一个懒散的家庭主妇，"她告诉我，"也不想让他们认为我是一个神经兮兮、脾气暴躁的女人。而且据我所知，根本没有人关心那些餐巾。"

一条众所周知的法律名言说："法律不管小事。"人也不该为小事而忧虑——如果他希望心理平静的话。

狄斯累利也曾说："生命如此短暂，不能只顾小事。""这些话，"安德烈·莫瑞斯在《本周》杂志中说，"曾经帮我熬过了很多痛苦的经历：我们常常会因为一些本可不屑一顾的小事而弄得心烦意乱……我们活在这个世上只有短短的几十年，而我们却浪费了许多不可挽回的时间，去为一些一年之内就会被所有人忘了的小事而发愁。不要这样！我们要去实践那些值得做的事情和感觉，想伟大的思想，经历真正的感情，做必须做的事。因为生命如此短暂，不能只顾小事。"

下面是哈里·爱默生·福斯迪克博士讲的最有意思的一个故事——森林里的一个巨人在战争中如何得胜、又如何失败的。

"在科罗拉多州长山的山坡上，躺着一棵大树的枯枝残躯。自然学家告诉我们，它活了400多年。它发芽时，哥伦布刚登陆美洲；第一批移民来到美国时，它才长一半大。在它漫长的生命历程里，曾被闪电击中14次，无数次狂风暴雨侵袭过它，它都能战胜。但是最后来了一小队甲虫，使它倒在地上。那些甲虫从根部往树里面咬，渐渐伤了树的元气，而它们就只靠细小而持续不断的攻击。这样一个森林巨人，岁月不曾使它枯萎，闪电不曾将它击倒，狂风暴雨不能伤着它，最后因为一小队大拇指和食指就可以捏死的小甲虫而倒了。"

我们不都像森林中那棵身经百战的大树吗？我们不也经历过生命中无数次狂风暴雨和闪电的打击吗？可是我们却会被心中忧虑的小甲虫咬噬——用大拇指和食指就可以捏死的小甲虫。

几年前，我去了一趟怀俄明州的提顿国家公园。与我同行的是怀俄明州公路局局长查尔斯·谢弗雷德及其朋友。我们本来都想去参观洛克菲勒在那个公园里的一栋房子，可是我坐的那辆车转错一个弯迷了路，等我到达那栋房子时，比其他车晚了一个小时。谢弗雷德先生有打开大门的钥匙，但他却在那个天气又热、蚊子又多的森林里等了一个小时。那里的蚊子多得会让圣人发疯，可是它们不能战胜查尔斯·谢弗雷德。他在等我们时折下一小段白杨树枝，做了一根小笛子。当我们到达时，他是不是正驱赶蚊子呢？不，他正在吹笛子，我认为这个笛子是对一个知道如何避开小事的人的纪念。

因此，请千万记住，不要让自己因为一些应该抛弃和忘记的小事而忧虑。要记住："生命如此短暂，不要为小事而忧虑。"

03

到处都有"美"，关键是善于发现

发现别人的可爱之处

纽约市的琼·李·罗瑞给我来信，告诉了我一些有趣的人和事：

"一天上午，大约是在11点钟左右，在我毫无心理准备的情况下，我的公司突然被两个生意人用所谓的'法律手段'夺走了。我一下子惊呆了，立即去找我的律师。在向律师咨询之后，我不得不接受事实。要知道，我自打出生以来，从来都没有像这次这么恐惧过。转眼之间，我就失去了一切。下午2点左右，我来到工厂，向生产部经理路易斯小姐讲了事情的经过，然后和其他员工一一道别。这些人大都是从一开始就跟着我做事的。

"但是，在新老板接手的时候，竟然发生了令人难以想象的事情：整个公司的所有人全都收拾好了自己的东西，他们辞职了。新老板向他们保证，如果他们留下来，他会给他们满意的条件。他还特意找到路易斯说，只要她肯回去，就答应给她一份终身职务。但是路易斯回答说：'我并不是非得靠你们这种人才能活下去。'

"新老板都快急疯了。因为他们有大量的库存和机器，可是又没有人懂生产技术，也找不到愿意为他们工作的人。

"我的那些员工去政府部门申请失业救济金，但是当政府部门打电话到公司核实时，新老板却说：'这些人在我们这里有事情做，可以让他们回来上班。'但是员工们没有接受，他们当然也没有得到救济金。我不能为他们做什么，我自己现在已经分文全无了，我的一切都归公司所有。

"接连5个星期，情况都没有任何变化。我心里着急那些员工们靠什么生活，因为他们总是很快就花完当月的工资。但是到了第六个星期时，新老板不得不投降，他们只是得到了公司的一个空壳，因为他们根本就无法开工。

那天下午4点钟左右，公司又合法地回到了我手中。第二天一大早，所有员工又全都回来上班了。

"当我失去公司的那一刻，的确出现了最糟糕的情况。我无能为力，只剩下员工和我之间相互真诚的尊重、欣赏和理解。在危急关头，正是他们以最真诚的忠心对待我，使得新老板没有选择，只能把公司归还给我。我永远感激他们，这个世界上不会有人像我这样幸运，拥有这么多可爱的朋友。"

这是一个多么感人的故事啊！

那些成熟的人，正在不断地发现我们人类的可爱之处。至于那些只会说搞政治的人全都是骗子、大公司都缺少人情味、当老板的都是奸商的人，显然还没有达到成熟。

学会宽容，多一点谅解

来自西弗吉尼亚州的达尔·帕里，也在1944年从海上的一艘自由轮船中学到了这有用的一课。他的经历完全可以作为我们学习的范例。

当时，帕里先生还是航海学校的一名学员，他是以甲板水手的身份在轮船上当实习生。这是轮船上最低的职位，船上几乎任何一个人都可以对他发号施令，而他绝对不许违背，否则不管谁提出对他不利的报告，他就得回部队去。帕里先生说：

"那位船长对于这种实习制度根本不屑一顾，而且他对于来自商业航海学院的所有人和事也都不以为然。因此，我的日子过得并不好。

"当我和这些冷酷无情的人一起度过4个星期之后，我的功课落了许多。本来，我每天要花6个小时温习功课的。现在，我不得不想办法了。我决定去找船长谈一谈。一天晚上，我手上拿着一本书，小声地敲了敲船长的门。

"'是谁啊？'他大声问。

"'是我，帕里。船长，我——'

"'你他妈的究竟想要干什么？'他生气地问我。

"'是这样的，船长，不知道您是否能帮我解释一下我遇到的棘手问题，我想我会深表感激的。我相信，凭借您多年来的出海经验，一定遇到过不少类似这样的问题，知道该怎么处理的。'

"'当然没错。'船长说，'让我看看。'

"当我走出船长的房间时，他答应我每天可以有4个小时的时间专心复习功课，还有两个小时在甲板上服务，4个小时执勤。船长变成了一位善解人意的大好人。"

只要我们用心观察，消除心中的忧虑，我们将会发现这些可爱的同胞是多么的善良、仁慈而慷慨。

有一年夏天，康涅狄格州的梅德河洪水成灾，如果不是靠勇气和邻里之间的相互鼓励，住在那里的人们有几个能幸存下来呢？

每当有死亡和灾难降临时，我们都能从中学到一些关于人生的新知识。我有一个朋友，他曾因为参与镇上的派系斗争，结果和自己的邻居闹得势不两立。后来，他因为车祸受了重伤，被送进医院治疗。

圣诞之夜，我这位朋友躺在医院里，内心觉得非常凄凉。这时，他的两个邻居前来看望他，而他原以为他们会对他非常痛恨的。他们给他送来了一份圣诞礼物，这是一只装满了礼物的巨大的蓝色圣诞袜。

我认为我已经没有必要费更多的笔墨，去评论我的朋友是如何通过这件事改变了他对人们的看法了。

我始终认为，大多数人的本性是善良的。如果我发现自己对此有所怀疑时，就会走进书房，打开书桌中的那个小抽屉，读一封我一直珍藏的信。这封信是梅伊·卡莱夫人写给我的。她在信中写道：

"在我12岁那一年，我父亲借给一个邻居1800美元，使他保住了他的农场。几年以后，尽管那个邻居已经有能力还钱了，可是他一直没有还这些钱。

"有一次，那个邻居喝醉了酒。他突然想到如果我父亲死了，他也就不必还那笔钱了。于是，就在我父亲晚上开车进城时，他故意开车撞向我父亲的车子，结果我父亲被当场撞断了3条肋骨和一条胳臂，另一只手也受伤严重。那个邻居若无其事地开车扬长而去，把我受伤的父亲丢在路上不管。

"一个住在城里的朋友知道了这件事之后，找到了我的父亲，带他进城去了医院。当我父亲一手扶住受伤的肋部，坐在路边等医生叫他时，那个喝醉的邻居又出现了。他丧失人性地一脚踢在我父亲下巴上，结果我父亲的下巴又严重受伤，而且还导致腺体受损，甚至连体内其他一些腺体也受到感染。

"不久，医生带警察赶来了。可是我父亲并没有让警察把那个邻居带走，说他是因为喝醉了酒才这样做的。他还说，如果逮捕那个人，只会给他的家人带来更多的麻烦。

"父亲住进了城里的一家医院，接受了各种治疗。但是一年半以后，他还是没能活下来。在去世之前，父亲把我们5个子女叫到他身边，显然是有话要嘱咐我们。

"父亲紧紧地握住我的手，说：'答应我，永远不要和邻居的任何一个孩子为敌。要让他们像你一样，长大后成为社区受人尊重的人。心中只有仇恨的人，是绝不会有快乐的。'

"这对于一个小孩子来说，实在是最难信守的承诺。但是我做到了。30年来，我一直信守着这个承诺，而那个邻居的孩子现在成了我最好的朋友。"

这个像上帝一样的父亲，是多么富有同情心和谅解心啊！他的邻居借了他的钱，还使他受伤，以至于丢了生命，但他并不怨恨对方，还要求他的家人不要因为这件事而怀恨对方及其家人。

魅力女人的幸福课

只要我们用心观察，消除心中的忧虑，我们将会发现这些可爱的同胞是多么的善良、仁慈而慷慨。

04

红颜易逝，才情兼备方能魅力长存

学习是走向成熟的良方

《纽约时报》曾刊登了一篇对依萨克·普莱斯勒的专访：

普莱斯勒先生白天在一家百货公司当售货员，他花了4年时间，完成了高中阶段的夜校教育之后，又进了布鲁克林学院读夜校，准备完成大学课程之后继续攻读法律。在大学一年级一篇《快乐是什么？》的论文中，普莱斯勒先生写道：

"获得高中文凭，进入大学，然后期待着当一名律师——这就是我最大的快乐……这种期待能增添我内心的快乐。大学要花5年或更长的时间，这主要取决于我努力的程度；然后，法学院的学习还要花5年时间。"

在年轻人看来，这个计划是不是充满了抱负？但依萨克·普莱斯勒是在刚刚度过60岁生日之后才上大学的。他深知，对于一个成熟的人来说，学习是一种快乐，任何年龄的人都可以体验到这种快乐。

一天，一位女士来找我，她希望能得到帮助。她那沮丧的神色就像一条刚挨了揍的狗儿，原来她丈夫对她的爱正渐渐消失。她的丈夫是一位成功的经理，兴趣非常广泛，文化水平很高，她也知道自己越来越配不上他了。她哀叹自己没有上过大学，孩子却一个接一个地生；她根本没有时间去欣赏音乐，也没有时间去学习艺术和文学方面的知识，然而这些却正是她丈夫最欣赏的。

"他对我已经厌倦了，可是这公平吗？"她问道，"就因为我和他以及他那些知识分子朋友们没有共同的语言？"

于是我就问她，既然她的孩子都已经结婚了，那么她现在是如何安排她的闲暇时间的。她告诉我说，她除了打桥牌之外，每个星期还去看两场电影，有时候还读一些书，但主要是言情类小说。

显然，这个女人并没有真正去努力改善自己的处境。她并不是没有机会，她所缺乏的是一种精神和动力——她情愿将时间花在打桥牌、看电影上面，也不愿扩展她的兴趣，这就难怪她跟不上她丈夫了。

那些不努力自我发展的人，将会被这个世界遗忘。他们只会抱怨时间太迟，说自己太老，并且将"老年"当作生命的终点而接受它；他们其实并不明白，对于一个渴望获得知识的人来说，生命就是一场永远没有终点的精神之旅。

在以前，大学很少，是专门为少数人而开设的，而且距离又远，学费也很贵，有的大学甚至连书也不容易买到。"夜校"这个概念则更是从前的人想破了脑瓜也不会想到的；但是到了现在，无论谁想接受教育都能如愿以偿，即使当了奶奶的人获得大学文凭也不再是什么稀奇的事情了。

得克萨斯州一位律师的妻子，她同时也是5个儿子的母亲，当她的儿子们接受大学教育和职业技术培训，并成为自己专业和生意上的负责人之后，已经50多岁、做了祖母的她竟然上了得州大学，4年后以优异的成绩从大学毕业。

现在，虽然她已经70多岁，成了一个寡妇，但是你的同情心大可不必滥用到她身上！她是那么的机敏可爱，整天忙着社区的工作，她有许多的朋友和仰慕者，凡是和她接触过的人都认为她能给他们极大的激励和启发。她的儿孙们也都非常敬爱她，虽然他们和她在一起的机会非常少，但他们都很珍惜每一次机会。显然，她已经为自己培养了成熟的心灵，她现在享受的正是这种丰硕的果实。

美国舆论调查机构的创始人和罗德奖学金新泽西委员会的主席乔治·盖洛普曾说过："有很多人获得文凭以后，就不再学习了。其实，学习应该是一个持续不断的、从出生到死亡一直都不可停顿的过程。"

那些没有上过大学或夜校，但又渴望完善自我的人，该怎么办呢？没错，他可以自学。

英国工党杰出领袖赫伯特·莫里森在谈到"我所得到的最好忠告"时，讲了他15岁时在伦敦一家杂货店工作的经历：有一天，一个走街串巷的骨相师为莫里森摸过骨后，问他都看过哪些书。

"大部分是描写恐怖谋杀案的书，还有短篇故事。"莫里森回答道。他所说的书，就是在书报摊上花一个硬币就可以买到一本的恐怖故事。

"看这些无聊的书总比什么都不看要强些，"骨相师说，"不过，你有这么聪明的头脑，你应该看些历史、传记方面的书。你可以根据自己的喜好去阅读，但是一定要养成严肃的阅读习惯。"

骨相师的这番话成了莫里森的人生转折点，他由此明白即使只有小学文化水平，也能通过阅读来完善自己。莫里森开始频繁地去图书馆看书。结果，终于有一天，他进入英国下议院的梦想成为现实。

"以前，我每天都要浪费好几个小时听广播、看电视，"他说，"但是我觉得没有任何一个节目的价值比得上一本好书的。"

据美国舆论调查机构的调查显示，和其他的英语国家相比，美国读书的人正在逐渐减少，大多数美国人去年整整一年竟然连一本书都没有看完。接受调查的人中，60％的人除了《圣经》之外没读过一本书，甚至在大学毕业生中也有1／4的人做出了同样的回答。

我们竟然让自己的心灵荒废到了这种地步！尽管我们在物质上过着世界上最高水准的生活，可是我们在知识方面却堕入了无比贫乏的深渊。帮助我们取得成就的知识和智慧全都在书本中，我们渴望学习和知道的东西，也都能从图书馆、书店或朋友的书架上找到；书本可以让我们和世界上最伟大的心灵相沟通，能让我们穿越时空，遨游于心灵所创造出来的世界；浩瀚的知识海洋任由每个人尽情地遨游，图书馆的大门也永远对每个人敞开着，而我们却能忍受这种心灵的饥饿。

一切都藏在人类智慧、愿望和抱负之结晶的书本中，书籍就是人类伟大精神的奇葩。即使我们有机会认识我们这个时代的伟人，但是通过他们的书籍将更能让我们了解他们。和苏格拉底一同散步，或与雪莱一同做梦，与萧伯纳争论，或像马克·吐温一样开怀大笑……同这些伟大的心灵交谈，是我们大多数人梦寐以求的事情，但是只要我们走进最近的一家图书馆，我们就能如愿以偿。

☕ 学习是一辈子的事情

教育不应该被局限在校园范围之内。哈佛大学原任校长A. 劳伦斯·罗维尔博士曾说过："大学教育或教育培训制度所能教给我们的，只是如何帮助自己。我们必须学会自己教育自己。教育是一个贯穿于成长之中的整体过程，是一种心灵所需的自发运动，还是一个扩充心灵、促进其发展的过程。"

一旦我们了解了这些，那么无论我们处于生命中的哪个阶段，自我教育和自我改善就能够成为值得追求的、令人兴奋的体验，再也没有什么投资能比乐于在晚年继续获取知识更好的了。

我最尊敬、最钦佩的人，就是美国人最喜欢的新闻评论员罗维尔的父亲罗维尔·托马斯博士。托马斯博士是一位具有高深的文化修养的绅士，他为人睿智，喜欢钻研，知识非常广博。诺曼·文森·皮尔博士曾谈到了托马斯博士晚年拜访他的经过：

当时，托马斯博士的身体虽然已经患病而且衰老，但他的心灵还像年轻时一样敏锐。见面之后，经过一番礼节性的问候，托马斯博士就问皮尔博士："诺曼，我想听听你对亨利八世有什么看法？"

皮尔博士稍稍有些惊讶，之后他承认说："我对亨利八世研究甚少。"

托马斯博士接着说，他那段时间一直在研究这位君王，他认为历史学家对于这位君王的评价有失偏颇，然后他又说了他自己对亨利八世的看法。

可见，虽然托马斯博士身体已经衰朽，但他的心灵仍在自由地游弋，而且穿越了好几个世纪。

在我们的机体中，心灵是最重要、最基本的器官，如果我们能够勤于滋养并善加运用它的话，它就会自然成长；相反，如果我们对它滋养不够而又缺乏运用的话，它就会因为发育不良而萎缩退化。

如果只对心灵施以教育还不够，我们还必须妥善地应用它，使它对教育的影响产生良性反应。我们加入读书俱乐部，去听课、听戏剧或听演讲，这些活动只能为我们参加聚会时增加一些谈资，除此之外并没有什么更深远的目的或意义，每个人也只能借此获取一件薄薄的文化外衣——这件外衣如同休息日的衣服，可以随意穿脱。而在这件薄薄的文化外衣之下，我们的心灵仍然难以成熟发展；唯有知识，才能促进心灵的成长。

路易斯·曼福德曾经针对我们的教育，提出了一些应该努力达到的目标："所有实际活动的目的，最终都是文化。成熟的心灵、完善的人格、逐步获得的智慧和成就感、个人能力的应用、获取广博知识的兴趣和感情上的愉悦……所有这些都是自我教育的各个阶段应该努力达到的终极目标。"

读出人生的乐趣

人类先天被局限在宇宙的一个狭小空间之中。和永恒比起来，60年或70年，甚至90年时间又算得了什么呢？如果我们再将自己封闭起来，我们还能知道什么呢？离开了书籍，没有对知识的渴求，我们就注定只能畏缩于一个狭小的时空单元——"现在"和"这里"。

罗马十二大帝时代的人是怎样思考问题的？伦敦瘟疫流行时期的情况又怎样？这些我们都可以通过书籍找到答案。书籍让我们感受到的绝不是冷冰冰的事实，而是活生生的人类的经验，也即人生的样本。

例如，对于俄罗斯这块曾经那么神奇的土地，通过陀思妥耶夫斯基、屠格涅夫和托尔斯泰的作品，我们仿佛看到了一个逐渐从内部腐烂的国家，正是这些不朽的作家记下了腐败的种子终将结出艳丽的革命之花。通过这些伟大的作品，我们为现在找到了多么富有价值的借鉴啊！

H.G.威尔斯曾说："我不敢确信H.G.威尔斯的肉体或他这个人会不朽，但是我敢断言，思想、知识和意志的成长，是一个永不间断的过程。"

如果我们愿花更多的时间去阅读，那该多好啊！我很高兴通过《周六文学评论》结识了菲丽丝·麦金利小姐，她和我一样因为阅读古典名著而享受到了愉悦。麦金利小姐这样写道：

"不良教育总是会招致非议。我所接受的教育无论从哪个角度来看，都不容乐观，但是当我在悲观中思索了几年之后，终于发现即使是一无所知，却也还有它光明的一面。

"世界上真的存在文学这道风景！我就像一个好奇的陌生人，踏进了文学的风景圈，走进了英文古典名著的世界。那些经人引导而进入这个国度的人，是无法了解一个陌生人如何安排好自己的日程、徒步走完这一旅程的。"

在文章的最后，她说出了如何把握自我启蒙和成长的要领："当我们还对狄更斯、奥斯汀和马克·吐温充满敬意，并初次接触他们时，对于每一位读者来说，这都是最大的福分。"

阅读固然是自我完善的最重要方式，但是对音乐、美术、戏剧、社会服务或政治活动逐渐产生兴趣，也是扩展我们视野的好方法。

再比如，我对亚伯拉罕·林肯的研究已经有很多年，可以说林肯是个非常迷人的人，我还写过一本关于林肯的传记。虽然这本书我没有赚到一美元，但是我在创作这本书的过程中却变成了一个更完善、更快乐的人。

我们可以尝试忘掉自己没有受过良好教育的借口，重新开始学习。虽然我们一年比一年老，虽然我们会失去朋友和健康，但是我们完全可以让引人入胜的兴趣充实我们的内心。这样，我们就永远不会再感到寂寞无聊，或许我们还会更喜欢自己呢！

林肯曾写信给一位渴望成知的年轻律师说："成功的秘诀，就是拿起书本，仔细阅读研究。学习，学习，学习！这才是最重要的。"

魅力女人的幸福课

对于一个渴望获得知识的人来说，生命就是一场永远没有终点的精神之旅。

学习应该是一个持续不断的、从出生到死亡一直都不可停顿的过程。

书本可以让我们和世界上最伟大的心灵相沟通，能让我们穿越时空，遨游于心灵所创造出来的世界。

第七篇　快乐的心能生出金子

职场女人的幸福心经

卡耐基淡定的智慧

做自己喜欢的工作的人，就是最幸福的。

成功的第一要素，就是快乐地工作。

紧张是一种习惯，放松也是一种习惯。坏习惯可以改掉，好习惯可以培养。

困难工作本身，很少会造成充分休息之后不能消除的疲劳……只有忧虑、紧张和情绪不安，才是导致疲劳的三大因素。

01

能工作，才是人生最快乐的事情

☕ 做自己喜欢的工作，这就是幸福

人生总是会面临各种重要的决定，而这些选择就像是赌博。怎样才能降低这种赌博风险呢？首先，如果可能的话，要尽量寻找你喜欢的工作。

有一次，我向轮胎制造商古利奇公司的董事长大卫·古利奇请教，做生意成功的第一要素是什么？他回答说："快乐地工作。如果你喜欢你的工作，"他说，"你也许工作很长时间，但你却丝毫不会觉得是在工作，而是在做游戏。"

爱迪生就是一个很好的例子。这位没有上过什么学的报童，后来却完全改变了美国的工业生活。爱迪生几乎每天在他的实验室辛苦地工作18个小时，在里面吃饭睡觉，但他一点也不觉得辛苦。"我一生中从未做过一天工作，"他宣称，"我每天其乐无穷。"怪不得他会成功。

我曾听查尔斯·施瓦布说过相似的话。他说："一个人如果从事他无限热爱的工作，当然可以成功。"

可是，如果你对自己想做的工作还没有什么概念的话，又怎么能对工作产生热情呢？艾德娜·卡尔夫人曾为杜邦公司雇用过几千名员工，她现在是美国家庭产品公司工业关系部副总经理，她说："我认为这个世界上最大的悲剧就是，许多年轻人从来没有发现他们真正想做的是什么。我认为，如果一个人从他的工作中得到的除了薪水之外什么也没有，那就可悲了。"甚至有一些大学毕业生到她那儿说："我获得了达特茅斯大学的文学学士学位（或康奈尔大学硕士学位），你公司有没有适合我的职位？"他们不知道自己能做什么，也不知道自己想做什么。正因为如此，有许多人刚开始时雄心勃勃，充满了美丽的梦想，但到了40岁以后却一事无成，痛苦懊丧，甚至精神崩溃。

事实上，选择正确的工作甚至会对你的健康产生重要影响。琼斯·霍普金斯医院的雷蒙·皮尔医生配合几家保险公司作了一项调查，研究人们长寿的原因，他把"正确的工作"排在了首位。这一结论正好符合卡莱尔的名言："祝福那些找到自己心爱工作的人，他们不需再祈求其他的幸福。"

最近我和素凡石油公司的人事部经理保罗·波恩顿畅谈了一个晚上。他在过去20年中至少面试了7.5万名求职者，还写了一本名为《获得工作的六个方法》的书。我问他："现在的年轻人求职时所犯的最大错误是什么？"他回答说："他们不知道他们想干什么。这真是让人吃惊，一个人会费尽心思地选一件穿几年就会破的衣服，但在选择关系他将来命运的工作时却马虎得多——而他将来的全部幸福和安宁全都建立在它之上。"

那该怎么办呢？你该如何解决呢？你可以去向"职业指导"寻找帮助。不过，它也许可以成全你，也许会损害你，这取决于你所找的那位辅导员的能力和个性。这个新行业远远说不上完美，甚至连起步都谈不上，但它的前景十分美好。你该如何利用这项新科学呢？你可以在你家附近找到这类机构，然后接受职业测试，并获得求职指导。

不过他们只能为你提供建议，决定还得由你自己做。要记住，这些辅导员并不一定可靠。他们之间经常相互对立，有时甚至犯荒谬的错误。例如，有一位职业辅导员曾建议我的一位学员当作家，仅仅因为她的词汇很广。多么荒谬！事情并不那么简单，优秀的作品是将你的思想和感情传递给读者——要想达到这个目标，不仅需要丰富的词汇，更需要思想、经验、说服力、事例和激情。职业辅导员建议这位女孩子当作家，实际上只看到一个因素，这样只会把一位出色的速记员变成一位沮丧的准作家。

我在此想说明的一点是，那些职业指导专家——即使是你我这样的人，也不一定可靠。你也许该多找几位辅导员，然后凭你的常识来判断他们的意见。

你也许会觉得奇怪，为什么我在本章总是说一些令人担心的话。可是一旦你了解到多数人的忧虑、悔恨和沮丧都是由于不重视工作而引起的，那你就不会觉得奇怪了。你可以就此问你的父亲、邻居或老板。最具智慧的人约翰·米勒宣称，工人无法适应工作是"我们这个社会最大的损失之一"。是的，世界上最不快乐的人中就有那些讨厌他们日常工作的"产业工人"。

你的工作，由你来决定

威康·曼尼格医生是当代最伟大的精神病专家之一，他在第二次世界大战期间主管美国陆军精神病诊疗部，他说："我们发现在军队中挑选和安置的重要性，要派适当的人去做适当的工作……最重要的是，要使此人相信他的工作的重要性。当一个人没有兴趣时，就会认为他被放错了地方，并产生不受欣赏和重视的心理，会认为他的才能被埋没了。我们发现，在这种情况下他若没有患上精神病，也会留下隐患。"

由于同样的原因，一个人也会在工业中陷入崩溃；如果他轻视他的工作，他也可以把它弄得一团糟。菲尔·琼森就是一个很好的例子。

菲尔·琼森的父亲开了一家洗衣店，他叫儿子来店里工作，并希望他将来接管这家洗衣店。但菲尔不喜欢洗衣店的工作，所以他有些懒散消极，对工作应付了事，其他事情一概不管。有时他干脆不来店里。为此他父亲十分伤心，认为自己的儿子不求上进，没有野心，使他在员工面前大丢面子。

一天，菲尔告诉父亲，他希望去机械厂当工人。什么？一切从头开始？老人十分惊讶。但菲尔还是坚持自己的意见。最后，他穿上了油腻的粗布工作服，干起了比洗衣店更辛苦的工作，而且工作时间更长，但他在工作中快乐得吹起了口哨。他选修了工程学课程，研究引擎，安装各种机械。当他在1944年去世时，已是波音飞机公司的总裁，并且研制出了"空中飞行堡垒"轰炸机，帮助盟军赢得了第二次世界大战。如果他留在洗衣店，那么他和洗衣店——尤其是他父亲死后——会变成什么样子呢？我想他会毁了这个洗衣店。

即使会引起家庭纠纷，但我仍然想奉劝年轻的朋友们：不要因为你的家人希望你做什么，你就勉强自己进入某一行业。不要贸然从事某一行业，除非你真的想去。不过，你仍然要仔细考虑父母的建议。他们的年纪可能比你大一倍，有丰富的人生阅历。但是到了最后阶段，你还得自己决定。因为将来工作时，快乐或悲哀的是你自己。

寻求合适的职业指导

我已说了许多，现在让我给你提供一些关于选择工作的建议——其中有一些是警告：

第一，阅读并研究以下5项关于选择职业辅导员的建议。这些建议是由最权威的人士提供的。它们由美国最成功的职业指导专家、哥伦比亚大学的基森教授拟定。

a．如果有人对你说他有一套神奇的方法，可以找到你的"职业倾向"，千万不要找他。这些人包括摸骨家、星相家、"个性分析家"和笔迹分析家。但他们的方法并不灵。

b．不要相信这种人，他们说可以给你先作一番测试，然后指出你该选择哪一种职业。这种人违背了职业辅导员必须考虑的原则：被辅导人的健康、社会、经济等各种情况，同时还应该为被辅导人提供就业的具体资料。

c．找一位有丰富的职业资料藏书的职业辅导员，并在接受辅导期间充分利用它。

d．充分的就业辅导服务通常需要面谈两次以上。

e．千万不要接受函授性质的就业辅导。

第二，避免选择那些早就很激烈并且拥挤的职业和行业。在美国，谋生的方法多得是。但年轻人是否知道这一点？除非他们请占卜师透视水晶球，否则他们不会知道。在一所学校内，有2/3的男孩子选择了5种职业——两万种职业中的5种——而4/5的女孩子也是一样。怪不得有少数行业和职业人满为患，也难怪白领阶层会产生不安和忧虑感以及"焦虑性精神病"。需要特别注意的是，如果你想进入法律、新闻、广播、电影以及"光荣职业"等人满为患的行业时，可要费一番工夫。

第三，避免选择只有1/10的生存机会的行业。

例如，推销人寿保险。每年有数以千计的人——往往是失业者——他们事先未打听清楚，就开始推销人寿保险。根据费城房地产信托大厦的弗兰克·贝特格先生的描述，以下就是这个行业的真实情形：在过去20年，贝特格先生一直是美国最杰出而且最成功的人寿保险推销员之一。他指出，90%的推销员首次推销人寿保险时会既伤心又沮丧，会在一年之内放弃。至于那留下来的10个人，只有一个人可以卖出这10个人销售总数的90%，而另外9个人只能卖出10%的保险。换句话说：如果你去推销人寿保险，那么你在一年之内放弃而退出的机会比例为9∶1，而留下来的机会只有1/10。即使你留下来了，成功的机会也只有10%而已，否则你仅能勉强度日。

第四，如有必要，在你决定从事某个职业之前，先用几周或几个月的时间全面了解该项工作。怎么做呢？你可以去找那些已在这一行业干了10年、20年或40年的人士咨询。

这些面谈对你的将来可能会产生极深的影响。我已经从自己的经历中了解到了这一点。我20多岁时曾向两位老先生请教职业指导。现在回想起来，我发现这两次会谈是我人生的转折点。事实上，如果没有这两次会谈，我的人生将会变成什么样子真的难以想象。

你该如何获得这种职业指导会谈呢？例如，假设你打算当一名建筑师。在你做出决定之前，应该花几个星期去拜访城里和附近的建筑师。你可以从电话簿中找到他们的姓名和住址。不管你事先是否有约定，你都可以去他们的办公室找他们。如果你希望约见面时间，你可以给他们写信，内容如下：

"能否麻烦您帮我一个忙？我希望得到您的建议。我现年18岁，正考虑当一名建筑师。在我做出决定之前，希望向您请教。

"如果您太忙，不能在办公室见我，而愿意在您家中给我半小时见我，我将感激不尽。

"以下就是我想向您请教的问题：

"a．如果您的生命重新开始，您是否愿意再当一名建筑师？

"b．在您仔细察看我之后，我想请问您是否认为我具备了当一名成功建筑师的条件？

"c．建筑师这个行业是否已经供过于求？

"d．如果我学了4年的建筑学课程，要找工作是否困难？我应该先接受哪一类工作？

"e．如果我的能力中等，在第一个5年我有望赚到多少钱？

"f．当一名建筑师有什么利弊？

"g．如果我是您儿子，您愿意鼓励我当一名建筑师吗？"

如果你很害羞而不敢单独去见"大人物"，这里还有两项建议可以帮助你：第一，找一个与你同龄的小伙子一起去。你们可以相互增加对方的信心。如果找不到与你同龄的人，你可以请你父亲一同前往。第二，记住，你去向某人请教，等于是在恭维他。你的请求会使他感觉受到了奉承。记住，成年人往往很乐意向年轻人提忠告。因此你求教的建筑师将会很高兴接受这次访问。

如果你不愿写信给对方要求见面，那么你不必约定就可直接去他办公室，对他说，如果他能为你提供一些就业指导，你将十分感激。

假设你已经拜访了5位建筑师，但他们都因为太忙而不能接见你（这种情形并不多），那么你不妨再去拜访另外5位。他们总会有人愿意接见你，给你提供宝贵的意见——这些意见也许可以使你免去多年的迷失和忧虑。

一定要记住，你这是在做生命中最重要、影响最深远的两项决定中的一项。因此，在采取行动之前，务必多花点时间了解事实真相。如果你不这么做，那么你下半辈子可能会后悔。

如果条件许可，你可以付钱给对方，报答他半小时的时间和忠告。

第五，要克服"你只适合一项职业"的错误观念。每个正常人都可以在多项职业上取得成功，当然也可能在多项职业上失败。拿我自己来说，如果我自己研究并准备从事下列各项职业，我相信成功的机会一定很多，而且会喜欢这些职业，这些工作包括：农艺、水果栽培、科学农业、医药、销售、广告、报纸编辑、教学、林业。另一方面，我敢肯定对于以下工作我一定不会喜欢，而且也会失败：簿记、会计、工程、经营旅馆和工厂、建筑、机械事物以及其他几百项职业。

魅力女人的幸福课

成功的第一要素，就是快乐地工作。如果你喜欢你的工作，你也许要工作很长时间，但你却丝毫不会觉得是在工作，而是在做游戏。

一个人如果从事他无限热爱的工作，当然可以成功。

倾听别人的建议，但做决定的还是你自己。

02

职场达人，做好你的心灵体操

☕ 使自己的工作变得有意思

产生疲劳的主要原因之一就是烦闷。就以住在你附近的速记员艾莉丝为例吧。一天晚上，艾莉丝筋疲力尽地回到家里，头痛，背痛，困得连饭都不想吃就要上床睡觉。她母亲再三恳求，她才坐在饭桌边。这时，电话铃响了，是她男朋友，请她去跳舞。她的眼睛立刻亮了，精神焕发。她飞快地冲上楼，穿上那件天蓝色的洋装，一直跳到凌晨3点钟。当她终于回到家时，却一点也不觉得疲倦，事实上她还兴奋得睡不着觉呢！

8小时以前，也就是艾莉丝的外表和动作看上去精疲力竭的时候，她是否真的那么疲劳呢？不错，她那时之所以疲劳，是因为她厌烦工作，甚至厌倦生活。我们这个世界上有无数艾莉丝这样的人，你也许就是其中之一。

情绪比体力劳动更容易让人产生疲劳，这是人尽皆知的事实。几年前，约瑟夫·巴马克博士在《心理学学报》上发表了一篇论文，谈到他的一些实验证明了烦闷会产生疲劳。

巴马克博士让一群学生做了一连串实验，而他知道这些实验都是他们不感兴趣的。实验结果呢？所有的学生都觉得疲倦欲睡，头痛，眼睛容易疲劳，容易发脾气，还有几个人甚至觉得胃不舒服。所有这些是"幻觉"吗？不是，这些学生都做过新陈代谢实验，结果显示，当一个人烦闷时，体内血压和氧化作用实际上会降低；而一旦他觉得工作有趣时，整个新陈代谢会立刻加速。

当我们做感兴趣而且令人兴奋的事情时很少会疲倦。例如，我最近在加拿大落基山的路易斯湖畔度假，在克莱尔小溪边钓了好几天鲑鱼。为此要穿过比我还高的树丛，爬过横躺在地的原木。可是即使这样辛苦了8小时，我一点都不疲倦。为什么呢？因为我非常兴奋，而且觉得很有成绩：钓到了6条鲑鱼。可是，如果我讨厌钓鱼的话，那么你想我会有何感受呢？我一定会因为在海拔7000英尺高的山上奔波而累垮的。

即使像登山这类消耗体力的活动，可能也不如烦闷那样更容易使你疲劳。明尼阿波利斯市农工储蓄银行总裁金曼先生曾告诉我一件事，正好可以说明这一事实：

1943年7月，加拿大政府要求加拿大阿尔卑斯登山俱乐部协助威尔斯军团做登山训练。金曼先生当时被选为训练士兵的教练之一。他告诉我，他和其他年龄从42岁到59岁不等的教练带着那些年轻的士兵，长途跋涉经过冰河和雪地，再借用绳索和一些小型登山设备爬上40英尺高的悬崖。他们在加拿大落基山的小月河山谷中爬上了米高峰、副总统峰以及其他许多没有名字的山峰。经过15个小时的登山，那些非常健壮的年轻人全都累垮了——他们刚完成6周的强化突击训练。

他们的疲劳，是因为军事训练时肌肉没有锻炼结实吗？任何一个受过严格军事训练的人都会对这种荒谬的观点嗤之以鼻。他们之所以筋疲力尽，是因为他们厌烦登山。他们太累了，很多人来不及吃饭就睡着了。可是那些年龄比他们要大两三倍的教练是否疲倦呢？不错，可是他们不会筋疲力尽。教练们吃过晚饭后，还坐了几个小时，谈论这一天的事情。他们之所以没有筋疲力尽，是因为他们喜欢登山。

☕ 不妨假装喜欢你的工作

如果你是一个脑力劳动者，使你感觉疲劳的原因很少是因为工作超量，相反是由于工作量不足。例如，还记不记得上星期那天，你不断地被人打扰，一封信也没有回，计划好的事情一件也没有做，到处都是麻烦，所有的事情都不对头，你什么也没做成，可是回到家时却筋疲力尽，而且头痛欲裂。第二天，工作一切顺利。你完成的工作是头一天的40倍，可是回到家却神采奕奕。你一定有过这种经历。我也有过。

我们从中可以学到什么呢？那就是：我们的疲劳通常不是由工作，而是由忧虑、紧张和不快引起的。

在写这一章的时候，我看了重演的杰罗米·凯恩的音乐喜剧《表演船》。剧中的主角安迪船长说过一段颇有哲理的话："能做他们喜欢做的事情的人，是最幸运的人。"这种人之所以幸运，是因为他们更有精力、更快乐，而忧虑和疲劳更少。你兴趣所在的地方，也就是你能力所在的地方。陪着一路唠叨不休的太太穿街过巷，一定比陪着心爱的情人走10里路感觉更疲劳。

怎么办？你该采取什么办法呢？下面是俄克拉荷马州托沙城一家石油公司的一位速记员的做法。

这位速记员每个月总有几天要填写一份已经印好的有关石油销售的报表。这是一件最枯燥的工作。为了提高工作情绪，她决定把它变成一件非常有趣的工作。她是怎么做的呢？她每天和自己竞赛，在每天早上点出当天要填的报表数量，然后努力在下午超出纪录；然后再点出当天完成的总数，第二天再努力超出前一天的纪录。结果呢？她比那个部门的其他速记员都快得多，很快就把许多很没意思的报表填完了。这样做对她有什么好处吗？赞美？没有……感激？也没有……升迁？也没有……加薪？当然也没有……可是这样做却有助于她防止因烦闷而产生的疲劳，使她能保持很高的兴致。因为她尽了最大的努力，把一件没有意思的工作变得有意，这样她就有了更多的体力和热情，休息时可以获得更多快乐。

我之所以知道这个故事是真的，因为我就娶了这个女孩。

下面是另外一位速记员的故事。她发现假装工作很有意思，会有意想不到的回报。她以前很讨厌她的工作，可是现在变了。她叫维莉·哥顿，下面就是她在信中告诉我的故事：

"我办公室有4位速记员，每个人都要负责替几个人打印信件，每过一段时间我们就会因为工作太多而忙不过来。有一天，有一个部门的副经理坚持让我把一封长信重打一遍，我非常恼火。我告诉他，这封信只要改一改就可以，不必重打。而他却说，如果我不想干，他就找愿意做的人！我气得不得了！可是当我开始重新打印这封信时，我突然发现其实有很多人都会跳起来抓住这个机会，做我现在正在做的事。而且，人家付我薪水也是要我做这份工作。我感觉好多了。我突然决定，尽管我不喜欢这份工作，但我要假装喜欢它的样子去做。接着，我有了一个重大发现：如果我假装很喜欢我的工作，那我就真的能喜欢到某种程度；我还发现，当我开始喜欢我的工作时，我工作的速度快了许多。所以，我现在很少加班了。这种工作态度使大家都认为我是一个好职员。后来，有一个单位主管需要一位私人秘书，他就让我担任那个职务——因为他认为我很愿意做额外的工作而从不抱怨。转变心态能产生巨大的力量。"哥顿小姐写道，"对我来说这是非常重要的发现。它创造了奇迹。"

哥顿小姐无意中用了著名的"假装"哲学。威廉·詹姆斯建议说："假装"勇敢，我们就会勇敢；"假装"快乐，我们就会快乐；等等。

如果你"假装"对你的工作感兴趣，这一点点努力就会使你的兴趣变成真的，它会减少你的疲劳、紧张和你的忧虑。

☕ 学会放松

这个事实让人吃惊而且非常重要：单纯用脑不会让人疲倦。听起来很荒谬吧？可是科学家们在几年前曾试图了解人的大脑能够工作多久才"工作能量降低"，也就是对疲劳作科学定义，令这些科学家们吃惊的是，他们发现通过活动中的大脑的血液毫无疲劳迹象！但如果你从一个正在做体力劳动的人的血管里抽出血液，就会发现它充满了"疲劳毒素"和各种废物。但如果从爱因斯坦的脑部抽出血来，即使是一天下来也不会有任何疲劳毒素。

精神病专家认为，我们的疲劳多半是由精神和情感引起的。英国最著名的精神病专家海德菲在他的《权力心理学》中说："我们所感受到的绝大部分疲劳源自心理。事实上，纯粹由生理导致的疲劳很少。"

美国一位著名的精神病专家布莱尔医生说得更详细。他说："一个坐着工作的人如果健康状况良好，他的疲劳完全来自心理因素，也就是情感因素。"

哪些心理因素使坐着工作的人感到疲劳呢？快乐？满足？都不是，绝不是！而是烦闷、懊悔，一种得不到欣赏的感觉，一种无用、匆忙、焦急、忧虑的感觉——这些都是导致坐着工作的人心力憔悴、容易患感冒、工作成绩下降、回家时神经性头痛的心理因素。不错，我们之所以疲劳，是因为我们的情绪使我们感到紧张。

为什么我们在干脑力工作时会产生这种不必要的紧张？约西林先生说：

"我发现主要的原因……就是几乎所有的人都相信，困难的工作需要一种压力感，否则就不能做好。"所以，我们集中精力时就会皱眉，缩肩，让所有的肌肉都来"用力"。但这样做对我们的思考根本没有任何帮助。

一旦出现精神疲劳该怎么办呢？放松！放松！再放松！要学会在工作时放松。

怎样才能放松呢？是先从思想开始，还是先从神经开始呢？都不是。应该先放松你的肌肉。让我们来试试该怎么做：

先从你的眼睛开始，读完这一句。读完之后，头向后靠，闭上双眼。然后默默地对你的眼睛说："放松！放松！不要紧张！不要皱眉！放松，放松！"这样慢慢地重复一分钟……

你是否注意到，几秒钟之后你双眼的肌肉就开始服从命令了？你不觉得有一只无形的手把你的紧张抚平了吗？

著名作家维基·鲍姆曾说，她小时候遇到一位老人，他教了她人生当中最重要的一课。有一次，她摔了一跤，膝盖碰破了，还扭伤了手腕。那个以前在马戏团演过小丑的老人扶起她，拍干净她身上的灰尘，说："你之所以会碰伤，是因为你不知道如何放松。你应该把自己想象成一只袜子。来，我教你怎么做。"

老人就教鲍姆和其他孩子如何跑跳、翻斤斗，还一直对他们说："要把自己想象成一只旧袜子，然后你们就能放松了。"

在任何时候任何地方都要放松，但不要太费精力。放松就是要消除所有的紧张和压力，只想到舒适和轻松。刚开始可以放松眼部肌肉和脸部肌肉，不停地对自己说："放松！放松！放松！"要感觉到你的体力正由你的脸部肌肉穿行到你身体的中心。

下面5项建议可以帮你学会放松：

第一，读一本这方面的最好著作，如大卫·哈罗德·芬克博士的《消除神经紧张》。

第二，随时放松，使你的身体像旧袜子一样柔软。我工作的时候，常常在书桌上放一只红褐色的旧袜子，提醒我应该放松。如果找不到旧袜子，也可以找一只猫。你抱过在太阳底下打盹的猫吗？如果抱过，它首尾两头犹如沾湿的报纸一样软。印度的瑜伽术也认为，如果你想掌握放松技巧，要向猫学习。我从未见过疲累、精神崩溃、失眠、忧虑或患溃疡的猫。要是你能像猫一样放松自己，就能避免这些问题了。

第三，工作时采取舒适的姿势。记住，身体的紧张会导致肩膀疼痛和精神疲劳。

第四，每天自我检讨四五次，问问自己："我是否使我的工作比实际上更困难？我是否使用了和工作毫无关系的肌肉？"这些都有助于你培养放松的习惯。就像大卫·哈罗德·芬克博士所说的："那些对心理学最了解的人，都知道疲倦是习惯性的。"

第五，每天晚上再检讨一次，问问自己："我有多疲劳？如果我疲劳了，不是我过分操心的缘故，而是因为方法不对。"

"我衡量自己的成绩，"丹尼尔·约西林说，"不是看我一天下来有多疲倦，而是有多不疲倦。"他说："当一天结束，而我感到特别疲劳时，或者感到精神特别疲乏时，我敢肯定我这一天的工作在质和量上都不理想。"如果每一位做生意的人都能学会这一点，那么由神经紧张而导致的疾病或死亡率马上就会降低，而且我们的精神疗养院再也不会有因为疲劳和忧虑而精神崩溃的人。

☕ 做一个高效率的职场达人

伊莲娜·罗斯福是罗斯福总统的夫人。她每天的活动排满了整张行程表，但大部分比她年轻一半的女人也难以胜任这种繁忙的工作安排。我问她如何能够安排好这么多事情时，她的回答很简单，也很容易了解："我绝不浪费时间。"

她告诉我，她在报上发表的许多专栏文章，都是在约会和会议的空当之间完成的。她每天都工作到深夜，清晨就起床。

保罗·波帕诺博士在他所写的《如何创造婚姻生活》这本书中写道："家庭主妇大都觉得家务占去了太多的时间。这种看法值得检讨。如果任何一位女人愿意把她一星期内的时间详细记下来，结果可能会使她大吃一惊。"

你也应该试试，把一星期内你所做的事情都记下来。如果你诚实，你也许会很惊讶地发现，像下面这样的项目太多了："10：00~10：45，和马贝尔在电话中聊天"；"13：00~14：00，和隔壁邻居聊天"；

"15：00~16：30，吃过午餐后，和哈丽叶特逛街。"

这个记录，将会明白地指出，你在日常生活中如何浪费了时间。然后，你可以将这些时间计划好而不至于浪费。

有些人就懂得如何有效地利用时间。已故的哈尔兰·F. 史东，是全美最高法院的首席法官，有一次他告诉一个大学毕业班的学生说："这世界上的许多重要事情只需用15分钟就可以完成，而这段时间通常都被人们浪费掉。"

"万事通"专家约翰·基尔南是一位著名的地铁乘客。如果你看到他坐在地铁里专心地看着济慈的诗集，或是有关鸟类生态的论文，这都是很平常的事。

西奥多·罗斯福当美国总统的时候，他的桌上总翻着一本书，这样他就能够在两次约会之间的两分钟到3分钟的空当念书。小西奥多·罗斯福曾经说过，他父亲的卧室里有一本诗集，所以他经常能够在穿衣服的时候背下一首诗。

可是，我们之中许多女人并不像美国总统一样忙碌，但是她们却常说"没有时间看书"。其实，我这本书的大部分，也是利用白天孩子午睡以后的两小时空当写下来的。许多必须阅读的资料，是我在美容院的吹风机下面看完的。我还发现，如果把一本书摆在化妆台上，我就可以在化妆的时间里看完许多书。

已故的福南克·吉尔布雷斯是一位工程师，他是动力科学研究的先驱。他和他的妻子莉莉安·吉尔布雷斯博士致力于把节省时间和劳动力的方法带进商业界和工厂，同时也把它带进家庭管理中。

吉尔布雷斯夫妇共有12个孩子，他们从小就认为时间是一种天赐的礼物，必须很有效率地利用它。在吉尔布雷斯的家里，时间从不会被浪费。孩子们早上刷牙准备上学的时候，甚至可以从他们父亲放在浴室中的海报上学会许多新单词。

沙尔瓦多·S. 盖塞狄是一位很有经验的顾问工程师，他的妻子提娜·盖塞狄也是他的助手。她把他在事业上所使用的高效率方法应用到了家庭管理中。

除了料理家务以及照顾3个儿子以外，盖塞狄太太还要做秘书、记账员、人事经理，并且为她的丈夫担任研究助理，同时她还要参加地方社团与家长教师联谊会的工作。以下是她写给我的信：

"我们的信念是，清除掉杂草，我们就可以天天欣赏到花朵。那就是说，尽可能在最短的时间内做完基本工作，这样我们就可以有更多的空闲去做我们所喜欢的事情。

"有3个活泼的小家伙，以及一间庞大的房子和花园需要整理，还有社团活动、做我丈夫的秘书，再加上其他社会活动，我所有的时间都必须做两倍的工作。我还要想办法帮助我丈夫，找出一些他可能漏掉的文章，提醒他必须参加的集会，为他构思一些改进的方案。

"我曾经在洗碟子或是替孩子热奶的时候，想出了许多增加工作效率的方法。例如我们在游玩的时候，和孩子们一起做运动，我们大家都在一起玩。

"我们的工作进度表是有弹性的，并非一成不变。有时候我们会把例行事务抛开，专心去做一件特殊的事情。

"这样在一起工作，和丈夫共享各种看法，以及扩展我们视野的欲望，使得我们的生活充实而富有变化，而且充满了幸福。这种生活是很有趣的，因为我们的目标是一样的，我们能够有始有终地做下去。"

你看，盖塞狄夫妇懂得如何生活，如何工作，以及如何把生活和工作协调进行，进而获得完满的结果。

你也许已经注意到，你所认识的最忙碌的女人，做最多事情的女人，总是比懒女人要有更多的时间。这是因为她们学会了安排自己的时间和家务——重视我们大家都拥有的宝贵金矿——时间。

☕ 发挥时间效用的方法

浪费时间比浪费金钱还要悲惨。金钱失去了还可以赚回来，然而时间是永远回不来的。以下这些规则，将会帮助你把宝贵的时间发挥出更大的效益。

第一，反省你每天使用时间的方式。这个工作至少要做一个星期，看看你的时间浪费到哪里去了。

第二，每星期为下一周做一次时间计划。为下一周每天的工作安排合理的时间，可以消除神经紧张、疲乏和混乱。如果这个方法适合于大公司总经理，它就应该对你、对我和别人有好处。由于意料不到的事情，你也许需要改变这个工作计划。但是，把这个工作计划表作为原则性的工作指示图，将会使你的日子更有收获。

第三，设计好省时省力的方法。例如，每天只跑一次杂货店买东西，而不要跑许多趟，这就可以节省下许多时间。通常这种做法也是更加经济的。事先计划好一个星期的菜单，可以节省下许多时间。和每天拟菜单比起来，这样更能为你家人的营养需要提供满意的计划。

第四，好好利用每天"浪费掉的时间"。马上开始一个计划，去做一些你从没时间做的有价值的事情，而且只能用你的休闲时间来完成这些事。试试这个方法，看看效果如何。

第五，利用你的时间做两倍的工作。盖塞狄太太就这样做了：当她替孩子温奶的时候，她也替丈夫的工作做计划。当你等待着烤箱的铃声响起，或是在烤肉之前，可以处理完许多文书或做好计划。带小孩在公园玩的时候，你可以顺便做些缝补的工作，这就是利用一小时做完两小时的工作。

第六，利用现代化的省时省力方法。不要劳累你的筋骨。日报上的商品广告、消费者调查公告，以及从商店带回来的邮购小册、电话、邮政，所有这些都可以节省你的时间。

第七，聪明地买东西，节省逛街的时间。了解货品的价值，利用特价商品的好处，大批购买某些东西。当你知道如何买东西以后，将会把你的时间和金钱做到最大的发挥，使你获得许多好处了。

第八，避免不必要的工作中断。只要有点经验，你就能够学会在你努力做好一件事的时候，暂时不理会电话和门铃。不久，你的朋友就会在某些特定时间打电话给你——她们也会因为你讲求效率而更加尊敬你。

亚尔诺德·班尼特在《如何利用一天24小时》这本书中告诉我们："时间的赐予，真是每天的奇迹……你在早晨醒来时，哦！像变魔术那样，在你的生命世界中，还有这没有使用的24小时！这24个小时是你的。这是最珍贵的财产。

"我们之中，有谁充分使用了每天24个小时呢？我们之中，有谁在他的一生中没有对自己说过：'如果我的时间多一点，我一定可以做得更好？'

"我们将永远得不到更多的时间。我们拥有，事实上我们早就有了所有的24小时。"

养成良好的工作习惯

第一种良好的工作习惯：将你桌上所有的文件收拾好，只留下正要处理的问题。

芝加哥西北铁路公司董事长罗南·威廉姆斯说："一个桌上堆满了很多文件的人，如果能把他的桌子清理一下，只留下正要处理的事情，就会发现他的工作更容易，也更有效。这是提高工作效率的第一步。"

新奥尔良一家报纸的老板曾告诉我，他的秘书帮他清理了一张桌子，找到了一部两年来一直没有找到的打字机。

仅仅看到桌上堆满了还没有回的信、报告和备忘录，就足以使人心烦意乱，紧张忧虑。更糟的是，经常想到"有上百万件事情需要去做，可是没有时间去做"，不但会使你忧虑和疲倦，还会使你因为忧虑而患高血压、心脏病和胃溃疡。

清理桌子、做各种决定，这些最基本的事情怎么能帮你避免心理重压——"必须做却永远也做不完"的感觉呢？著名精神病专家威廉·桑德尔博士就采用这种简单的办法，使一个病人避免了精神崩溃。

这个病人是芝加哥一家大公司的总经理，他刚去桑德尔博士的诊所时，紧张不安，而且很忧虑。他知道他可能会精神崩溃，但是他不能辞去工作。他需要帮助。

"当这个人正把他的问题告诉我时，"桑德尔博士说，"我的电话响了，是医院打来的。我没有拖延问题，当场作了回答。我总是尽可能立即解决问题。我刚挂上电话，电话又响了。这次是一件很紧迫的事情，我花了一点时间和对方讨论。第三次中断则是我的一个同事，他为了一个重症患者而来我办公室征求我的意见。我和他讨论完了之后，转过身来正想向来访者道歉让他久等了，可是他由阴转晴，显得非常开心。"

"不必道歉了，大夫！"这个人对桑德尔说，"在刚才的那10分钟里，我想我已经知道我的问题了。现在我要回办公室，改掉我的工作习惯……可是，在我走之前能不能让我看看你的桌子？"

桑德尔博士打开他办公桌的几个抽屉，里面全都是空的，只放了一些文具。"请告诉我，"那人说，"你没有办完的事情在哪里？"

"都做完了。"桑德尔说。

"那你还没有回的信放在哪里呢？"

"都回了！"山德尔告诉他。"我的原则是，信不回复绝不放下。我一般都是马上向秘书口述回信。"

6个星期之后，那位总经理把桑德尔博士请到他办公室。他完全变了，他的办公桌也不同以往了。他打开办公桌的抽屉，里面不再有还未完成的工作。"6个星期以前，"他说，"我在两个办公室有3张写字台，整个人都埋在工作里，事情永远也做不完。那次和你谈过以后，我回到办公室，清理出了一大车的报表和旧文件。现在我只需要一张桌子，事情一出现就立即处理。这样就不再有堆积如山的工作等我去做，让我紧张和忧虑。可是，最让我震惊的是，我完全恢复了健康，我现在一点病都没有了。"

美国前最高法院大法官查尔斯·伊文斯·休斯说："人不会死于工作过度，而会死于精力耗费和忧虑。"不错，会死于精力耗费和忧虑，因为他们的工作似乎永远都做不完。

第二种良好的工作习惯：根据事情的重要程度来安排先后。

分公司遍及全美的市务公司的创始人亨利·杜哈提说，不论他出多少钱，都找不到具备两种能力的人。这两种宝贵能力是：第一，思考的能力；第二，按事情的重要程度来安排先后顺序的能力。

查尔斯·卢克曼在12年之内从一个默默无闻的人一跃而成为培素登公司的董事长，年薪10万美元，另外还能赚100万美元。他说这都归功于自己培养了亨利·杜哈提所说的几乎不可能找到的两种能力。查尔斯·卢克曼说："就我记忆所及，我每天早上都是5点钟起床，因为我那时候比其他时间思考都更清晰。那时我可以考虑周到，计划一天的工作，按事情的重要程度来做事。"

弗兰克·贝特格是美国最成功的保险推销员之一，他不会每天早上5点钟才计划当天的工作，而是在头天晚上就计划好了——给自己订下目标，明天要卖出多少保险。要是没有做到，就将差额加到第二天……依此类推。

第三种良好的工作习惯：当你遇到必须当场做决定的问题时，当场解决，不要拖延。

我以前的一个学员、已故的霍威尔先生告诉我，在他担任美国钢铁公司董事的时候，开董事会总要花很长时间，讨论很多问题，但是达成的决议却很少。结果董事会的每个人都得带一大堆报表回家去看。

最后，霍威尔先生说服董事会，每次开会只讨论一个问题并做出决定，绝不拖延。这样做也许需要看更多的资料，也许会取得成效，也许没有；但无论如何，在讨论下一个问题之前，这个问题一定能够达成某种决议。霍威尔先生告诉我，这样做的结果令人惊讶，也很有效：所有的陈年老账都清理了，工作日历干干净净，董事们再也不必带一大堆报表回家，再也不会为没有解决的问题而忧虑。

这个办法很好，不仅适合美国钢铁公司董事会，也适合你我。

第四种良好的工作习惯：学会组织、授权和监督。

很多商人替自己挖下了一个坟墓，因为他不懂得把责任分给他人，而是事必躬亲，其结果是被琐事包围。他总觉得匆忙、忧虑、焦急和紧张。要学会授权很难。我以前就觉得这个很难——非常难。我也从经验中知道，如果授权不当，将会产生灾难。可是授权虽难，但上司要想避免忧虑、紧张和疲劳，却非得这样做不可。

创建了大企业却不懂得组织、授权和监督的人，通常会在五六十岁死于心脏病——由紧张、忧虑导致的心脏病。想要具体例子吗？只看看地方报纸就知道了。

魅力女人的幸福课

如果你"假装"对你的工作感兴趣，这一点点努力就会使你的兴趣变成真的，它会减少你的疲劳、紧张和你的忧虑。

一旦出现精神疲劳该怎么办呢？放松！放松！再放松！要学会在工作时放松。

03

职场粉领的领导艺术

从赞美和欣赏开始

卡尔文·柯立芝总统在任的时候，我的一位朋友应邀于周末去白宫做客。当他蹑入总统的私人办公室时，他听到柯立芝对他的一位秘书说："你今天早上穿的衣服漂亮极了，你真是一位美貌、迷人的姑娘。"

这可能是沉默寡言的柯立芝一生当中对一位秘书的最高称赞了。这事如此出乎寻常，以至于那位女秘书面红耳赤。然后，柯立芝说："不要太高兴了。我说那话只是为了让你觉得好过些。从现在起，我希望你对标点符号稍加注意些。"

他的方法似乎太明显了一点儿，但这种心理却很巧妙。在我们听到别人对我们优点的称赞以后，再去听令人不愉快的话总会好受些。

这好比理发师在给客人刮脸之前，先要在客人脸上涂肥皂。麦金利在1896年竞选总统时，采用的方法正是这种方法。

当时，一位著名的共和党成员写了一篇竞选演讲词，自认为比西西洛、亨利和韦伯斯特等人合起来所写的还要高明。他非常高兴地把他这篇不朽的演讲词大声朗读给麦金利听。尽管这篇演讲词有很多优点，但不适合竞选，因为那将会引起一场批评的风波。但麦金利不愿伤这人的感情，他知道自己不能挫伤这人的高度热忱，但他又不得不说"不"。看看他是怎样巧妙地处理此事的。

"朋友，这是一篇极其精彩、极其伟大的演讲词。"麦金利说，"再也没有人能写得比这篇更好的。它在许多场合都适用，不过对这次特殊的场合是否十分合适呢？从你的立场来看，那是非常合理而切题的，但我必须从整体角度来考虑它的影响。现在，请你回家去，根据我所指示的要点重写一篇演讲词，并送给我一份。"

他那样照办了。麦金利又帮他做了修改，并帮他重新写了第二篇演讲词。后来，他成为竞选班子中一位最得力的演说员。

你不是柯立芝、麦金利。你想知道的是这些哲学是否能在你的日常工作中应用，是吗？让我们拿新泽西州的桃乐丝·鲁布卢斯基来说吧，她在一家信用合作社担任支行经理，她在我班上讲了她如何帮助手下员工提高工作效率的事。

"最近，我们雇了一位年轻女孩当实习出纳。她与顾客的关系很好，处理问题时效率很高。但有一天结账时，却出了问题。

"出纳部经理来找我，强烈要求解雇她：'她耽误了大家的工作。我不知教了她多少次，可她太笨了。一定得辞掉她。'

"第二天，我见她处理业务时确实非常迅速准确，而且与顾客相处很愉快。

"但没过多久，我就发现她在结账时为何出问题的。下班以后，我找到她。她显得很是不安。我夸奖了她的友善和工作热情，以及她工作时的准确和速度。我建议她将现金平衡过程复习一下。她明白了我对她的信任，照我的建议做了，很快就掌握了。以后，她再也没有出过错。"

用赞美的方式开始，就好像牙科医生用麻醉剂一样，病人仍然要受钻牙之苦，但麻醉剂却能消除这种痛苦。作为领导者，应该记住：从赞美和真诚的欣赏着手。

间接提醒对方的错误

查尔斯·施瓦布有一天中午经过他的一个钢厂，看见几个工人正在吸烟。而在他们头顶上方就悬挂着一块"禁止吸烟"的牌子。施瓦布是否指着牌子说："你们不识字吗？"不！施瓦布绝不会这么做。他走到这些人跟前，发给每人一支雪茄，说道："孩子们，如果你们到外边吸烟，我会感激不尽。"他们知道他们违反了规定——但他们赞赏他，因为他什么也没有说，还送给他们一点小礼物，使他们感受到了尊重。你能不喜欢像施瓦布那样的人吗？

约翰·华纳梅克也使用过同样的方法。华纳梅克习惯每天去他在费城的大百货商场巡视一次。有一次，他看见一位顾客在柜台前无人服务，而店员正在柜台另一端聊天。于是他一声不响地轻轻溜入柜台后面，自己接待了这位顾客，然后将商品交给售货员包扎，自己就走开了。

许多人在开始批评之前，都先真诚地赞美对方，然后接下来会说"但是"，再进行批评。例如，要改变某个孩子读书不专心的态度，我们可能会说："乔尼，我们真的以你为荣，这学期你成绩有了进步。'但是'，假如你的代数再努力一些的话，就会更好了。"

在这个例子里，可能乔尼在听到"但是"之前会感觉很高兴。而当他听到"但是"时，马上就会怀疑这称赞的可信度。对他而言，这种称赞只是批评他失败的一种开头而已。由于可信度遭到了曲解，我们也许就不能达到改变他的学习态度的目的。

只要把"但是"改为"而且"，就可以轻易解决这个问题了。"我们真的以你为荣，乔尼，这学期你的成绩有了进步；而且，只要你下学期继续努力，你的代数就会赶上别人了。"

这样乔尼就会接受这种称赞，因为你没有把失败的推论放在后面。我们已经间接地让他知道我们想使他有所改变，因此他会尽力实现我们的期望。

对那些不愿接受直接批评的人，如果能间接地让他们认识自己的错误，就会收到非常神奇的效果。住在罗得岛温沙克的玛姬·雅克布在我班上讲述了她是如何使得一群磨洋工的建筑工人帮她盖房子之后清理干净的。

最初几天，当雅克布夫人下班回家之后，发现满院子都是锯木屑。她不想找那些工人争论，因为他们的工程做得很好。所以当这些工人走了之后，她和孩子们捡好碎木块，并整整齐齐地堆放在角落里。次日早晨，她把领班叫到旁边说："我很高兴昨天晚上地上这么干净，又没有让邻居感到不方便。"从那天起，工人们每天都会捡好木屑堆在一边，领班也每天都来看看。

1887年3月8日，口才大师亨利·华德·毕切尔去世了。在下一个星期日，莱曼·阿伯特应邀向那些因毕切尔去世而伤心不已的牧师演讲。他急于取得成功，把演讲词改了又改，就像福楼拜一样小心地进行润饰。然后他将演讲词读给他妻子听。演讲词写得并不好，就像大多数演讲词一样。如果他妻子缺乏见识，她可能会这样说："莱曼，糟极了，绝对不能用。你会让听众都睡着的，那听起来像一本百科全书。你传道这么多年，应该知道写得更好。天啊！你为什么不像普通人那样去讲呢？你为什么不自然点儿？你如果念那篇东西，一定会搞糟的。"

她可能会这样说的。如果她真的那样说了，你也知道结果会怎样。她也知道。所以，她只这样说：如果演讲词寄给《北美评论》，一定是一篇极好的文章。换言之，她称赞了这篇演讲词，同时又巧妙地暗示不能用这篇演讲词。莱曼·阿伯特看出了这点，干脆将他精心准备的底稿撕碎，没用讲稿就自然地作了演讲。

因此，当你想改正别人的错误时，请记住间接提醒他的错误。

多用建议，少用命令

我曾荣幸地同美国著名传记作家伊达·塔贝尔小姐一起吃饭。我告诉她我正在写这本书，于是我们开始讨论"为人处世"这个重要话题。她告诉我，她在写欧文·扬的传记时，访问了曾与扬先生在同一房间办公3年的一位先生。这人说，在那期间，他从未听到欧文·扬给任何人下达过直接命令。他总是"建议"，而不是"命令"。例如，欧文·扬从未说过"做这个或那个"，或"别做这个别做那个"。他总是说："你可以考虑这个"或"你以为那样合适吗？"当他口述一封信后，常这样说："你认为如何？"在看完他的助手写的信以后，他会说："也许这样措辞会更好些。"他总给别人机会亲自动手做事，而从不告诉他的助手该如何去做事；他让他们自己去做，让他们从自己的错误中学习。

像这种方法，能使人更容易改正错误。像这种方法，能维护一个人的自尊，给他一种自重感，使他乐于合作而非对立。

无礼的命令所引起的愤怒可能会持续很长时间——即便是想纠正一个很明显的错误。丹·桑塔瑞利是宾夕法尼亚州怀俄明市一所职业学校的老师，他在我班上说了一件事：

有一个学生因为违章停车而堵住了学校的大门。有一位老师冲进教室，以非常凶悍的口吻问："谁的车堵住了大门？"当那个学生回答时，那位老师怒吼道："马上把车开走，否则我就用铁链把它绑上拖走。"

这位学生确实错了，汽车不该停在那儿。可是从那天以后，不只是这位学生对那位老师的举止感到愤怒，全班的学生也总是和他作对，使得他的工作很不愉快。

他可以用完全不同的方式来处理这件事吗？假如他友善一点地问："门口的车是谁的？"并建议说如果能把它开走，别人的车就可以进出了，这位学生一定会很乐意地把车开走，而且他和他的同学也就不会那么生气和反感了。

所以，一位有影响力的领导会建议对方，而不是直接下命令。

☕ 让对方保住面子

多年前，通用电气公司遇见一件很麻烦的事：免除查尔斯·斯坦梅兹某部门主管的职务。斯坦梅兹是电器方面第一流的天才，但是担任会计部主管却很外行。但公司又不敢得罪他，因为他是不可或缺的人才——并且极其敏感。所以公司决定授予他一个新的头衔。他们让他担任通用电气公司顾问工程师的职务——他还干老本行，但换了一个新头衔——并让他人担任会计部主管。

斯坦梅兹很高兴。

通用电气公司的主管人员也很高兴。他们巧妙地调动了这位最喜怒无常的明星人物，没有引起任何风波——因为他们让他保住了面子。

使人保住面子，这实在是太重要了！而我们中却极少有人能够想到这一点。我们无情地踩躏别人的感情，为所欲为，挑差错，发出威胁，当着别人的面批评孩子或员工，而不考虑对别人自尊的伤害！然而，几分钟的思考、一两句体贴的话、对别人态度的宽容，对于减少这种伤害都大有帮助！

当我们下次再想解雇员工时，一定要记住这一点。

有一个学期，我班上两位学员曾讨论挑剔错误的负面效果和让人保住面子的正面效果。宾夕法尼亚州哈里斯堡的弗雷德·克拉克讲了一件发生在他公司的事：

"在我们的一次生产会议中，一位副总经理就某个非常尖锐的问题质问一位负责生产的监督员。他的语调不仅充满了攻击性，而且指责监督员处置不当。为了不让自己在攻击前受羞辱，这位监督员的回答含混不清。这使得这位副总经理发起火来，痛斥这位监督员，并指责他说谎。

"公司以前再好的工作关系，都毁于这一刻。这位监督员本来是很负责的人，可是从那一刻起他再也不想待下去了。几个月之后，他离开了我们公司，为一家竞争对手工作。据我所知，他在那里非常称职。"

假使我们是对的，别人绝对是错的，我们也会因为使别人失去颜面而毁其自尊。法国传奇性飞行先锋和作家安东尼·圣埃克叙佩里曾写道："我没有权利去做或说任何事来贬低一个人的自尊。重要的不是我觉得他怎么样，而是他觉得自己如何。伤害人的自尊是一种犯罪。"

所以，一位真正的领导者会遵行这项规则：让别人保住面子。

☕ 送人一顶高帽子

如果一个好工人开始变得不负责任，你会怎么办？你可以解雇他，但这却解决不了任何问题。你也可以责骂他，但这通常会引起怨恨。

"对普通人来说，"鲍德文铁路机车厂总经理华克莱说，"如果你能得到他的敬重，并且你对他的某种能力也表示敬重，那么他们会很乐意接受你的领导。"

总之，如果你要在某方面改变一个人，就必须认为某项特殊品质是他早就具备的优秀品质之一。莎士比亚说："假定一种美德，如果你没有的话。"如果你希望某人具备一种美德，你可以认为并公开宣称他早就拥有这一美德了。给别人一个好名声，让他们去实现，他们便会尽量努力，而不愿看到你失望。

吉尔吉特·利布兰克在她的作品《我与马德林的一生》中，描述了一个卑贱的比利时女仆的惊人变化。

"隔壁旅馆的一个女仆来给我送饭，"她写道，"人们叫她'洗碗的玛莉'，因为她一开始只是做厨房里的杂工。她好像是一个怪物，斜眼、弯腿，无论从肉体还是从精神上来说都是天生的可怜人。

"一天，当她用红红的双手给我端来一盘面时，我直爽地对她说：'玛莉，你知不知道你有许多内在的美？'

"习惯于压抑情感的她，因害怕失误而惹下大祸，呆在那里好几分钟。然后，她将盘子放在桌上，叹了口气，认真地说：'夫人，我以前从来不敢相信。'她没有怀疑，也没有发问。她只是回到厨房，重复我的话。由于那些人很相信我，没有人取笑她。从那天起，甚至开始有人体恤她。但最奇怪的变化发生在卑微的玛莉本人身上。她确实相信她拥有一些自己看不见的优点，她开始注意自己的容貌及身体，这使她干瘪的身体焕发出青春的魅力，并掩盖了她的缺陷。

"两个月以后，她宣布她将和厨师长的侄子结婚。她说：'我要做太太了。'并向我致谢。一句小小的赞美就改变了她整个人生。"

利布兰克给了"洗碗的玛莉"一个好名声，让她努力奋斗——而那名声的确改变了她。

有一句古话说："给人一个坏名声，你就会让他上吊。"但是给他一个好名声呢？看看会发生什么！

纽约市布鲁克林镇一位四年级的老师露丝·霍普金斯太太在新学期的第一天看到班上的学生名册时，就有了某种忧虑：今年她班上有一个全校最顽皮的"坏孩子"汤姆。汤姆读三年级的老师总是向同事或校长抱怨。汤姆不仅恶作剧，严重违纪，跟男同学打架，还捉弄女同学，对老师无礼，而且好像越来越恶劣。他唯一值得称赞的品质是他能很快掌握学校的功课，而且非常熟练。

霍普金斯太太决定直面这个"问题汤姆"。当她第一次见到新学生时，她对每个人做了些评论："罗丝，你的衣服很漂亮。""爱丽西亚，我听说你的画画得很好。"当她说到汤姆时，她双眼直视汤姆，说："汤姆，我知道你是个天生的领导。今年我要依靠你来帮助我把这个班变成四年级最好的班。"在头几天，她一直强调这一点，并夸奖汤姆所做的一切，还说他的行为表明他是一个很好的学生。由于有了这种值得奋斗的美名，即使一个9岁大的男孩也不会令人失望——而他真的做到了。

如果你想改变别人的态度或行为，成为一个优秀领导者，不妨使用这项规则：给人一个好名声，让他为此而努力。

☕ 多用鼓励，使错误更容易改正

我的一位近40岁的单身朋友订婚了，他的未婚妻劝他去学跳舞。

"上帝知道我要学跳舞，"他在告诉我这事的时候说，"因为我的舞技与20年前我第一次跳舞时一样没有长进。第一位教师告诉我，我跳的全都不对，我必须忘掉一切，重新开始。这可能是真话。但那让我灰心丧气。我没有勇气再跳下去，所以我放弃了。

"第二位教师或许在说谎，但我很喜欢。她满不在乎地说，我跳的舞或许有点过时，但基本上还是不错的，她还让我确信我不必花多少工夫就可以学会几种新式步法。第一位教师因为挑我的毛病而伤了我的心。而这位新教师正好相反，她不断地称赞我的正确之处，忽视我的错误。'你有天生的节奏感，'她向我保证，'你真是一位天生的舞蹈家。'现在，我的常识告诉我，我以往是、将来也是一个四流的跳舞者；但在内心深处，我仍愿意相信她说的是真话。确实，我是用钱买她说那些话的，但又何必说穿呢？

"无论如何，我知道我现在跳舞比以前好多了，这都是因为她说我有天生的节奏感。这句话鼓励了我，给了我希望，使我努力进步。"

如果你告诉你的孩子、配偶或下属，他在某件事上很愚笨，没有一点天分，做的全都错了，你就扼杀了他所有进步的动力。但用相反的方法，多加鼓励，就可以使事情变得更容易，使对方知道你相信他有能力做好一件事，他在这件事上很有潜力可挖——那么他就会努力做得更好。

这正是罗维尔·托马斯所用的方法，他是一位了不起的人际关系专家。他会给你自信，给你勇气和信任，以此激励你。例如，我最近同托马斯夫妇共度周末。星期六晚上，他们请我在一堆旺火边打友谊桥牌比赛。打桥牌？我？不！不！不！我可不会，我对此一窍不通。这游戏对我来说永远是神秘的。不！不！我一点都不会。

"啊！戴尔，这没什么神秘的，"罗维尔说，"桥牌除记忆及判断以外，并没有什么。你写过记忆方面的文章。桥牌对你来说再容易不过，而且这正对你的胃口。"

立刻，我还没有弄清楚到底是怎么回事时，我就惊讶地发现我竟然第一次坐在桌上打桥牌了。这都是因为有人告诉我，我在打桥牌上有天生的能力，并使这游戏好像很容易。

说起打桥牌，我想起了赫伯逊先生。他写的桥牌书，已经被翻译成12种语言，并卖出了100多万册。但他告诉我，如果不是一位年轻妇人肯定地告诉他，他有这方面的天才，他永远不会以这种游戏为职业。

赫伯逊先生1922年来到美国时，想得到一份教哲学或社会学的工作，但他没有找到。

后来他试着卖煤，但也失败了。

以后他又试着卖咖啡，又失败了。

他也打过桥牌，但他从未想过有朝一日要教桥牌。他不仅牌技很差，并且很固执。他总是向别人提各种问题，并且每次玩牌过后还要扯一大堆别的事，所以没有人愿意和他玩。

后来，他遇见一位美貌的桥牌教师约瑟芬·狄伦，并对她产生了爱情，和她结了婚。她发现他每次都小心地分析他的牌，于是对他说，他是桥牌桌上尚未崭露头角的天才。赫伯逊告诉我，正是那种鼓励，也只有那种鼓励，才使他成为桥牌专家。

所以，如果你想帮助别人进步，就要记住这项规则：多用鼓励，使别人的错误更容易改正。

魅力女人的幸福课

用赞美的方式开始，就好像牙科医生用麻醉剂一样，病人仍然要受钻牙之苦，但麻醉剂却能消除这种痛苦。

采取建议而非命令的方式，能维护一个人的自尊，给他一种自重感，使他乐于合作而非对抗。

给别人一个好名声，让他们去实现，他们便会尽量努力，而不愿看到你失望。

第八篇　幸福的坐标是自己

与其向外苦求，不如关照自己的内心

卡耐基淡定的智慧

一个不盲从大众思想、处于劣势而依然能坚守信念的人，才是最勇敢的人。

即使你做不成天使，也不能只做蚂蚁。

恨不止恨，唯爱能止。

如果你争强好胜，喜欢争论，以反驳他人为乐趣，或许能赢得一时的胜利；但这种胜利毫无意义，因为你永远得不到对方的好感。

01

做真正的自己，丢掉你的不成熟

永远不要做顺从主义者

"想要做人，就要永远做一个不顺从主义者。最终你将获得心灵的完美，除此之外，一切都不再神圣……我之所以犯下无数的错误，都是因我放弃了自己的立场，而从别人的视觉来看待事物所致。"

这是拉尔夫·华托·爱默生这位伟大的不服从主义者说过的话，这对于那些喜欢"从别人的视觉度来看待事物"的人来说，无疑会产生极大的震撼作用。

我们可以试着将爱默生这句话的意义进行延伸："可以从别人的视觉来看待事物，但是一定要从你自己的视觉出发去做事。"

如果说成熟有什么益处的话，那就是它能发掘我们的信念，并赋予我们根据这种信念去做事的勇气。

那些年轻而缺乏经验的人，总是害怕自己和别人不同。例如，他们害怕自己的穿着、言行或思想不能被他所属的群体所包容……青少年子女的中年家长们总是会受到下面这些问题的困扰："莎莉的母亲强迫她擦口红"、"我们这样年龄的女孩子都出去和男孩子约会"、"哦！你们想把我变成怪物吗？没有谁会在11点以前回家的"……

小孩子都活在他的群体中，同学和朋友们如何看他以及他们对他的接受程度如何，这正是他最看重的一个社交现象。这个群体的标准和父母希望他遵守的标准之间所产生的差距，恰好构成了孩子们青春期的最大障碍。无论对父母还是孩子来说，这都是一个很难处理的问题。

假如我们置身于一个不熟悉的环境，而且毫无经验可以借鉴时，如果我们很明智的话，就应该遵循被广泛认可的标准，并等待我们的信念和标准足以使我们产生经验和信心的那一刻的到来，只有傻子才会在还不清楚自己反叛的事物和反叛的原因之前就起来反叛。

然而，我们终有一天会形成自己的价值观。例如，我们知道诚实的确对我们有莫大的帮助，我们从小就这样接受大人的教导，长大后我们能更深地体会到诚实的重要性。幸运的是，大多数人都能遵守最基本的原则进行生活，否则我们会一直生活在无政府状态中。当然，最基本的原则有时也会受到挑战，这时，那些不盲从一般思想的人会成为推动文明前进的动力。这就好比奴隶制度，在激进分子主张废除奴隶制之前，奴隶制度一直正当地存在着，而没有人提出过任何反对意见；当时，可怜的童工、残酷的惩罚、可恶的仿冒品等一系列不合理的现象也曾被人们普遍愚蠢地接受。只是在少数意志坚定的人极力抗争之后，这些现象才逐渐减少，奴隶制度才最终被废除。

不盲从一般人的思想，并不是一件轻松容易的事，它往往会给人带来不愉快，甚至是生命危险。正因为如此，大多数人宁愿紧紧地地跟在大众后面，由大众保护着，接受大众的指引，既不怀疑也不抗争。然而，殊不知这种安全感是在自欺欺人，因为最容易受到伤害的恰恰是这些追随大众而毫无主见的人。

保持我们的个性

如果完全顺从和趋利避害，那么人就会变成奴隶。只有勇敢地接受生活的挑战，投入到生活中去努力奋斗，敢于参加任何决议的讨论，这样的人才能获得真正的自由。著名的战地记者和作家艾德格·莫瑞先生曾说过这样的话："在这个世界上，任何男女都不能靠拥有'隐忍'这种美德（例如自我调整适应、未雨绸缪或知足常乐等），来达到诚实、正直的理想状态……他们必须通过重重难关才能达到卓越（或幸福的极致），完美的人都曾经踏上我们祖先走过的路，在历经磨难之后，成长壮大。"

我们曾说过，勇于承担责任正是一个人成熟的标志。长大成人，就意味着离开父母的羽翼保护，开始步入一个更加广阔的天地。因此，如果我们能真正成熟起来，就不必因害怕而盲目顺从，也不必在群体中掩藏我们的个性，更不必毫无主见地接受别人的思想。

能够安排自己的人生、具有使命感的人，不需要别人来提醒他在必要时坚持立场、与全人类抗争的重大意义，相反，他一定会狂热地全力以赴，而不做其他的选择。因为在他的内心当中，有一股强大的力量在鼓舞他，使他能够排除所有的障碍，勇往直前。

但另一些人——比如我们——却常常会被群体的力量所控制。我们往往会这么认为，既然有这么多人不赞同我们，那我们当然是错的，于是我们迫于人数的压力而放弃了自己的信念。也就是说，当反对的人数达到足够多时，我们就会对自己的判断缺乏甚至失去信心。

成熟有利于我们建立自己的信念，并奉行不渝。为了自己、为了人类、为了上帝，我们每个人都有义务选择最佳的方式，尽心尽力为人类谋取幸福。我最欣赏爱默生在这方面所坚持的立场。爱默生之所以一直支持反对奴隶制的重大运动，这是因为他认为这些工作能为社会做更多的贡献。正是这一崇高的思想，激励他不停地为废除奴隶制度而奋斗。他的态度正是源于自己的原则，他也愿意为了这种原则而失去虚名。

坚持不被大众认可的目标，或站在大众的对立面，这些都需要勇气；一个不盲从大众思想、处于劣势而依然能坚守信念的人，才是最勇敢的人。

我最近参加了一场社交聚会。当时，人们的话题都聚集在近来经常见诸报纸的一个争议纷纷的问题上。除了一个人很有礼貌地回避谈论它之外，几乎所有的客人对此都持相同的观点。这时，有一个人要他说出自己的看法。

"我本来希望您最好是不要问我的，"这位客人微笑着说，"因为我和大家持截然相反的观点，而这又是社交场合。不过，既然您问到我了，我也就只好说说我的观点了。"

于是，他大概谈了谈他的观点，果然遭到了众人的围攻，但是他并没有退让，即使没有任何人支持他，他也坚持自己的观点。虽然他没有赢得一个人的赞同，但人们对他非常尊敬，因为他在完全可以附和大多数人观点的情况下，坚持了自己的信念。

☕ 即使做不成天使，也不能只做蚂蚁

从前的人为了生存，完全依靠自己的判断进行决策。例如，那些当初到西部去的拓荒者，他们根本找不到专家给他们指导，或可以追随前人的足迹，如果遇到了危机或紧急状况，他们只能靠自己去解决，几乎生活中所有

的问题都需要他们自己来决定，事实上他们也解决得非常好。

可是现在呢？在我们生活的这个时代，因为有了专家的存在，所以我们已经习惯于任何事情都去听取这些权威的意见，结果我们渐渐失去了独立发表意见或建立信念的信心，而那些专家似乎也习惯了这一切。这种结果，其实正是我们拱手相让所导致的。

我们现在的教育，奉行的是先入为主的人格模式理念。例如"领导统率训练"风靡一时，却忽略了一个事实，那就是我们大多数人只是追随者，而不是领导者。虽然我们有必要接受关于领导统率的训练，但我们更有可能被人领导，更需要知道如何做人，更需要知道如何聪明而富有思考地追随领导者，而不是像一群牛那样盲目地走进屠宰场任人宰割。

人们敢于承认自己就是世界上最权威专家的时代已经成为历史了。我实在是佩服有些人在"专家"的指引去追赶潮流，这就像一场鼓舞人心的演说，但我真的是难以苟同。

艾德格·莫瑞曾通过他的书对我们生活在其中的"兽群国家"提出了忠告："不要否定个人至高无上的价值。"他在《周六文学评论》的一篇文章中这样写道：

"这种否定，就像纳粹主义的专制。如果美国人的个性会因为威胁恐吓或贿赂收买而放弃的话，那么他们对以普通百姓为基础的政府的敬意又从何而来呢？"莫瑞先生文章的结论这样说道："即使你做不成天使，但是也不能做蚂蚁。"

现在，"成为你自己"这个目标是我们最难实现的了。在我们这个以生产过剩、科技发达和教育一体化为基础的社会中，要想了解我们自己已经很难了，而要想"成为你自己"当然也就更难了。我们已经习惯于按照一定的类别来划分人，例如："他是工会的人"、"她是公司职员的妻子"、"他是自由派人士"或"一个持不同政见者"。这就像孩子们玩的"警察捉小偷"的游戏，我们不仅给自己贴上了标签，也给别人贴上了标签。

普林斯顿大学校长哈罗德·W.杜斯先生非常担心"不顺从"会屈服于"顺从"，所以他在1955年6月发表的普林斯顿大学毕业生训词中，选择了"作为个人而存在的重要性"作为题目。杜斯校长告诫毕业生说："不论强迫你顺从于他人的压力有多大，如果你能够真正成为你自己的话，你就能体会到，无论你对于屈服做多么合理的解释，你都不会成功，除非你愿意舍弃你最后的资本——自尊。"

杜斯校长的结论也是发人深省的："人类只能在自己的内心当中找到

答案：他为什么来到这个世界，他在这个世界上应该做什么，以及他将去往何处。"

澳大利亚驻美国大使帕西·斯宾德爵士，曾担任过纽约基尼克塔迪联合学院和联合大学的名誉校长。他曾说：

"只有拥有生命，我们才能完全施展我们的才华。我们对国家、社会和家庭，都有应尽的特殊义务，因为我们知道，如果我们想让自己的生命富有价值，那么履行适当的义务就是正当的；而且，如果我们能够承担起这些义务，那么在这个注重秩序的社会，我们也就有权利和机会去表现我们的才能和个性，进而在为我们自己和我们所爱的人、我们的同胞，以至全人类创造幸福的过程中发展自己的特性。"

只有成熟的心灵才更容易感知这种潜能，也只有成熟的人才有可能拥有"宁可只比天使低一点，也不能只比猴子高一点"的自豪感，顽强而勇敢地活下去。

对于成熟的心灵和成熟的人来说，"顺从"将只是一个遥远的概念，它只不过是那些茫然无从者的护身符，而成熟的人的心灵则早已和爱默生达成了一致："个人心灵的完美，是最为神圣的。"

魅力女人的幸福课

想要做人，就要永远做一个不顺从主义者。最终你将获得心灵的完美，除此之外，一切都不再神圣。

个人心灵的完美，是最为神圣的。

02

一时的忍耐，赢得一世的快乐

不要急于表达你的想法，先听听别人怎么说

大多数人想使别人同意他们的观点，可是他们自己的话却说得太多了。让别人畅所欲言吧！对于他们自己的事及他们自己的问题，他们一定知道得比你多。所以你应向他们提些问题，让他们告诉你几件事。

如果你不同意他们的观点，你可能想打断他们。但不要这样做，那是危险的。因为当他们还有许多意见急于发表的时候，他们是不会注意你的。所以，要以宽广的胸襟耐心倾听，要诚恳地鼓励对方充分地发表他们的意见。

在商场上这种策略有用吗？我们来看看。这是一位推销员被迫试行这一策略的经历。

美国最大的一家汽车制造公司正在洽谈订购下一年度所需要的汽车坐垫布。3个重要的厂家已经做好了垫布的样品。这些样布都已经得到汽车公司高级职员的检验，并发通知给各厂家，说各厂家的代表有机会在某一天进行最后陈述。

其中一个厂家的业务代表R先生在抵达时正患着严重的喉炎。"轮到我上会与高级职员面谈时，"R先生在我班上叙述他的经历时说，"我嗓子哑了。我几乎发不出一点声音。我被领到一个房间，与纺织工程师、采购经理、推销经理以及公司的总经理会晤。我站起来想尽力说话，但只能发出嘶哑的声音。

"他们都围坐在一张桌子边上，所以我在纸上写道：'各位，我的嗓子哑了，不能说话。'

"'让我替你说吧，'总经理说。他真的在替我说话。他展示了我的样品，并称赞了它们的优点。围绕我的样品的优点，展开了一场热烈的讨论。由于那位总经理代表我说话，因此在这场讨论中，他站在我这一边。而我在

整个过程中只是微笑、点头以及做几个手势。

"这个特殊会议的结果，是我得到了这份合同，和对方签订了50万码的坐垫布，总价值为160万美元——这是我曾获得的最大的订单。

"我知道，如果我的嗓子没有哑，我就会失掉那份合同，因为我对于整个情况的看法是错误的。我很偶然地发现，有时候让别人多说话是多么有益！"

让别人说话，不仅适用于商业方面，而且适用于家庭事务。

例如，芭芭拉·威尔逊和她的女儿洛瑞的关系迅速恶化。洛瑞以前是个文静乖巧的小孩，现在却成了一个缺乏合作精神，有时还会为自己辩护的孩子。威尔逊夫人曾用各种办法威吓、教训和惩罚她，但都无济于事。

"一天，"威尔逊夫人在我班上说，"我放弃了。洛瑞根本不听我的话，家务活还没做完就去找她的朋友。她回家时，我准备像往常那样骂她一顿，但我已经没有力气了。我看着她，伤心地说：'为什么会这样呢？为什么？'

"洛瑞看出了我的痛苦，平静地问我：'你真想知道？'我点点头。于是她告诉我一切情况：我从来没想过去听她的意见，总是命令她做这做那；当她想与我谈心时，我总是打断她，并给她更多的命令。我开始认识到，她其实很需要我——不是一个爱命令的母亲，而是一个亲密的朋友，使她可以倾诉成长的烦恼。而我过去在该听的时候却只顾说我自己的，我从来没听过她说什么。

"从那以后，我总是让她畅所欲言。她告诉我她的心事，我们的关系大大改善。她也再次成为一个愿意合作的孩子。"

即使是我们的朋友，也宁愿只谈论他们的成就，而不愿意听我们夸显自己。

法国哲学家拉·罗什弗科说："如果你想结下仇人，那你可以比你的朋友表现得更出色；但如果你想要赢得朋友，就要让你的朋友胜过你。"

为什么这是对的呢？因为当我们的朋友胜过我们时，他们就会获得自重感；但是当我们胜过他们时，就会使他们感到自卑和妒忌。

在纽约市中区人事局，与别人关系最融洽的就业顾问是亨丽塔女士。但过去情况可不是这样的。当亨丽塔刚到人事局时，她有好几个月都没有在同事中交到一个朋友。原因何在？因为她每天都在谈她工作上的业绩、她在银行新开的户头以及她所做的每一件事。

"我的工作干得确实不错，我一直感到很骄傲。"亨丽塔在我班上说。"但我那些同事不但不愿与我分享我的成就，而且好像还很不高兴。我渴望得到这些人的喜欢，真的想使他们成为我的朋友。在听了辅导课中提出来的建议之后，我开始少谈我自己，而多听我的同事说话。其实，他们也有许多值得夸耀的事，把他们的事情告诉我，比听我吹自己更让他们高兴。现在，每当我们在一起聊天时，我会让他们多说话，与他们共同分享快乐。只有他们问我的时候，我才说我的情况。"

因此，让我们多听听别人想说什么，这样你才更容易走进他们的内心。

☕ 永远不要争论

在第一次世界大战结束不久后的一个晚上，我在伦敦得到了一个极有价值的教训。当时，我担任罗斯·史密斯爵士的经纪人。在战争时期，史密斯爵士曾是澳大利亚飞行员，被派往巴勒斯坦。宣布和平之后不久，他因为在30天之内飞行了半个世界而轰动了全世界。在此之前，还从来没有过如此壮举，所以这件事轰动一时。澳大利亚政府奖励他5万美元，英国国王封他为爵士，于是一时间他成了全英国最受关注的人。有一天晚上，我参加了欢迎罗斯·史密斯爵士的宴会。席间，一位坐在我旁边的先生讲了一个幽默的故事，这故事正好应验了一句格言："谋事在人，成事在天。"

这位讲故事的先生提到这句话出自《圣经》。他错了，我敢肯定。于是，为了显示我的自重感和优越感，我讨人嫌地想纠正他。而他坚持他的说法：什么？出自莎士比亚？不可能！绝对不可能！那句话确实出自《圣经》。他非常自信。

这位讲故事的先生坐在我右边，而我的一位老朋友弗兰克·加蒙坐在我左边。加蒙先生潜心研究莎士比亚的著作已有多年，所以这位讲故事的先生和我同意请加蒙先生做裁判。加蒙先生静静地听着，用脚在桌下踢我，然后说道："戴尔，你错了。这位先生是对的。那句话确实出自《圣经》。"

那天晚上回家的时候，我对加蒙先生说："弗兰克，你知道那句话出自莎士比亚。"

"是的，当然，"他回答说，"《哈姆雷特》第五幕的第二场。但是亲爱的戴尔，我们只不过是参加一次盛会的客人。为什么非要证明一个人是错的呢？那样做难道就能使他喜欢你吗？为什么不给他留点面子呢？他并没有征求你的意见，而且也不需要你的意见。你为什么要和他争辩呢？应该永远避免争辩。"

说这句话的先生给我的教训难以磨灭。我不仅让讲故事的人不舒服,而且让我的朋友处境尴尬。如果我不争辩,那该多好呀!

这个教训对我来说极其重要,因为我向来是一个非常固执的辩论者。在我青年时期,我曾和我哥哥就天下所有的事争论过。上了大学以后,我又研究了逻辑学和辩论术,并参加了许多辩论赛。后来我又在纽约教授辩论课;不好意思的是,我还打算写一本辩论方面的书。从那时起,我曾听过、参加过好几千场辩论赛,并注意到了它们的影响。通过这些活动,我得出一个结论:天底下只有一种赢得争论的方法——那就是避免争论。就像避免毒蛇和地震一样避免它。

十之八九,争论的结果只会使双方都比以前更加坚信自己是绝对正确的。

☕ 争论产生不了赢家

你赢不了争论。要是输了,你也就输了;但即使你赢了,你还是失败的。为什么?如果你胜了对方,把他驳得体无完肤,证明他毫无是处,那又能怎样?你也许会觉得很好。但是他呢?你只会让他觉得受到了羞辱。既然你伤了他的自尊心,他自然会怨恨你的胜利。

多年以前,帕特里克·哈里参加了我的辅导班。他受过的教育很少,但却非常喜欢争论!他当过汽车司机,后来又尝试推销卡车,但是并不怎么成功,便到我这里来求助。我稍微问了他几句,就可以看出他总是同他的顾客争论,并冒犯他们。假如有某位买主对他推销的卡车有所挑剔,他就会怒火难捺地和对方争论,直到对方哑口无言。那时他的确赢过不少次争论。正如他后来对我说的:"每当我走出人家的办公室时,总会对自己说:'我总算把那家伙教训了一顿。'我的确教训了他,可是我什么也没有卖出去。"

我的第一个难题不是教哈里如何与人交谈,我立即要做的是训练他如何克制自己不要讲话,避免与人争执。

现在,哈里先生已经是纽约怀特汽车公司的一位明星推销员。他是怎么成功的呢?下面是他自己的叙述:"假如我现在走进一个顾客的办公室,而他却说:'什么?怀特卡车?它们可不怎么样!你白白送给我,我都不要。

我只买某某牌的卡车。'我说：'那种卡车的确很不错，你买那种卡车绝对错不了。那家公司的卡车质量可靠，而且推销员也很优秀。'

"于是他就无话可说了。他没有争辩的余地了。如果他说某某牌卡车最好，我说确实不错，他就只好住嘴了。既然我同意他的看法，他当然不能整个下午不停地说'某某牌卡车最好'了。于是，我们不再谈某某牌卡车，我开始向他介绍怀特卡车的优点。

"我若是在当年听到他刚开始说的话，一定会大发脾气。我会立即和他吵起来，挑剔某某牌卡车。而我越是挑剔，我的顾客则会越卖力地辩护；他越辩护，就越喜欢我的竞争对手的产品。

"现在回想起来，我真的不知道我一辈子究竟能卖出多少东西。我把自己一生中的许多时间都耗费在争论上了。现在我缄口克己，很是有效。"

正如睿智的本杰明·富兰克林常说的："如果你争强好胜，喜欢争论，以反驳他人为乐趣，或许能赢得一时的胜利；但这种胜利毫无意义，因为你永远得不到对方的好感。"

所以，你自己应该考虑好：你是要一个毫无实质意义的、理论上的胜利？还是得到一个人的好感？你不能两者兼得。

男高音歌唱家杰恩·皮尔斯结婚近50年了，他有一次说："我夫人和我在很早以前就订了一条协议，不论我们如何不满对方，我们都必须遵守这条协议：当一个人大吼大叫的时候，另一个人应该安静地听着——因为当两个人都大吼大叫时，就毫无沟通可言了，有的只是噪声和震动。"

魅力女人的幸福课

要以宽广的胸襟耐心倾听，要诚恳地鼓励对方充分地发表他们的意见。

即使是我们的朋友，也宁愿只谈论他们的成就，而不愿意听我们夸显自己。

天底下只有一种赢得争论的方法，那就是避免争论——就像避免毒蛇和地震一样避免它。

03

舍得放下，方得刹那花开

☕ 好心情的女人最好命

去年秋天的一天，我的助手乘飞机去波士顿参加一次全世界最不寻常的医学课程。是医学课吗？不错。它每周在波士顿医院举办一次，参加者进场之前都接受过定期和彻底的身体检查。可是这个课程实际上是一种心理学临床实验，虽然其正式名称叫应用心理学（以前叫思想控制课程），其真正目的是为忧虑患者提供治疗，而大部分病人都是精神上饱受困扰的家庭主妇。

这种专门为忧虑患者开的课程是怎么开始的呢？

1930年，约瑟夫·帕雷特医生——他曾是威廉·奥斯勒爵士的学生——注意到，很多前来波士顿医院求医的病人，生理上根本没有任何毛病，可是他们却认为自己的确患了那种病。例如，有一个女人的两只手因为患"关节炎"而完全无法活动；另一个女人则因为患了"胃癌"而痛苦不堪。其他人有背痛的、头痛的，她们常年感到疲倦或疼痛。事实上，她们真的能感受到这些痛苦。但即使最彻底的医学检查也未能发现她们有任何病。很多年老的医生都认为，这完全是出自心理因素——脑子里的毛病。

可是帕雷特医生却知道，让那些病人"回家去忘掉这件事"毫无用处。他知道这些女人大多数都不想得病，如果她们的痛苦能够那么容易就忘记，她们早就这样做了。那么，该怎么办呢？

于是他办了这个班——虽然医药界其他同仁都深表怀疑，但却收到了奇效。自从开班以来，18年过去了，成千上万的病人因为参加这个班而治好了病。有些病人参加了好几年，就像去教堂一样虔诚。我的助手曾和一位前后来了9年并且很少缺课的女士交谈过一次。她说她第一次来的时候，深信自己患有肾脏病和心脏病。她既忧虑又紧张，有时会看不清东西，因此担心会失明。可是现在她却充满了自信，心情愉快，身体健康。她看上去只有40来岁，可是怀里却抱着熟睡的孙子。"我以前总为家里的事情而忧虑，"她说，"甚至想一死了之。可是我在这里知道了忧虑的害处，学会了如何停止忧虑。现在我可以说，我的生活很平静。"

这个班的医学顾问罗丝·海芬婷医生说："减轻忧虑的最好药剂，就是跟你信任的人谈论你的问题，我们称之为精神发泄。病人到这里来的时候，可以尽量谈她们的问题，直到她们把这些问题完全赶出她们的大脑。忧虑憋在心里而不告诉任何人，会造成极度精神紧张。我们必须让别人分担我们的问题，也必须分担别人的忧虑。我们必须感觉到这个世界还有人愿意倾听和了解我们。"

我的助手就亲眼看到一个女人在说出了忧虑之后，感到了巨大的解脱。她在家事方面有许多烦恼，在她刚开始谈这些问题的时候，就像一个压紧的弹簧，然后一面讲，一面逐渐地平静下来。谈完之后，她居然笑了。她的问题解决了吗？没有，不会这么容易。她之所以出现这样的改观，是因为她能和别人谈心，并得到别人的忠告和同情。而真正造成这种变化的，是具有强大治疗功能的语言。

从某种程度来说，心理分析就是以语言治疗功能为基础的。从弗洛伊德时代开始，心理分析学家就知道，一个病人只要能够说话——仅仅是说话，就能够解除心中的忧虑。为什么呢？这也许是因为通过说话，我们就可以更深入地看到问题，找到更好的解决方法。没有人知道确切答案，可是我们所有人都知道，"畅谈一番"或"发泄胸中的闷气"就能使人立刻舒畅。

所以，下一次我们有情感上的困难时，为什么不去找人聊聊呢？当然，我并不是说随便找一个人去大吐苦水和发牢骚。我们要找一个自己信任的人，如找一位亲戚、医生、律师、教士或神父，和他约好时间，然后对他说："我希望得到你的忠告。我有个问题，我希望你能听我谈谈，也许你可以给我一点忠告。俗话说旁观者清，你也许可以看到我看不到的问题。但即使你做不到这一点，只要你坐在这儿听我谈，也帮了我一个大忙。"

把心里的烦恼说出来，正是波士顿医院课程中最主要的治疗方法之一。下面是我们从那个课程班里整理出来的方法，家庭主妇在家里就可以做。

第一，准备一个"灵感"剪贴本。你可以在上面贴上自己喜欢的令人鼓舞的诗或名人格言。如果你以后感到精神颓丧时，翻开这个本子也许可以找到治疗方法。波士顿医院的很多病人都把这种剪贴本保存好多年，她们说这等于替你在精神上"打了一针"。

第二，不要为别人的缺点太过操心。不错，你丈夫有很多缺点！如果他是个圣人，他根本就不会娶你，对吗？那个班上有一个女人，她发现自己变成了一个尖酸刻薄、整天拉着一张脸的女人，当有人问她"如果你丈夫死了，你怎么办"时，她才惊醒过来，连忙坐下来，把她丈夫所有的优点列举出来。那张单子真是太长了。所以，如果你下一次觉得嫁错了人的话，何不这样试试呢？也许在看过他所有的优点之后，你会发现他正是你希望嫁的那个人呢。

第三，对你的邻居有兴趣。对那些和你共同生活在一条街上的人持一种友善而健康的兴趣。有一个孤独的女人，她觉得自己非常"孤立"，一个朋友都没有。有人建议她试着把她下一个将要碰到的人当成主角编个故事。于是，她开始在公共汽车上为她看到的人编故事，设想那个人的生活。后来，她一遇到别人就聊天——现在她活得非常开心，成了一个令人喜欢的人，也治好了她的"痛苦"。

第四，晚上上床之前，安排好明天的工作。很多家庭主妇因为做不完的家务而感到疲倦不堪。她们永远也做不完她们的工作，老是被时间追来赶去。为了治好这种匆忙的感觉和忧虑，她们最好在头一天晚上就把第二天的工作安排好。结果如何呢？她们能完成更多工作，疲劳却更少了；她们还有了成绩和自豪感；还有时间休息和"打扮"。（每一个女人每天都应该抽出时间来打扮自己，让自己看上去漂亮一些。我认为，当一个女人知道她很漂亮时，就不会紧张了。）

第五，最后，避免紧张和疲劳的唯一办法，就是放松！再没有什么比紧张和疲劳更容易使你苍老的，再也不会有什么对你的外表更有害的。我的助手在波士顿医院举办的那个课程班上坐了一个小时，听负责人保罗·琼森教授谈了许多我们在前面已经讨论过的原则——放松的方法。在10分钟的放松训练结束之后，我的助手也和其他人一起做了这些练习，几乎坐在椅子上睡着了。为什么生理上的放松如此管用呢？因为这家医院知道，如果人们要消除忧虑，就必须放松。

是的，作为一个家庭主妇，一定要放松。你有一个优势——要想躺下随时都可以。而且你还可以躺在地上。奇怪的是，硬地板比里面装着弹簧的床更有助于放松。因为地板的抗力比较大，对脊椎有好处。

下面就是一些你可以在家里做的运动。先试一个星期，看看对你的外表有何好处：

第一，只要你觉得疲倦了，就平躺在地板上。尽量伸展身体，如果想打滚就打滚。每天做两次。

第二，闭上双眼。像琼森教授建议的那样对自己说："太阳当头照，天空蓝得发亮。大自然一片寂静，控制着全世界——而我是大自然之子，和宇宙协调一致。"或者也可以祈祷！

第三，如果你因为正在炉子上煮菜而没有时间躺下来，那么坐在椅子上效果也相同。硬直背椅子里最适合放松。像古埃及坐像那样，双手掌向下平放在大腿上。

第四，现在，慢慢蜷缩十个脚趾头——然后放松。收紧腿部肌肉——然后放松。慢慢地朝上运动各部分肌肉，最后直到颈部。然后让你的头向四周转动，就像足球一样。不断地对你的肌肉说："放松……放松……"

第五，用缓慢而平稳的呼吸来安抚你的神经。从丹田吸气。印度的瑜伽就很不错：有规律的呼吸是安抚神经的最好方法之一。

第六，想想你脸上的皱纹，尽量抚平它们；松开皱紧的眉头，微微张开嘴巴。这样每天做两次，你也许不必再去美容院做按摩，而这些皱纹就会从此消失。

☕ 不要为打翻的牛奶哭泣

住在纽约市布朗士区的亚伦·桑德斯是我的朋友。桑德斯先生告诉我，教他生理卫生的老师保罗·布兰德温先生曾给他上了人生中最有价值的一课。

"当时我只有十几岁，"亚伦·桑德斯告诉我，"可是我那时候经常忧虑。我常常为自己犯的各种错误而自责；交完考试卷以后，我常常会在半夜里睡不着，咬着指甲，担心不及格。我总是在想我所做过的事情，希望当初没有那样做；想我所说过的话，希望当时能说得更完美些。

"然后，有一天早上，我们全班走进实验室上实验课。布兰德温先生将一瓶牛奶放在桌子边上。我们都坐下来，望着那瓶牛奶，心想这和他所教的生理卫生课有什么关系。这时，布兰德温先生突然站起来，将牛奶瓶打碎，牛奶泼在水槽里——他大声叫道：'不要为打翻的牛奶哭泣。'

"随后他叫我们所有人来到水槽边，看那瓶打碎的牛奶。'好好看着，'他对我们说，'因为我要你们一辈子都记住这一课。牛奶已经没有了！都泼光了！无论你多么着急，多么抱怨，都无法挽回了。只要用一点大脑，加以预防，牛奶就可以保住。可是现在太迟了——我们能做的就是把它忘掉，关注下一件事。'

"那次小小的表演，"亚伦·桑德斯说，"即使是在我忘了几何和拉丁文之后很久，我都会记得。事实上，这件事教给我的实际生活经验，比我在高中4年学的任何知识都管用。它教会我一个道理：如果可能，就不要打翻牛奶；万一打翻了牛奶，就要彻底忘掉它。"

有些读者大概会觉得，费这么大精力讲"不要为打翻的牛奶哭泣"，未免小题大做。我知道这句话很普通，而且老生常谈，耳朵都听出了老茧。可是这样的老生常谈却包含了所有时代的经验智慧，它们来自人类智慧的结晶，是通过世世代代传承下来的。假设你能读完各个时代伟大学者所写的有关忧虑的书，也不会看到比"船到桥头自然直"和"不要为打翻的牛奶哭泣"更基本、更有用的老生常谈。只要我们能应用这两句老话，不轻视它，我们根本用不着读这本书。然而，如果不能实践，我们就不能过上美好的生活，知识就不能成为力量。本书的目的并不是想告诉你什么新的知识，而是要提醒那些你已经知道的事，并且鼓励你把它们付诸实践。

我一直很佩服已故的弗雷德·富勒·谢德。他有一种天生的本领，能把古老的真理用新颖而吸引人的方法表达出来。他是《费城公报》的编辑。

有一次，谢德先生为某大学毕业班演讲，他问道："有多少人锯过木头？请举手。"结果大部分学生都锯过。然后他又问："有多少人锯过木屑？"没有一个人举手。

"当然，你们不可能锯木屑！"谢德先生说，"因为它已经被锯下来了。过去的事情也是一样。当你开始忧虑那些已经做完和过去的事情时，你只不过是在锯木屑。"

棒球老将康尼·马克81岁高龄时，我问他是否曾为输了的比赛而忧虑。

"当然。我以前总是这样，"康尼·马克对我说，"可是多年以前我就不再干这种傻事了。我发现这样做对我没有任何好处，因为磨完的细粉不能再磨，水已经把它们冲走了。"

不错，磨完的细粉不能再磨，木屑也不能再锯了。可是，忧虑会让你脸上长皱纹，让你得胃溃疡。

当我读历史和传记并观察人们如何渡过难关时，对那些能忘记忧虑和不幸并继续快乐生活的人，我总是既吃惊又羡慕。

我曾参观过星星监狱，最让我吃惊的是那里的囚犯们看起来和外面的人一样快乐。我把我的看法告诉了当时星星监狱的监狱长刘易士·路易斯。他告诉我，这些囚犯刚到星星监狱时，都心怀怨恨，可是几个月之后，他们当中比较聪明的人都能忘掉不幸，平静地接受监狱生活，并尽量过好。路易斯监狱长告诉我，有一个在菜园工作的犯人能做到一边种菜，一边唱歌。

那个浇花唱歌的犯人比我们大部分人都聪明，因为他知道：

在白纸上写完了一横一竖，

即使你再有能耐也不能抹去半行，

即使洒尽你的眼泪也擦不掉一个字。

所以，为什么要浪费你的眼泪？当然，犯错和疏忽是我们的不对！但这又怎么样呢？谁没有犯过错？就连拿破仑也输掉了1/3的重要战役。也许我们的平均纪录不会比拿破仑差，谁知道呢？何况即使调动国王所有的人马，也不能挽回过去的失误。

所以，让我们记住这项规则：不要锯木屑，不要为打翻的牛奶哭泣。

将别人的嫉妒当作对你的恭维

1929年，美国发生了一件震惊教育界的大事，美国各地的学者都赶往芝加哥恭逢盛会。几年前，一个名叫罗伯特·霍金斯的年轻人，半工半读从耶鲁大学毕业，他当过服务生、伐木工人、家庭教师和成衣推销员。现在，仅仅8年之后，他就被任命为美国第四富有的大学——芝加哥大学的校长。他多大了？30岁！难以置信！老一辈教育人士都大加反对，批评就像山崩石落一样打在这位"神童"头上，说他这样或那样：太年轻了，经验不足。甚至说他的教育观念荒谬，连各大报纸也参与了对他的攻击。

在就任的那一天，有一个朋友对霍金斯的父亲说："我今天早上看见报纸社论攻击你的儿子，真把我吓坏了。"

"不错，"老霍金斯回答说，"攻击得很厉害。可是请记住，从来没有人会踢一只死狗。"

是的，这只狗越贵重，踢它的人就越可以获得满足。后来成为英王爱德华八世的威尔士王子，他也有过这种遭遇。

王子曾就读于德文郡的达特茅斯学院——这个学院相当于美国安那波里斯的海军学院。王子那时只有14岁。一天，一位海军军官发现他在哭，就问他出了什么事。他开始不肯说，但最后终于说了真话：他被一位海军幼校生踢了一脚。指挥官把所有的学生都召集起来，向他们解释王子并没有告状，但是他想弄清楚为什么有人如此粗暴地对待王子。

大家相互推诿了半天，踢人者终于承认说：如果他们自己将来成了皇家海军的指挥官或舰长，他们希望能够告诉别人，他们曾踢过国王。

所以，如果你被别人踢了，或者遭到了批评，请记住，因为这样做可以给踢人者一种自重感，这通常意味着你已经有所成就，并且值得注意。有许多人会从批评比他们学历高或更成功的人中获得某种满足感。例如，在我写这部分内容的时候，就接到一个女人的来信，痛骂创建了救世军的威廉·布慈将军。因为我曾在广播中赞扬过布慈将军，所以这个女人给我写信，说布慈将军侵占了他募集用来救济穷人的800万美元。尽管这种指责非常荒谬，可是这个女人并不想要真相，她只是想击垮一个比她高贵的人，以此获得满足。我把她那封充满怨恨的信扔进了废纸篓，同时感谢上帝：好在我没有娶她。她那封信并未告诉我布慈将军是什么样的人，可是却让我对她有了更多的了解。叔本华多年前曾说过："庸俗者可以从伟人的错误和愚行中得到巨大的快感。"

很少有人认为耶鲁大学的校长是一个庸俗之辈，但耶鲁大学前校长提摩太·杜威特却显然以贬低某位美国总统候选人为乐。这位耶鲁大学校长警告说，如果这个人当选总统的话，"我们就会看见我们的妻子和女儿成为合法卖淫的牺牲品。我们就会大受羞辱，受到严重伤害，我们的自尊和道德都会消失殆尽，人神共愤"。

这些话听上去像是在骂希特勒，对不对？但并不是，而是在骂托马斯·杰弗逊！哪个托马斯·杰弗逊？肯定不是那位不朽的托马斯·杰弗逊吧？是那个起草《独立宣言》，代表民主政体的人物吗？不错，正是这个人。

你是否知道哪一个美国人曾经被骂为"伪君子"、"大骗子"、"只比谋杀犯好一点"呢？但的确有家报纸的漫画画着他站在断头台上，一把大刀正准备砍下他的头；在他骑马从街上走过的时候，一大群人围住他又叫又骂。他是谁呢？乔治·华盛顿。

这些都是很久以前的事了。也许从那以后，人性已经有所改进。就让我们拿震惊全球的探险家佩瑞海军上将做例子。

佩瑞将军于1909年4月6日乘雪橇到达北极——几百年来，无数勇士为了实现这个目标而挨饿受冻，甚至送命。佩瑞也几乎死于饥寒交迫，他的8个脚趾因为冻伤而不得不切除，他在路上所碰到的各种灾难都使他担心自己会发疯。但是，华盛顿的那些高级海军官员却因为佩瑞大受欢迎和重视而嫉妒他。于是他们诬告他，说他假借科学探险的名义敛财，然后"无所事事地去北极逍遥"。而且他们可能真的相信，因为人们几乎不可能不相信他们想相信的事情。他们想羞辱和阻挠佩瑞的决心如此强烈，以至于最后必须由麦金利总统直接下令，佩瑞才能在北极继续他的研究工作。

如果佩瑞只是坐在华盛顿的海军总部工作，他会遭到批评吗？不会，那样他就不会变得如此重要，以致引起别人的嫉妒了。不过，格兰特将军的经历比佩瑞上将更糟。

1862年，格兰特将军赢得了北军第一次决定性的胜利，这使得他立即成为全国的偶像，甚至在遥远的欧洲也引起了强烈的反响。这场胜利，使得从缅因州一直到密西西比河岸，大家都敲钟点火，以示庆贺。但是在这次伟大胜利的6个星期之后，这位北方的英雄却被逮捕，兵权也被剥夺，使他失望地哭了。

为什么格兰特将军会在胜利之巅被捕呢？绝大部分原因是他引起了那些傲慢的上级对他的嫉妒与羡慕。

所以，如果我们因为遭受不公正的批评而忧虑时，请记住：不公正的批评通常是一种变相的恭维，因为从来没有人会踢一只死狗。

☕ 不要在意别人的恶意批评

有一次我去拜访史密德里·柏特勒少将——就是那个老"锥子眼"、老"地狱恶魔"柏特勒。还记得他吗？他是统帅过美国海军陆战队的最多彩多姿、最会摆派头的将军。

他告诉我，他年轻的时候竭力想成为最受欢迎的人，想使每一个人都对他有好印象。在那段日子里，一点点批评都会让他难受、伤心。可是他承认，在海军陆战队工作30年使他变得坚强多了。"我曾被人家责骂和羞辱过，"他说，"被骂成黄狗、毒蛇、臭鼬。我被那些骂人专家骂过，凡是英文中能够想得出来但写不出来的脏字眼都曾被用来骂过我。我伤心吗？哈哈！我现在要是听到有人骂我，根本不会回头去看是谁在骂我。"

也许只有老"锥子眼"柏特勒对批评不在意。但有一件事情是肯定的，那就是大多数人对这种不值一提的小事都过分认真。我还记得在许多年以前，有一个来自纽约《太阳报》的记者参加我举办的成人教育示范教学会，他攻击了我和我的工作。我真的气坏了，认为这是对我的侮辱。我给《太阳报》执行委员会主席吉尔·霍吉斯打电话，特别要求他发表一篇文章澄清事实。我想让那个人受到相应的处罚。

而我现在却对我当时的做法感到惭愧。我现在才明白，买那份报纸的人有一半不会看那篇文章，而看到的人也只有一半会把它视为小事。真正注意到这篇文章的人，又有一半在几个星期之后会忘记它。

我在很多年以前就已经发现，虽然我难以阻止别人对我的不公正批评，但我却可以做更重要的事情：我可以决定是否让自己受不公正的批评干扰。

让我把这一点说得更清楚些吧：我并不赞成漠视所有的批评；相反，我说的是不要理会不公正的批评。

有一次，我问伊莲娜·罗斯福，她是如何处理不公正的批评的——老天爷知道，她受到的批评太多了。她热心的朋友和凶猛的敌人可能比任何白宫女主人都要多得多。

她告诉我，她小时候非常害羞，害怕别人说她什么。面对批评，她害怕得去向她的姑妈，也就是西奥多·罗斯福的姐姐求助。她说："姑妈，我想做某件事，可是我担心会受到批评。"

老罗斯福的姐姐正视着她说："不要怕别人怎么说，只要你自己心里知道你是对的就行了。"伊莲娜·罗斯福告诉我，当她在多年以后住进白宫时，这一忠告还一直是她的行事原则。她告诉我，避免所有批评的唯一方法，就是——"做你心里认为是对的事——因为无论如何你都会受到批评。'做也该死，不做也该死'。"这就是她的忠告。

当已故的马休·布鲁什还在华尔街40号的美国国际公司担任总裁的时候，我曾问他是否在意别人的批评，他回答说："是的，早年我对这种事情非常敏感。当时我急于使公司的每一个人都认为我十全十美。要是他们不这样认为，我就会忧虑。只要某个人对我稍有怨言，我就会想方设法取悦他；可是我讨好他，总会使另外一个人生气。等我再想要满足另一个人的时候，又会惹恼其他的人。最后，我发现我越想讨好别人，以避免别人的批评，就越会使我的敌人增加。所以我最后对自己说：'只要你出类拔萃，你就一定会遭到批评，所以还是早点习惯为好。'这对我大有帮助。从此以后，我就决定尽最大的努力去做我认为对的事，然后打开我那把旧伞，让批评的雨水从我身上流下去，而不是滴进我的脖子里。"

狄姆斯·泰勒则更进一步：他不但让批评的雨水流进他的脖子，而且当着别人的面对此大笑一番。

有一段时间，泰勒每个星期天下午都要在纽约爱乐交响乐团空中音乐会休息时间作音乐方面的评论。有一个女人给他写信，说他是"骗子、叛徒、毒蛇和白痴"。泰勒先生在他的书《人与音乐》中说："我猜想她只是随便说的。"

在第二个星期的广播里，泰勒先生向几百万听众读了这封信。他在书中说，几天以后，他又接到这个女人写来的另一封信，"表达她丝毫没有改变她的意见，她仍然认为我是一个骗子、叛徒、毒蛇和白痴。我现在觉得她不是随便说说而已。"我们实在佩服他用这种态度来接受批评。我们佩服他的沉着，他那毫不动摇的态度和幽默感。

查尔斯·施瓦布曾在普林斯顿大学对大学生发表演讲，说他所学到的最重要的一课，是一个在钢铁厂工作的德国老人教给他的。

原来，那个德国老人和其他工人发生了争执，那些人把他扔进了河里。"当他走进我的办公室时，"施瓦布先生说，"满身都是泥水。我问他对那些把他丢进河里的人说了什么，他回答说：'我一笑了之。'"

施瓦布先生说，后来他就把这个德国老人的话当作他的座右铭——"一笑了之"。

当你成为不公正批评的受害者时，这个座右铭尤其有效。当别人骂你时，你可以回骂他；可是对"一笑了之"的人，你能说什么？

所以，当你和我受到不公正的批评时，让我们记住：凡事尽力而为，然后打开你的旧伞，避开批评的雨水。

魅力女人的幸福课

如果你被别人踢了，或者遭到了批评，请记住，因为这样做可以给踢人者一种自重感，这通常意味着你已经有所成就，并且值得注意。

不公正的批评通常是一种变相的恭维，因为从来没有人会踢一只死狗。

凡事尽力而为，然后打开你的旧伞，避开批评的雨水。